Spring
微服务
实战（第2版）

Spring
Microservices
IN ACTION
SECOND EDITION

［美］约翰·卡内尔（John Carnell）

［哥斯］伊拉里·华卢波·桑切斯（Illary Huaylupo Sánchez）　著

陈文辉　译

人民邮电出版社

北　京

图书在版编目（C I P）数据

Spring微服务实战：第2版 / （美）约翰·卡内尔著；
（哥斯）伊拉里·华卢波·桑切斯著；陈文辉译. -- 2版
. -- 北京：人民邮电出版社，2022.5
书名原文：Spring Microservices in Action,
Second Edition
ISBN 978-7-115-58748-0

Ⅰ. ①S… Ⅱ. ①约… ②伊… ③陈… Ⅲ. ①互联网
络—网络服务器 Ⅳ. ①TP368.5

中国版本图书馆CIP数据核字(2022)第034644号

版权声明

Original English language edition, entitled *Spring Microservices in Action, Second Edition* by John Carnell and Illary Huaylupo Sánchez published by Manning Publications, USA. Copyright © 2021 by Manning Publications.

Simplified Chinese-language edition copyright © 2022 by Posts & Telecom Press. All rights reserved.

本书中文简体字版由 Manning Publications 授权人民邮电出版社独家出版。未经出版者书面许可，不得以任何方式复制或抄袭本书内容。

版权所有，侵权必究。

♦ 著　　[美] 约翰·卡内尔（John Carnell）
　　　　[哥斯] 伊拉里·华卢波·桑切斯（Illary Huaylupo Sánchez）
　 译　　陈文辉
　 责任编辑　孙喆思
　 责任印制　王　郁　胡　南
♦ 人民邮电出版社出版发行　　北京市丰台区成寿寺路 11 号
　 邮编　100164　电子邮件　315@ptpress.com.cn
　 网址　https://www.ptpress.com.cn
　 北京联兴盛业印刷股份有限公司印刷
♦ 开本：800×1000　1/16
　 印张：23.75　　　　　　2022 年 5 月第 2 版
　 字数：515 千字　　　　2022 年 5 月北京第 1 次印刷
　 著作权合同登记号　图字：01-2021-6145 号

定价：109.90 元
读者服务热线：**(010)81055410**　印装质量热线：**(010)81055316**
反盗版热线：**(010)81055315**
广告经营许可证：京东市监广登字 20170147 号

内容提要

　　本书以一个名为 O-stock 的项目为主线，介绍云、微服务等概念以及 Spring Boot 和 Spring Cloud 等诸多 Spring 项目，并介绍如何将 O-stock 项目一步一步地从单体架构重构成微服务架构，进而将这个项目拆分成众多微服务，让它们运行在各自的 Docker 容器中，实现持续集成/持续部署，并最终自动部署到云环境（AWS）的 Kubernetes 集群中。针对在重构过程中遇到的各种微服务开发会面临的典型问题（包括开发、测试和运维等问题），本书介绍了解决这些问题的核心模式，以及在实战中如何选择特定 Spring Cloud 子项目或其他工具（如 Keycloak、Zipkin、ELK 技术栈）解决这些问题。

　　本书适合拥有构建分布式应用程序的经验、拥有 Spring 的知识背景以及对学习构建基于微服务的应用程序感兴趣的 Java 开发人员阅读。对于希望使用微服务构建基于云的应用程序，以及希望了解如何将基于微服务的应用部署到云上的开发人员，本书也具有很好的学习参考价值。

译者序

　　微服务旨在解决传统的单体架构应用所带来的顽疾（如代码维护难、部署不灵活、稳定性不高、无法快速扩展）。从微服务这一概念提出至今，业界已经涌现一批帮助实现微服务的工具，而 Spring Cloud 无疑是其中的佼佼者，这不仅是因为 Spring 在 Java 开发中的重要地位，更是因为它提供一整套微服务实施方案，包括服务注册、服务发现、分布式配置、客户端负载均衡、服务容错保护、网关、安全、事件驱动、分布式服务跟踪等一系列久经检验的工具。

　　本书对微服务的概念进行了详细的介绍，并介绍了微服务开发过程中遇到的典型问题，以及解决这些问题的核心模式，在这一过程中，介绍了在实战中如何选择特定 Spring Cloud 子项目解决这些问题。本书非常好地把握了理论和实践的平衡。相信读者阅读完本书之后，会掌握微服务的概念，明白如何在生产环境中实施微服务架构，学会在生产中运用 Spring Cloud、容器等工具，最终将项目自动部署到云环境中。

　　"旧时王谢堂前燕，飞入寻常百姓家。"得益于 Spring Cloud 一系列项目提供的开箱即用的工具，如今，许多公司将自身产品从单体架构换成了微服务架构。然而，"单体架构"并非贬义词，"微服务架构"也不是银弹。首先，微服务架构作为一种分布式架构，必然会带来分布式架构的固有的难题，如分布式事务。其次，由于系统中存在诸多微服务，微服务架构需要企业内部强大的 DevOps 能力作为支撑，否则会给开发和运维带来更多的难题。每一种工具只有在合适的背景下，才能发挥出自己的优势。项目是否应该采用微服务架构，应该从产品使用人数、开发成本、企业内部 DevOps 能力、组织架构等多个方面进行思考，切不可盲目随大流。本书作者介绍了微服务架构的一些权衡，为微服务开发提供了一套指南，相信读者可以从中有所收获。

　　虽然翻译本书花费了我大量的业余时间，但我也在这个过程中学到了许多。感谢人民邮电出版社编辑们在翻译过程中对我的指导与指正。同时，我想要感谢我的爱人在这个过程中对我的支持与奉献，还要感谢我的小孩，你们是我坚持的动力来源。

　　限于时间和精力，也囿于我本人的知识积累，在翻译过程中难免犯错。如果读者发现本书翻译中存在哪些不足或纰漏之处，欢迎提出宝贵意见。读者可以通过 memphychan@gmail.com 联系我。希望本书能够对读者有用！

陈文辉

2021 年 12 月于山东

前言

  我的梦想是为我最热衷的领域——计算机科学，尤其是软件开发的发展做出贡献，而这本书是我梦想的一部分。在相互联系的全球当下，计算机领域展露出其非凡的重要性。在人类活动的各个领域，我们每天都能看到这些计算机领域的学科令人难以置信的变化。但是，既然有很多其他主题可以写，为什么还要写微服务架构这一主题呢？

  "微服务"这个词有很多解释。但在本书中，我将微服务定义为分布式、松耦合的软件服务，它执行少量定义良好的任务。微服务逐渐成为单体应用程序的替代方案，它通过将大型代码库分解为小的、定义良好的部分，帮助解决传统的大型代码库的复杂性问题。

  在我十几年的工作经验中，我致力于软件开发，使用不同的语言和不同类型的软件架构。我踏入开发之旅时使用的架构现在实际上已经过时了。当代世界迫使我们不断更新自己的知识，软件开发领域也在加速创新。出于对最新知识和实践的探索，我在几年前决定涉足微服务领域。从那时起，由于微服务提供的优势（如可伸缩性、速度和可维护性等优势），它成为我使用最多的架构。成功地进入微服务领域促使我承担起撰写这本书的任务，以此作为一个机会来系统化和分享我所学到的知识。

  作为一名软件开发人员，我认识到不断研究并将新知识应用到开发中是多么重要。在撰写这本书之前，我决定分享我的发现，并开始在我工作的位于我的祖国哥斯达黎加的一家软件开发公司的博客平台上发表微服务的文章。当我写这些文章时，我意识到我在我的职业生涯中找到了新的激情和目标。在写完其中一篇文章几个月后，我收到了 Manning 出版社的一封电子邮件，让我有机会写这本书的第 2 版与大家分享。

  这本书的第 1 版是由约翰·卡内尔（John Carnell）撰写的，他是一位有着多年软件开发经验的专业人士。我在第 1 版的基础上，结合自己的理解与解释，撰写了第 2 版。第 2 版包含各种设计模式，能够帮助你使用 Spring 创建一个成功的微服务架构。这个框架可以为微服务开发人员遇到的许多常见的开发问题提供开箱即用的解决方案。现在，让我们用 Spring 开始这段美妙的微服务之旅。

致谢

我非常感谢有机会写这本书,让我在分享知识的同时也学到了知识。感谢 Manning 出版社对我的信任,让我能与这么多人分享我的作品,尤其感谢 Michael Stephens 给予我这个绝佳的机会。感谢 John Carnell 的支持、工作与知识。感谢我的技术开发编辑 Robert Wenner 的宝贵贡献。感谢我的编辑 Lesley Trites 全程陪伴我,为我提供宝贵的帮助。

我还要感谢 Stephan Pirnbaum 和 John Guthrie,他们作为我的技术审查员检查了我的工作,确保了这本书的整体质量。感谢我的项目编辑 Deirdre Hiam、文字编辑 Frances Buran、校对员 Katie Tennant、审稿编辑 Aleks Dragosavljevic。我还要感谢所有的审稿人(Aditya Kumar、Al Pezewski、Alex Lucas、Arpit Khandelwal、Bonnie Malec、Christopher Kardell、David Morgan、Gilberto Taccari、Harinath Kuntamukkala、Iain Campbell、Kapil Dev S、Konstantin Eremin、Krzysztof Kamyczek、Marko Umek、Matthew Greene、Philippe Vialatte、Pierre-Michel Ansel、Ronald Borman、Satej Kumar Sahu、Stephan Pirnbaum、Tan Wee、Todd Cook 和 Víctor Durán)——是你们的建议帮助这本书变得更好。

我要感谢我的父母和我的整个家庭,他们支持我、鼓励我去追求我的梦想,他们以奉献精神作为榜样,帮助我成为了今天的专业人士。我还要感谢 Eli,他在漫长的工作日里一直陪伴在我身边。我还要感谢我的朋友们,他们在整个过程中一直信任我、鼓励我。

最后,但同样重要,我感谢购买这本书的你,感谢你允许我向你分享我的知识。我希望你喜欢读它,就像我喜欢写它一样。我希望这本书能对你的职业生涯做出有价值的贡献。

关于本书

本书是为实践 Java/Spring 的开发人员编写的，他们需要有关如何构建和实施基于微服务的应用程序的实践建议和示例。当我们写这本书时，我们希望保持与第 1 版相同的中心思想。我们希望它基于核心微服务模式，与 Spring Boot 和 Spring Cloud 的最新实践和示例保持一致。读者会发现，几乎每章都有特定的微服务设计模式，以及用 Spring Cloud 实现的示例。

本书的目标读者

- 拥有构建分布式应用程序经验（1～3 年）的 Java 开发人员。
- 拥有 Spring 的知识背景（1 年以上）的人。
- 对学习构建基于微服务的应用程序感兴趣的人。
- 对使用微服务构建基于云的应用程序感兴趣的人。
- 想要知道 Java 和 Spring 是否是用于构建基于微服务的应用程序的相关技术的人。
- 有兴趣了解如何将基于微服务的应用部署到云上的人。

本书组织结构

本书包含 12 章和 3 个附录。

- 第 1 章介绍微服务架构为什么是构建应用程序，尤其是基于云的应用程序的重要相关方法。
- 第 2 章介绍我们将使用的 Spring 云技术，并提供如何按照十二要素应用程序最佳实践构建云原生微服务的指南。本章还将介绍如何使用 Spring Boot 构建第一个基于 REST 的微服务。
- 第 3 章介绍如何通过架构师、应用工程师和 DevOps 工程师的角度来审视微服务，并提供在第一个基于 REST 的微服务中实现某些微服务最佳实践的指南。

- 第 4 章介绍容器，重点介绍容器和虚拟机之间的主要区别。本章还将介绍如何使用几个 Maven 插件和 Docker 命令来容器化微服务。

- 第 5 章介绍如何使用 Spring Cloud Config 管理微服务的配置。Spring Cloud Config 可帮助确保服务的配置信息集中在单个存储库中，并且在所有服务实例中都是版本控制和可重复的。

- 第 6 章介绍服务发现路由模式。在这一章中，读者将学习如何使用 Spring Cloud 和 Netflix 的 Eureka 服务将服务的位置从客户的使用中抽象出来，还将学习如何使用 Spring Cloud LoadBalancer 和 Netflix Feign 客户端实现客户端负载均衡。

- 第 7 章讨论如何在一个或多个微服务实例关闭或处于降级状态时保护微服务的消费者。这一章将演示如何使用 Spring Cloud 和 Resilience4j 来实现断路器模式、后备模式和舱壁模式。

- 第 8 章介绍服务网关路由模式。使用 Spring Cloud Gateway，我们将为我们的所有微服务建立一个单一入口点。我们将演示如何使用 Spring Cloud Gateway 的过滤器来构建可以针对流经服务网关的所有服务强制执行的策略。

- 第 9 章介绍如何使用 Keycloak 实现服务验证和授权。在本章中，我们将介绍 OAuth2 的一些基本原则，以及如何使用 Spring 和 Keycloak 来保护微服务架构。

- 第 10 章讨论如何使用 Spring Cloud Stream 和 Apache Kafka 将异步消息传递引入微服务。本章还介绍如何使用 Redis 进行缓存查找。

- 第 11 章介绍如何使用 Spring Cloud Sleuth、Zipkin 和 ELK 技术栈来实现日志关联、日志聚合和跟踪等常见的日志记录模式。

- 第 12 章是本书的基石项目。我们将使用在本书中构建的服务，将它们部署到亚马逊弹性 Kubernetes 服务（Amazon Elastic Kubernetes Service，Amazon EKS）。我们还将讨论如何使用 Jenkins 等工具自动构建和部署微服务。

- 附录 A 展示额外的微服务架构最佳实践，并解释 Richardson 成熟度模型。

- 附录 B 是 OAuth2 的补充资料。OAuth2 是一种非常灵活的身份验证模型，这一附录简要介绍 OAuth2 可用于保护应用程序及其相应微服务的不同方式。

- 附录 C 介绍如何使用 Spring Boot Actuator、Micrometer、Prometheus 和 Grafana 等几种技术来监控 Spring Boot 微服务。

总体上看，开发人员应该阅读第 1~3 章，这 3 章提供了关于最佳实践和在 Java 11 中使用 Spring Boot 实现微服务的基本信息。对于 Docker 新手，我们强烈建议仔细阅读第 4 章，因为它简要介绍了全书中使用的所有 Docker 概念。

本书的其余部分讨论了几种微服务模式，如服务发现、分布式跟踪、API 网关等。阅读本书的方法是按顺序阅读各章，并遵循各章的代码示例。

关于代码

本书几乎每章都有源代码示例，它们有的在带编号的代码清单中，有的在普通的文本中。在这两种情况下，源代码都以等宽字体印刷，以将其与普通文本分开。

每章在配套源代码中都有一个对应的文件夹。本书中的所有代码使用 Maven 作为主要构建工具进行构建，并使用 Docker 作为容器工具以运行在 Java 11 上。每章的 README.md 文件中包含以下信息：

- 本章的简要介绍；
- 初始配置所需的工具；
- "如何使用"部分；
- 示例的构建命令；
- 示例的运行命令；
- 联系方式和贡献信息。

我们在整本书中遵循的一个核心概念是，每章的代码示例应该能够完全独立于其他任何一章运行。这是什么意思呢？例如，读者应该能够获取第 10 章中的代码，并在不需要遵循前几章示例的情况下运行它。每章中构建的每个服务都有一个对应的 Docker 镜像，并且都使用 Docker Compose 来执行 Docker 镜像，以确保每章都有一个可复制的运行时环境。

在很多情况下，原始的源代码已被重新调整了格式。我们添加了换行符，重新加工了缩进，以适应书的页面空间。在极少数情况下，甚至还不止如此，代码清单还包括行连续标记（➥）。此外，在文本中描述代码时，源代码中的注释通常会从代码清单中移除。许多代码清单附带了代码注解，突出重要的概念。

关于作者

约翰·卡内尔（John Carnell）是一名软件架构师，为 Genesys Cloud 领导开发团队。约翰每天大部分时间都在教 Genesys Cloud 客户和内部开发人员如何交付基于云的呼叫中心和电话解决方案，以及基于云开发的最佳实践。他使用 AWS 平台亲手构建基于电话的微服务。他的日常工作是设计和构建跨 Java、Clojure 和 Go 等多种技术平台的微服务。此外，他是一位高产的演讲者和作家。他经常在当地的用户群体发表演讲，并且是 "The No Fluff Just Stuff Software Symposium" 的常规发言人。在过去的二十多年里，他是许多基于 Java 的技术书籍和行业刊物的作者、合作者和技术审稿人。约翰拥有马奎特大学（Marquette University）学士学位和威斯康星大学奥什科什分校（University of Wisconsion Oshkosh）工商管理硕士（MBA）学位。约翰是一位充满激情的技术专家，他不断探索新技术和编程语言。当他不演讲、不写作或者不编码的时候，他与妻子 Janet 和 3 个孩子（Christopher、Agatha 和 Jack）以及他的狗 Vader 生活在北卡罗来纳州的卡里。

伊拉里·华卢波·桑切斯（Illary Huaylupo Sánchez）是一名软件工程师，她毕业于森福泰克大学（Cenfotec University），并拥有哥斯达黎加拉丁美洲科技大学（Latin American University of Science and Technology）的 IT 管理 MBA 学位。她在软件开发方面的知识相当广泛，拥有使用 Java 和其他编程语言（如 Python、C#、Node.js）以及其他技术（如各种数据库、框架、云服务等）的经验。目前，她在哥斯达黎加圣何塞的微软公司担任高级软件工程师，在那里她将大部分时间花在研究和开发各种流行的最新项目上。她还拥有十多年的 Oracle 认证开发经验，并曾在大型公司如 IBM、Gorilla Logic、Cargill 和 BAC Credomatic（一家著名的拉丁美洲银行）担任过高级软件工程师。她喜欢挑战，总是愿意学习新的编程语言和新技术。在空闲时间，她喜欢弹贝斯吉他，并与家人和朋友在一起。

封面插图

  本书封面插画的标题为《克罗地亚男人》(*A Man from Croatia*)。该插画取自克罗地亚斯普利特民族博物馆 2008 年出版的 Balthasar Hacquet 的 *Images and Descriptions of Southwestern and Eastern Wenda, Illyrians, and Slavs* 的最新重印版本。Hacquet(1739—1815)是一名奥地利医生及科学家,他花数年时间去研究奥地利帝国很多地区的植物、地质和人种,以及伊利里亚部落过去居住的(罗马帝国的)威尼托地区、尤里安阿尔卑斯山地区及西巴尔干地区等。Hacquet 发表的很多科学论文和书籍中都有手绘插图。Hacquet 的出版物中丰富多样的插图生动地描绘了 200 年前阿尔卑斯山东部地区和巴尔干西北地区的独特性。

  那时候相距几公里的两个村庄村民的衣着都迥然不同,很好区分,而且通过着装还能很容易地分辨出他们所属的社会阶层或者行业。从那之后着装的要求发生了改变,不同地区的多样性也逐渐消亡。现在很难说出不同大陆的居民有多大区别,例如,现在很难区分斯洛文尼亚的阿尔卑斯山地区那些美丽小镇、村庄或巴尔干沿海小镇的居民,以及欧洲其他地区的居民。

  Manning 出版社利用两个世纪前的服装来设计书籍封面,以此来赞颂计算机产业所具有的创造性、主动性和趣味性,这些插画也因而重获生机。

资源与支持

本书由异步社区出品，社区（https://www.epubit.com/）为您提供相关资源和后续服务。

配套资源

本书提供配套源代码，您在异步社区本书页面中点击"配套资源"，跳转到下载界面，按提示进行操作即可获得。注意：为保证购书读者的权益，该操作会给出相关提示，要求输入提取码进行验证。

提交勘误

作者和编辑尽最大努力来确保书中内容的准确性，但难免会存在疏漏。欢迎您将发现的问题反馈给我们，帮助我们提升图书的质量。

当您发现错误时，请登录异步社区，按书名搜索，进入本书页面，点击"提交勘误"，输入勘误信息，点击"提交"按钮即可。本书的作者和编辑会对您提交的勘误进行审核，确认并接受后，您将获赠异步社区的 100 积分。积分可用于在异步社区兑换优惠券、样书或奖品。

扫码关注本书

扫描下方二维码，您将会在异步社区微信服务号中看到本书信息及相关的服务提示。

与我们联系

我们的联系邮箱是 contact@epubit.com.cn。

如果您对本书有任何疑问或建议，请您发邮件给我们，并请在邮件标题中注明本书书名，以便我们更高效地做出反馈。

如果您有兴趣出版图书、录制教学视频，或者参与图书技术审校等工作，可以发邮件给本书的责任编辑（sunzhesi@ptpress.com.cn）。

如果您来自学校、培训机构或企业，想批量购买本书或异步社区出版的其他图书，也可以发邮件给我们。

如果您在网上发现有针对异步社区出品图书的各种形式的盗版行为，包括对图书全部或部分内容的非授权传播，请您将怀疑有侵权行为的链接通过邮件发给我们。您的这一举动是对作者权益的保护，也是我们持续为您提供有价值的内容的动力之源。

关于异步社区和异步图书

"异步社区"是人民邮电出版社旗下 IT 专业图书社区，致力于出版精品 IT 技术图书和相关学习产品，为作译者提供优质出版服务。异步社区创办于 2015 年 8 月，提供大量精品 IT 技术图书和电子书，以及高品质技术文章和视频课程。更多详情请访问异步社区官网 https://www.epubit.com。

"异步图书"是由异步社区编辑团队策划出版的精品 IT 专业图书的品牌，依托于人民邮电出版社的计算机图书出版积累和专业编辑团队，相关图书在封面上印有异步图书的 LOGO。异步图书的出版领域包括软件开发、大数据、AI、测试、前端、网络技术等。

异步社区

微信服务号

目录

第1章 欢迎迈入云世界，Spring

本章主要内容
- 了解微服务架构
- 了解企业采用微服务的原因
- 使用 Spring、Spring Boot 和 Spring Cloud 来搭建微服务
- 了解云的概念和基于云的计算模型

实现新架构不是一件容易的事情，它带来了许多挑战，如应用程序可伸缩性、服务发现、监控、分布式跟踪、安全性、管理等。本书将介绍 Spring 中的微服务世界，讲解如何应对所有这些挑战，并展示将微服务应用于业务应用程序的权衡。你将学习如何使用诸如 Spring Cloud、Spring Boot、Swagger、Docker、Kubernetes、ELK（Elasticsearch、Logstash 和 Kibana）、Stack、Grafana、Prometheus 等技术来构建微服务应用程序。

Spring Boot 和 Spring Cloud 为 Java 开发人员提供了一条从构建传统的单体的 Spring 应用到构建可以部署在云端的微服务应用的平滑迁移路径。本书使用实际的例子、图表和描述性的文本，提供了如何实现微服务架构的更多细节。

最后，你将学习如何实现诸如客户端负载均衡、动态伸缩、分布式跟踪等技术和技巧，以使用 Spring Boot 和 Spring Cloud 创建灵活、新式和自主的基于微服务的业务应用程序。通过应用 Kubernetes、Jenkins 和 Docker 等技术，你还可以创建自己的构建/部署管道，以实现业务中的持续交付和集成。

1.1 微服务架构的演进

软件架构是指建立软件组件之间的结构、操作和交互的所有基本部分。本书解释了如何创建一个微服务架构，该架构由松耦合的软件服务组成，这些软件服务执行少量定义良好的任务，并通过网络使用消息进行通信。我们首先考虑一下微服务和其他一些常见架构之间的区别。

1.1.1　n 层架构

一种常见的企业架构类型是多层或 n 层架构。通过这种设计，应用程序被划分为多个层，每个层都有自己的职责和功能，如用户界面（UI）、服务、数据、测试等。例如，当你创建应用程序时，你先为 UI 创建一个特定的项目或解决方案，然后为服务创建一个项目或解决方案，再为数据层创建一个项目或解决方案，以此类推。最后，你将拥有几个项目，将这些项目组合起来，创建一个完整的应用程序。对于大型企业系统，n 层架构应用程序有许多优点，包括：

- n 层架构应用程序提供了良好的关注点分离，使得人们可以分别考虑用户界面、数据和业务逻辑等领域；
- 团队很容易在 n 层架构应用程序的不同组件上独立工作；
- 因为这是一个易于理解的企业架构，所以为 n 层架构项目找到熟练的开发人员相对容易。

n 层架构应用程序也有缺点，例如：

- 当你想要进行更改时，必须停止并重新启动整个应用程序；
- 消息往往在各层之间上下传递，这可能是低效的；
- 一旦部署，重构一个大型的 n 层架构应用程序可能会很困难。

虽然我们在本书中讨论的一些主题与 n 层架构应用程序直接相关，但我们将更直接地关注微服务与另一种常见架构（通常称为单体架构）的区别。

1.1.2　什么是单体架构

许多中小型基于 Web 的应用程序都是使用单体架构风格构建的。在单体架构中，应用程序作为单个可部署的软件制品交付。所有用户界面、业务和数据库访问逻辑都打包到一个唯一的应用程序中，并部署到应用程序服务器。图 1-1 显示了这个应用程序的基本架构。

虽然应用程序可能是作为单个工作单元部署的，但经常会有多个开发团队在一个应用程序上工作。每个开发团队负责应用程序的不同部分，并且他们经常用自己的功能部件来服务特定的客户。例如，想象一个场景，我们有一个内部定制的客户关系管理（CRM）应用，它涉及多个团队之间的合作，包括 UI/UX 团队、客户团队、数据仓库团队以及金融从业者等。

尽管微服务架构的支持者有时会否定单体应用程序，但单体应用程序通常是一个很好的选择。与 n 层或微服务等更复杂的架构相比，单体应用程序更容易构建/部署。如果用例定义良好并且不太可能改变，那么从单体应用程序开始可能是一个很好的决定。

然而，当应用程序的规模和复杂性开始增加时，单体应用程序可能会变得难以管理。对单体应用程序的每一个更改都可能对应用程序的其他部分产生级联效应，这可能会使应用程序变得耗时且代价高昂，特别是在生产系统中。我们有的第三个选择——微服务架构，提供了更大的灵活性和可维护性。

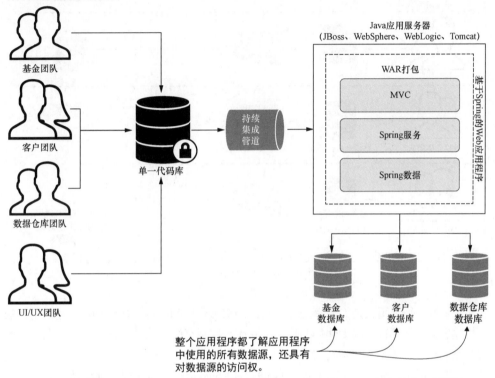

图 1-1 单体应用程序强迫多个开发团队同步他们的交付日期，因为他们的代码需要被
作为一个整体单元进行构建、测试和部署

1.1.3 什么是微服务

微服务的概念最初悄悄蔓延到软件开发社区中，是作为对尝试（在技术上和组织上）扩大大型单体应用程序所面临的诸多挑战的直接回应。微服务是一种小型的、松耦合的分布式服务。微服务允许你将一个大型的应用分解为具有狭义职责定义的便于管理的组件。微服务通过将一个大型代码库分解为多个精确定义的小型代码库，帮助解决了大型代码库中传统的复杂问题。

对微服务的思考需要围绕两个关键概念展开：分解（decomposing）和分离（unbundling）。应用程序的功能应该完全彼此独立。如果我们以前面提到的 CRM 应用程序为例，将其分解为微服务，那么它看起来可能像图 1-2 所示的样子。

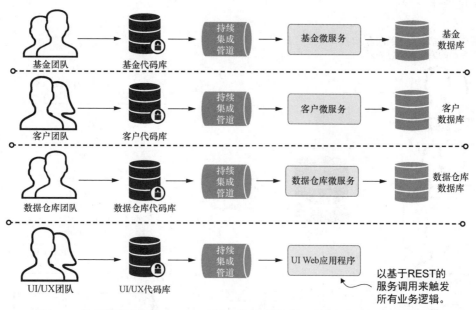

图 1-2　使用微服务架构，CRM 应用将会被分解成一系列完全独立的微服务，
让每个开发团队都能够按各自的步伐前进

图 1-2 显示了每个团队是如何完全拥有自己的服务代码和服务基础设施的。他们可以彼此独立地去构建、部署和测试，因为他们的代码、源代码控制存储库和基础设施（应用服务器和数据库）现在是完全独立于应用的其他部分的。总的来说，微服务架构具有以下特征。

- 应用程序逻辑被分解为具有定义明确的、协调的职责边界的细粒度组件。
- 每个组件都有一个小的职责领域，并且完全独立部署。单个微服务对业务域的某一部分负责。
- 微服务采用 HTTP 这样的轻量级通信协议和 JSON（JavaScript Object Notation，JavaScript 对象表示法），在服务消费者和服务提供者之间进行数据交换。
- 服务的底层采用什么技术实现并没有什么影响，因为微服务应用程序始终使用技术中立的格式（JSON 是最常见的）进行通信。这意味着使用微服务方法构建的应用程序能够使用多种编程语言和技术进行构建。
- 微服务利用其小、独立和分布式的性质，使组织拥有具有明确责任领域的更小型开发团队。这些团队可能为同一个目标工作，如交付一个应用程序，但是每个团队只负责他们在做的服务。

图 1-3 对比了一个典型的小型电子商务应用程序的单体设计和微服务设计。

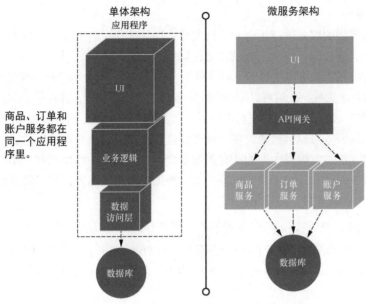

图 1-3　单体架构和微服务架构对比

1.1.4　为什么要改变构建应用的方式

习惯于为当地市场服务的公司突然发现，他们可以接触到全球的客户群，不过，更大的全球客户群也带来了全球竞争。更多的竞争影响了开发人员构建应用程序的方式。

- 复杂性上升。客户期望一个组织的所有部门都知道他们是谁。与单个数据库通信并且不与其他应用程序集成的"孤立的"应用程序已不再是常态。如今，应用程序需要与多个服务和数据库进行通信，这些服务和数据不仅位于公司数据中心内，还位于外部互联网服务供应商内。

- 客户期待更快速的交付。客户不想再等软件包的下一个年度版本了。相反，他们期望一个软件产品中的各个功能是分开的，以便新功能在几周（甚至几天）内即可快速发布。

- 客户还要求可靠的性能和可伸缩性。全球性的应用程序使预测应用程序能处理多少事务以及何时会到达该事务量变得非常困难。应用程序需要跨多个服务器快速扩大，然后在事务量高峰过去之后无缝收缩。

- 客户期望他们的应用程序可用。因为客户与竞争对手之间只有点击一下鼠标的距离，所以企业的应用程序必须具有高度的弹性。应用程序中某个部分的故障或问题不应该导致整个应用程序崩溃。

为了满足这些期望，作为应用开发人员，我们不得不接受这样一个不可思议的的东西：要构建高度可伸缩的高度冗余的应用程序，我们需要将应用程序分解成可以互相独立构建和部署的小型服务。如果将应用程序"分解"为较小的服务，并将它们从单体制品中转移出来，那么就可以构建具有下面这些特性的系统。

- 灵活性——可以将解耦的服务进行组合和重新安排，以快速交付新的功能。一个正在使用的代码单元越小，更改越不复杂，测试部署代码所需的时间越短。
- 有弹性——解耦的服务意味着应用程序不再是单个 "泥浆球"，其中一部分应用程序的降级会导致整个应用程序失败。故障可以限制在应用程序的一小部分中，并在整个应用程序遇到中断之前被控制。这也使应用程序在出现不可恢复的错误的情况下能够优雅地降级。
- 可伸缩性——解耦的服务可以轻松地跨多个服务器进行水平分布，从而可以适当地对功能 / 服务进行伸缩。单体应用程序中的所有逻辑是交织在一起的，即使只有一小部分应用程序是瓶颈，整个应用程序也需要扩展。小型服务的扩展是局部的，成本效益更高。

为此，当我们开始讨论微服务时，请记住：

　　　　小型的、简单的、解耦的服务 = 可伸缩的、弹性的、灵活的应用程序

系统和组织本身可以从微服务方法中获益——理解这一点是很重要的。为了在组织中获益，我们可以反向应用康威定律（Conway's law）。这个定律指出了几点可以改善公司内部沟通和结构的措施。

康威定律（由 Melvin R. Conway 在 1968 年 4 月的文章 "How do Committees Invent" 中首次提到）指出 "设计系统的组织其产生的设计等价于组织间的沟通结构"。基本上，它所表明的是，团队内部以及与其他团队之间的沟通方式直接反映在他们生产的代码中。

如果我们反向应用康威定律，也称为逆康威策略（inverse Conway maneuver），并基于微服务架构设计公司结构，那么通过创建松耦合的自治团队来实现微服务，就能改善应用程序的通信、稳定性和组织结构。

1.2　使用 Spring 开发微服务

Spring 已经成为构建基于 Java 的应用程序的最流行的开发框架。Spring 的核心是建立在依赖注入的概念上的。依赖注入框架（dependency injection framework）允许你通过约定（以及注解）将应用程序中对象之间的关系外部化，而不是在对象内部彼此硬编码实例化代码，这使开发人员能更高效地管理大型 Java 项目。Spring 在应用程序的不同的 Java 类之间充当中间人，管理着它们的依赖关系。Spring 本质上就是让你像玩乐高积木一样将自己的代码组装在一起。

Spring 框架令人印象深刻的地方在于它能够与时俱进并进行自我改造。Spring 开发人员很快发现，许多开发团队正在从将应用程序的展现、业务和数据访问逻辑打包在一起并部署为单个制品的单体应用程序模型中迁移，转向高度分布式的模型，在这种模型中，小型服务可以快速部署到云端。为了响应这种转变，Spring 开发人员启动了两个项目，即 Spring Boot 和 Spring Cloud。

Spring Boot 是对 Spring 框架理念重新思考的结果。虽然 Spring Boot 包含了 Spring 的核心特性，但它剥离了 Spring 中的许多 "企业" 特性，而提供了一个基于 Java 的、面向 REST（Representational State Transfer，表征状态转移）的微服务框架。只需一些简单的注解，Java 开发

者就能够快速构建一个可打包和部署的 REST 服务，这个服务并不需要外部的应用容器。

注意 虽然本书会在第 3 章中更详细地介绍 REST，但 REST 背后的核心概念是，服务应该使用 HTTP 动词（GET、POST、PUT 和 DELETE）来代表服务中的核心操作，并且应该使用轻量级的面向 Web 的数据序列化协议（如 JSON）来从服务请求数据和从服务接收数据。

Spring Boot 的主要特性如下。

- 嵌入式 Web 服务器，用于避免应用程序部署的复杂性：Tomcat（默认）、Jetty 或 Undertow。这是 Spring Boot 的一个基本概念，所选的 Web 服务器是可部署 JAR 文件的一部分。对于 Spring Boot 应用程序，部署应用程序的唯一必要条件是在服务器上安装 Java。
- 快速启动项目的建议配置（各种 starter 项目）。
- 尽可能地自动配置 Spring 功能。
- 可供生产使用的广泛特性（如度量、安全性、状态验证、外部化配置等）。

使用 Spring Boot 对我们的微服务有以下好处。

- 减少开发时间，提高效率和生产力。
- 提供嵌入式 HTTP 服务器来运行 Web 应用程序。
- 避免编写很多样板式代码。
- 促进与 Spring 生态系统的集成（包括 Spring Data、Spring Security、Spring Cloud 等）。
- 提供一套各种开发插件。

在构建基于云的应用程序时，微服务已经成为十分常见的架构模式之一，因此 Spring 开发人员社区为开发人员提供了 Spring Cloud。Spring Cloud 框架使得将微服务实施和部署到私有云或公有云变得更加简单。Spring Cloud 在一个公共框架中封装了多个流行的云管理微服务框架，并且让这些技术的使用和部署像为代码添加注解一样简便。第 2 章将介绍 Spring Cloud 中的不同组件。

1.3 我们在构建什么

本书提供了一个使用 Spring Boot、Spring Cloud 和其他有用的现代技术创建完整的微服务架构的分步指南。图 1-4 展示了我们将在本书中使用的一些服务和技术集成的高层概述。

图 1-4 描述了在我们将要创建的微服务架构中，更新和检索组织信息的客户端请求。要启动请求，客户端首先需要使用 Keycloak 进行身份验证以获得访问令牌。一旦获得令牌，客户端就向 Spring Cloud API Gateway 发出请求。API 网关服务是我们整个架构的入口点。该服务将与 Eureka 服务发现进行通信，以检索组织和许可证服务的位置，然后调用特定的微服务。

一旦请求到达组织服务，该服务将通过 Keycloak 验证访问令牌，以查看令牌是否有效以及用户是否有权继续该过程。确认令牌有效后，组织服务将从组织数据库更新和检索其信息，并将这些信息作为 HTTP 响应发送回客户端。作为另一条路，更新完组织信息后，组织服务将向 Kafka 主题添加一条消息，以便许可证服务可以知道这一更改。

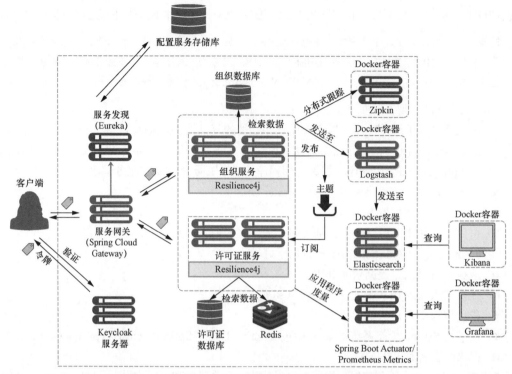

图 1-4   我们将在本书中使用的服务和技术的高层概述

当消息到达许可证服务后，Redis 会在 Redis 的内存数据库中存储特定信息。在整个过程中，此架构将使用来自 Zipkin 的分布式跟踪，并使用 Elasticsearch 和 Logstash 来管理和显示日志，同时使用 Spring Boot Actuator、Prometheus 和 Grafana 来公开和显示应用程序度量。

随着我们继续向前探索，我们将看到诸如 Spring Boot、Spring Cloud、Elasticsearch、Logstash、Kibana、Prometheus、Grafana 和 Kafka 等主题。所有这些技术听起来可能很复杂，但是随着本书的深入，我们将看到如何创建和集成构成图 1-4 中框架的不同组件。

1.4   本书涵盖什么内容

本书的范围很广，它涵盖了从基本定义到创建微服务架构的更复杂实现的所有内容。

1.4.1   在本书中你会学到什么

本书是关于使用各种 Spring 项目（如 Spring Boot 和 Spring Cloud）构建基于微服务架构的应用程序的，这些应用程序可以部署到公司内运行的私有云或亚马逊、谷歌和微软等运行的公有云上。本书涵盖以下主题。

- 微服务是什么、最佳实践，以及构建基于微服务的应用程序的设计考虑因素。
- 什么时候不应该构建基于微服务的应用程序。
- 如何使用 Spring Boot 框架来构建微服务。
- 支持微服务应用程序的核心运维模式，特别是基于云的应用程序。
- Docker 是什么，如何将它与基于微服务的应用程序集成。
- 如何使用 Spring Cloud 来实现本章稍后描述的运维模式。
- 如何创建应用程序度量，并在监控工具中可视化这些度量。
- 如何利用 Zipkin 和 Sleuth 实现分布式跟踪。
- 如何使用 ELK 技术栈来管理应用程序日志。
- 如何利用已学的知识，构建一个部署管道，在本地将服务部署到内部管理的私有云或公有云厂商所提供的环境中。

读完本书，你将具备构建和部署 Spring Boot 微服务所需的知识，明白实施微服务的关键设计决策，了解如何将服务配置管理、服务发现、消息传递、日志记录和跟踪以及安全性结合在一起，以交付一个健壮的微服务环境，最后你还会看到如何使用不同的技术部署微服务。

1.4.2　为什么本书与你有关

我猜你能读到这里是因为：
- 你是一名 Java 开发人员或对 Java 有很深入的理解；
- 你拥有 Spring 背景；
- 你对学习如何构建基于微服务的应用程序感兴趣；
- 你对如何使用微服务来构建基于云的应用程序感兴趣；
- 你想知道 Java 和 Spring 是否是用于构建基于微服务的应用程序的相关技术；
- 你想知道实现微服务架构的前沿技术；
- 你有兴趣了解如何将基于微服务的应用部署到云上。

本书提供了一份在 Java 中实现微服务架构的详细指南。书中既有描述性和可视化信息，又有大量实际操作的代码示例，为如何使用不同 Spring 项目（如 Spring Boot 和 Spring Cloud）的最新版本实现微服务架构提供了编程指南。

此外，本书介绍了微服务模式、最佳实践，以及与这种类型的架构相关联的基础设施技术，模拟了真实世界的应用程序开发环境。让我们转移一下注意力，使用 Spring Boot 构建一个简单的微服务。

1.5　云和基于微服务的应用程序

在本节中，我们将了解如何使用 Spring Boot 创建微服务，以及为什么云与基于微服务的应用程序有关。

1.5.1   使用 Spring Boot 来构建微服务

本节不会详细介绍有关如何创建微服务的诸多代码，而只是简单介绍如何创建服务，以便展示使用 Spring Boot 是多么简单。为此，我们将创建一个简单的 REST 服务 "Hello World"，它包含一个使用 GET HTTP 动词的主端点。此服务端点将接收请求参数和 URL 参数（也称为路径变量）的形式接收参数。图 1-5 展示了 REST 服务将做什么，Spring Boot 微服务将会如何处理用户请求的一般流程。

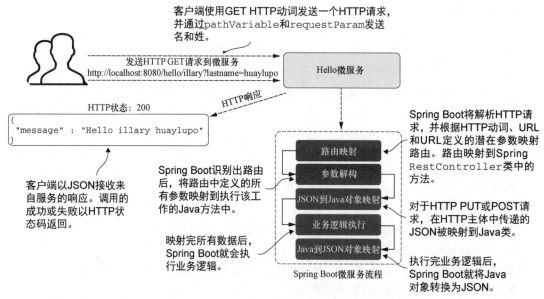

图 1-5   Spring Boot 抽象出了常见的 REST 微服务任务（路由到业务逻辑、从 URL 中解析 HTTP 参数、JSON 与 Java 对象相互映射），并让开发人员专注于服务的业务逻辑。此图显示了向控制器传递参数的三种不同方式

这个例子并不详尽，甚至没有说明应该如何构建一个生产级的微服务，但它同样值得你注意，因为它只需要写很少的代码。在第 2 章之前，我们不打算介绍如何设置项目构建文件或代码的细节。如果你想要查看 Maven pom.xml 文件以及实际代码，你可以在可下载代码的第 1 章部分找到它。

注意   第 1 章中的所有源代码都能在本书的配套源代码中找到。

对于本例，我们有一个名为 Application 的 Java 类，你可以在类文件 com/huaylupo/spmia/ch01/SimpleApplication/Application.java 中找到它。我们将使用这个类公开一个名为/hello 的 REST 端点。代码清单 1-1 展示了 Application 类的代码。

代码清单 1-1 使用 Spring Boot 的 Hello World：一个（非常）简单的 Spring 微服务

告诉 Spring Boot，该类是 Spring Boot
服务的入口点

```
import org.springframework.boot.SpringApplication;
import org.springframework.boot.autoconfigure.SpringBootApplication;
import org.springframework.web.bind.annotation.GetMapping;
import org.springframework.web.bind.annotation.PathVariable;
import org.springframework.web.bind.annotation.PostMapping;
import org.springframework.web.bind.annotation.RequestBody;
import org.springframework.web.bind.annotation.RequestMapping;
import org.springframework.web.bind.annotation.RequestParam;
import org.springframework.web.bind.annotation.RestController;

@SpringBootApplication
@RestController
@RequestMapping(value="hello")
public class Application {

    public static void main(String[] args) {
        SpringApplication.run(Application.class, args);
    }

    @GetMapping(value="/{firstName}")
    public String helloGET(
        @PathVariable("firstName") String firstName,
        @RequestParam("lastName") String lastName) {
        return String.format(
            "{\"message\":\"Hello %s %s\"}",
                firstName, lastName);
    }
}

class HelloRequest{

    private String firstName;
    private String lastName;

    public String getFirstName() {
        return firstName;
    }
    public void setFirstName(String firstName) {
        this.firstName = firstName;
    }
    public String getLastName() {
        return lastName;
    }
    public void setLastName(String lastName) {
        this.lastName = lastName;
    }

}
```

告诉 Spring Boot，要将该类中的代码公开
为 Spring RestController

此应用程序中公开的所有
URL 将以前缀/hello 开头

公开一个基于 GET 请求的 REST 端点，其中包含
两个参数：通过@PathVariable 获取的 firstName
和通过@RequestParam 获取的 lastName

将 firstName 和 lastName
参数映射到传入 hello 方
法的两个变量

返回我们手工构建的简单
JSON 字符串（在第 2 章中，
我们不会创建任何 JSON）

包含用户发送的
JSON 结构的字段

在代码清单 1-1 中，主要是使用 GET HTTP 动词公开一个端点，该端点将在 URL 上取两个参数（`firstName` 和 `lastName`）：一个来自路径变量（`@PathVariable`），另一个来自请求参数（`@RequestParam`）。这个端点返回一个简单的 JSON 字符串，它的净荷包含消息`"Hello firstName lastName"`。如果在服务上调用了端点`/hello/illary?lastName=huaylupo`，返回的结果将会是：

```
{"message":"Hello illary huaylupo"}
```

让我们启动 Spring Boot 应用程序。为此，我们在命令行执行下面的命令：

```
mvn spring-boot:run
```

这个 Maven 命令使用 pom.xml 文件中定义的 Spring Boot 插件来使用嵌入式 Tomcat 服务器启动应用程序。一旦你执行了`mvn spring-boot:run`命令，并且一切启动正确，你应该会在命令行窗口中看到图 1-6 所示的内容。

注意　如果你从命令行运行命令，请确保你位于根目录中。根目录是包含 pom.xml 文件的目录。否则，你会遇到这个错误：No plugin found for prefix 'spring-boot' in the current project and in the plugin groups。

Java 与 Groovy 以及 Maven 与 Gradle

Spring Boot 框架支持 Java 和 Groovy 编程语言。Spring Boot 还支持 Maven 和 Gradle 构建工具。Gradle 引入了基于 Groovy 的 DSL（domain specific language，领域特定语言）来声明项目配置，而不是像 Maven 那样的 XML 文件。虽然 Gradle 是一个强大、灵活的一流工具，但 Java 开发人员社区仍在使用 Maven。因此，本书将只包含 Maven 中的示例，以保持本书的可管理性，并使内容更聚焦，以便于照顾到尽可能多的读者。

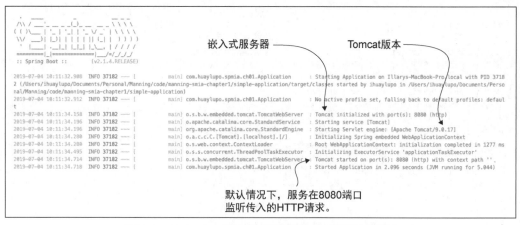

图 1-6　Spring Boot 服务通过控制台与服务端口通信

要执行服务，你需要使用基于浏览器的 REST 工具。你会发现，许多工具（包括图形和命令行）都可用于调用基于 REST 的服务。本书将使用 Postman。图 1-7 和图 1-8 展示了对端点的两次不同的 Postman 调用以及从服务中返回的结果。

图 1-7　向/hello 端点发出 GET 请求，响应以 JSON 净荷的形式展示了请求的数据

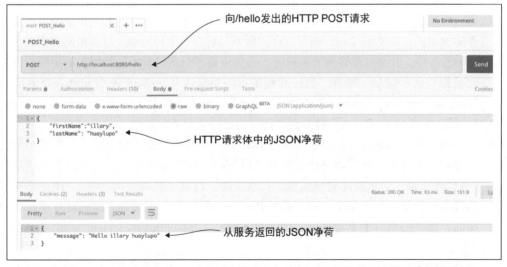

图 1-8　向/hello 端点发出 POST 请求，响应以 JSON 净荷表示请求和响应的数据

图 1-8 展示了如何使用 POST HTTP 动词进行调用的简单示例。必须强调的是，这个示例只是用于演示。在接下来的几章中，你将看到，当涉及在我们的服务中创建新记录时，POST 方法是首选。

这个简单的示例代码没有展示 Spring Boot 的全部功能，也没有展示创建一个服务的最佳实践，而是展示了只用几行代码就能用 Java 编写一个完整的 HTTP JSON REST 服务，其中带有基于 URL 和参数的路由映射。虽然 Java 是一门强大的编程语言，但与其他编程语言相比，它却获得了啰唆冗长的名声，但有了 Spring，我们只需要少量行数的代码即可实现诸多功能。接下来，让我们看看为什么以及何时适合使用微服务方法来构建应用程序。

1.5.2　云计算到底是什么

云计算是通过互联网交付计算和虚拟化 IT 服务——数据库、网络、软件、服务器、分析等，以提供灵活、安全、易于使用的环境。云计算在公司的内部管理中提供了显著的优势，比如低额初始投资、易于使用和维护、可伸缩性等。

云计算模型允许用户选择这些模型提供的信息和服务的控制级别。云计算模型以其首字母缩写而闻名，通常称为 XaaS——它是一个缩写，意思是"anything as a service"。最常见的云计算模型有以下几种，图 1-9 展示了这些模型之间的差异。

- 基础设施即服务（Infrastructure as a Service，IaaS）——供应商提供的基础设施，向用户提供服务器、存储和网络等计算资源的访问。在这个模型中，用户负责一切与基础设施维护和应用程序可伸缩性相关的东西。IaaS 平台包括 AWS（EC2）、Azure 虚拟机（Azure Virtual Machines）、谷歌计算引擎（Google Compute Engine）和 Kubernetes 等。
- 容器即服务（Container as a Service，CaaS）——此模型介于 IaaS 和 PaaS 之间，它指的是一种基于容器的虚拟化形式。与 IaaS 模型不同，使用 IaaS 的开发人员必须管理部署服务的虚拟机，而使用 CaaS 则可以将微服务部署在一个轻量级、可移植的虚拟容器（如 Docker）中，并将其部署到云供应商。云供应商不但运行容器运行所在的虚拟服务器，而且提供用于构建、部署、监控和缩扩容的综合工具。CaaS 平台包括谷歌容器引擎（Google Container Engine，GKE），亚马逊的弹性容器服务（Elastic Container Service，ECS）。在第 11 章中，我们将看到如何将构建的微服务部署到 Amazon ECS。
- 平台即服务（Platform as a Service，PaaS）——此模型提供平台和环境，让用户专注于应用程序的开发、执行和维护，甚至可以使用供应商提供的工具来创建这些应用程序（例如操作系统、数据库管理系统、技术支持、存储、托管、网络等）。用户不需要在物理基础设施上投入资金，也不需要花时间来管理它，这使得用户可以专注于应用程序的开发。PaaS 平台包括 Google App Engine、Cloud Foundry、Heroku 和 AWS Elastic Beanstalk。
- 函数即服务（Function as a Service，FaaS）——也称为无服务器架构，尽管名字如此，但这个架构并不意味着在没有服务器的情况下运行特定的代码，它真正的意思是在云中执行功能的一种方式，供应商在云中提供所有必需的服务器。无服务器架构允许我们只关注服务的开发，而不必担心缩扩容、供应和服务器管理。相反，我们可以只专注于上传我们的函数，而不处理任何管理基础设施。FaaS 平台包括 AWS（Lambda）、Google Cloud Function 和 Azure Function。

- 软件即服务（Software as a Service，SaaS）——也称为按需软件，此模型使用户无须进行任何部署或维护就可以使用特定的应用程序。在大多数情况下，通过 Web 浏览器访问应用程序。在这个模型中，一切都由服务供应商管理：应用程序、数据、操作系统、虚拟化、服务器、存储和网络。用户只需租用服务并使用软件即可。SaaS 平台包括 Salesforce、SAP 和 Google Business。

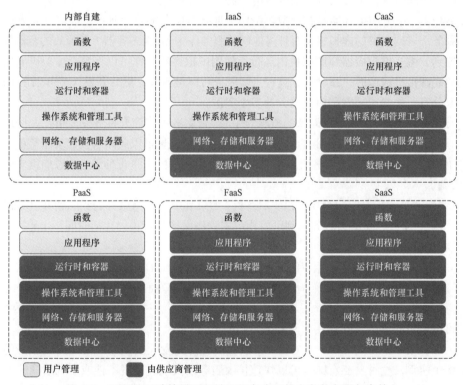

图 1-9 不同的云计算模型归结于用户或云供应商各自要负责什么

注意 如果你不小心，基于 FaaS 的平台就会将你的代码锁定到一个云供应商平台上，因为你的代码会被部署到供应商特定的运行时引擎上。使用基于 FaaS 的模型，你可能会使用通用的编程语言（Java、Python、JavaScript 等）编写服务，但你仍然会将自己束缚在底层供应商的 API 和部署函数的运行时引擎上。

1.5.3　为什么是云和微服务

微服务架构的核心概念之一就是每个服务都被打包和部署为离散的独立制品。服务实例应该迅速启动，服务的每一个实例都是完全相同的。在编写微服务时，你迟早要决定是否将服务部署到下列某个环境之中。

- 物理服务器——虽然你可以将微服务构建和部署到物理机器上，但由于物理服务器的局限性，很少有组织会这样做。你无法快速提高物理服务器的容量，并且在多个物理服务器之间水平伸缩微服务的成本可能会非常高。
- 虚拟机镜像——微服务的主要优点之一是能够快速启动和关闭实例，以响应可伸缩性和服务故障事件。虚拟机是主要云供应商的心脏和灵魂。
- 虚拟容器——虚拟容器是在虚拟机镜像上部署微服务的自然延伸。许多开发人员不是将服务部署到完整的虚拟机，而是将他们的服务作为 Docker 容器（或等效的容器技术）部署到云端。虚拟容器在虚拟机内运行，使用虚拟容器，你可以将单个虚拟机隔离成共享相同虚拟机镜像的一系列独立进程。微服务可以被打包，然后开发人员可以在 IaaS 私有或公有云中快速部署和启动服务的多个实例。

基于云的微服务的优势是以弹性的概念为中心。云服务供应商允许开发人员在几分钟内快速启动新的虚拟机和容器。如果服务的容量需求下降，开发人员可以关闭容器，从而避免产生额外的费用。使用云供应商部署微服务可以显著地提高应用程序的水平可伸缩性（添加更多的服务器和服务实例）。

服务器弹性也意味着应用程序可以更具弹性。如果其中一个微服务遇到问题并且处理能力正在不断地下降，那么启动新的服务实例可以让应用程序保持足够长的存活时间，让开发团队能够从容而优雅地解决问题。

在本书中，所有的微服务和相应的服务基础设施都将使用 Docker 容器部署到基于 CaaS 的云供应商。这是用于微服务的常见部署拓扑结构。CaaS 云供应商最常见的特征是：

- 简化基础设施管理——CaaS 云供应商让开发人员能够对自己的服务拥有更多的控制权。可以通过简单的 API 调用启动和停止新服务。
- 大规模的水平可伸缩性——CaaS 云供应商允许开发人员快速简便地启动服务的一个或多个实例。这种功能意味着可以快速扩大服务以及绕过表现不佳或出现故障的服务器。
- 通过地理分布实现高冗余——CaaS 供应商必然拥有多个数据中心。通过使用 CaaS 云供应商部署微服务，可以比使用数据中心里的集群拥有更高级别的冗余。

为什么不是基于 PaaS 的微服务

本章前面讨论了 5 种云平台——基础设施即服务（IaaS）、容器即服务（CaaS）、平台即服务（PaaS）、函数即服务（FaaS）和软件即服务（SaaS）。本书专注于使用基于 CaaS 的方法构建微服务。虽然某些云供应商可以让你抽象出微服务的部署基础设施，但本书将教你如何独立于供应商，部署应用程序的所有部分（包括服务器）。

例如，Cloud Foundry、AWS Elastic Beanstalk、Google App Engine 和 Heroku 可以让你无须知道底层应用程序容器即可部署你的服务。它们提供了一个 Web 接口和一个命令行接口（CLI），以允许你将应用程序部署为 WAR 或 JAR 文件。应用程序服务器和相应的 Java 容器的设置和调优都与你无关。虽然这很方便，但每个云供应商的平台都有与其各自的 PaaS 解决方案相关的不同特点。

本书中构建的服务都会打包为 Docker 容器。本书选择 Docker 的主要原因是，Docker 可以部署到所有主要的云供应商之中。在后面的章节中，我们将了解 Docker 是什么，以及如何集成 Docker 来运行本书中使用的所有服务和基础设施。

1.6　微服务不只是编写代码

尽管构建单个微服务的概念很易于理解，但运行和支持健壮的微服务应用程序（尤其是在云中运行）不只是涉及为服务编写代码。图 1-10 展示了在编写或构建微服务时需要考虑的一些准则。

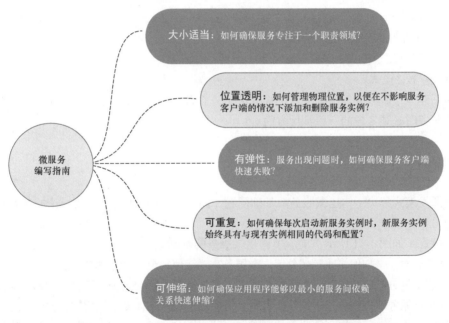

图 1-10　微服务不只是业务逻辑，还需要考虑服务的运行环境以及服务的伸缩性和弹性

编写一个健壮的服务需要考虑几个主题。让我们更详细地了解图 1-10 中提及的要点。

- 大小适当——如何确保微服务的大小适当，这样才不会让微服务承担太多的职责。请记住，服务大小适当，就能快速更改应用程序，降低整个应用程序中断的总体风险。
- 位置透明——如何管理服务调用的物理细节。在一个微服务应用程序中，多个服务实例可以快速启动和关闭。

- 有弹性——如何通过绕过失败的服务，确保采取"快速失败"的方法来保护微服务消费者和应用程序的整体完整性。
- 可重复——如何确保提供的每个新服务实例与生产环境中的所有其他服务实例具有相同的配置和代码库。
- 可伸缩——如何建立一种通信，使服务之间的直接依赖关系最小化，并确保可以优雅地扩展微服务。

当我们更详细地研究这些要点时，本书采用了一种基于模式的方法。通过基于模式的方法，我们将看到可以跨不同技术实现来使用的通用设计。虽然本书选择了使用 Spring Boot 和 Spring Cloud 来实现本书中所使用的模式，但你完全可以把这里的概念和其他技术平台一起使用。具体来说，本书涵盖以下微服务模式：

- 核心开发模式；
- 路由模式；
- 客户端弹性模式；
- 安全模式；
- 日志记录和跟踪模式；
- 应用程序度量模式；
- 构建/部署模式。

如何创建一个微服务并没有一个正式的定义，了解这一点是很重要的。在下一节中，你将看到构建微服务时必须考虑的一些常见方面。

1.7　核心开发模式

核心开发模式解决了构建微服务的基础问题，图 1-11 突出了我们将要讨论的基本服务设计的主题。

以下模式（如图 1-11 所示）展示了构建微服务的基础。

- 服务粒度——如何将业务域分解为微服务，才能使每个微服务都具有适当程度的职责？服务职责划分过于粗粒度，在不同的业务问题领域重叠，会使服务随着时间的推移变得难以维护。服务职责划分过于细粒度，则会使应用程序的整体复杂性增加，并将服务变为无逻辑的（除了访问数据存储所需的逻辑）"哑"数据抽象层。第 3 章将会介绍服务粒度。
- 通信协议——开发人员如何与服务进行通信？第一步是定义需要同步协议还是异步协议。对于同步协议，最常见的协议是基于 HTTP 的 REST，使用 XML（Extensible Markup Language，可扩展标记语言）、JSON 或诸如 Thrift 之类的二进制协议来与微服务来回传输数据。对于异步协议，最流行的协议是高级消息队列协议（Advanced Message Queuing Protocol，AMQP），使用一对一（队列）或一对多（主题）的消息代理，如 RabbitMQ、

Apache Kafka 和 Amazon 简单队列服务（Simple Queue Service，SQS）。在后面的章节中，我们将学习通信协议。

- 接口设计——如何设计实际的服务接口，便于开发人员进行服务调用？如何构建服务？最佳实践是什么？下一章将介绍最佳实践和接口设计。
- 服务的配置管理——如何管理微服务的配置，使其在不同的云环境之间移动？第 5 章将介绍如何通过外部化配置和配置文件来管理微服务的配置。
- 服务之间的事件处理——如何使用事件解耦微服务，才能最小化服务之间的硬编码依赖关系，并提高应用程序的弹性？答案是使用 Spring Cloud Stream 的事件驱动架构，这将在第 10 章中介绍。

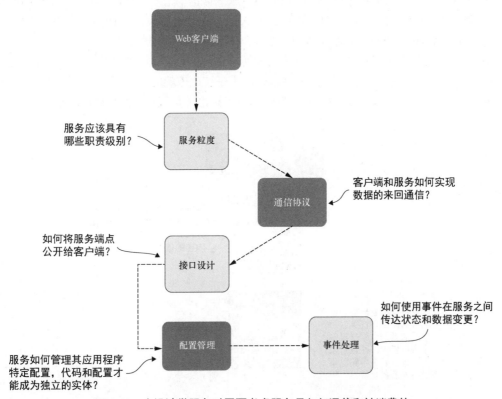

图 1-11　在设计微服务时需要考虑服务是如何通信和被消费的

1.8　路由模式

路由模式负责处理希望消费微服务的客户端应用程序如何发现服务的位置并路由到服务。在基于云的应用程序中，可能会运行成百上千个微服务实例。要强制执行安全和内容策略，需要抽象这些服务的物理 IP 地址，并为服务调用提供单个入口点。如何做到这一点？以下模式将回答这个问题：

- 服务发现——通过服务发现及其关键特性服务注册表，可以让微服务变成可发现的，这样客户端应用程序就可以发现它们，而无须将服务的位置硬编码到它们的应用程序中。如何做到这一点？我们将在第 6 章对此进行解释。请记住，服务发现是内部服务，而不是面向客户端的服务。注意，在本书中，我们使用的是 Netflix Eureka 服务发现，但也有其他服务注册表，如 etcd、Consul 和 Apache ZooKeeper。此外，有些系统没有显式的服务注册中心。相反，它们使用了一种被称为服务网格（service mesh）的服务间通信基础设施。

- 服务路由——通过 API 网关，可以为所有服务提供单个入口点，以便将安全策略和路由规则统一应用于微服务应用程序中的多个服务和服务实例。如何做到这一点？使用 Spring Cloud API Gateway 能做到，第 8 章中会对此进行解释。

图 1-12 展示了服务发现和服务路由之间如何看起来像是具有硬编码的事件顺序（首先是服务路由，然后是服务发现）。然而，这两种模式并不是彼此依赖的。例如，我们可以实现没有服务路由的服务发现，也可以实现没有服务发现的服务路由（尽管它的实现更加困难）。

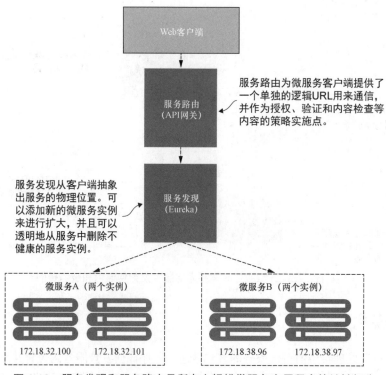

图 1-12   服务发现和服务路由是所有大规模微服务应用程序的关键部分

1.9　客户端弹性模式

　　因为微服务架构是高度分布式的，所以开发人员必须对如何防止单个服务（或服务实例）中的问题级联暴露给服务的消费者这个问题十分敏感。为此，这里将介绍 4 种客户端弹性模式。

- 客户端负载均衡——如何在服务上缓存服务实例的位置，才能让对微服务的多个实例的调用负载均衡到该微服务的所有健康实例。
- 断路器模式——如何阻止客户端继续调用出现故障的或遭遇性能问题的服务。在服务运行缓慢时，它会消耗调用它的客户端上的资源。开发人员希望这些微服务调用快速失败，以便调用客户端可以快速响应并采取适当的措施。
- 后备模式——当服务调用失败时，如何提供"插件"机制，允许服务的客户端尝试通过调用微服务之外的其他方法来执行工作。
- 舱壁模式——微服务应用程序使用多个分布式资源来执行它们的工作。该模式指的是如何分隔这些调用，表现不佳的服务调用才不会对应用程序的其他部分产生负面影响。

　　图 1-13 展示了这些模式如何在服务表现不佳时，保护服务消费者不受影响。第 7 章将会介绍这些主题。

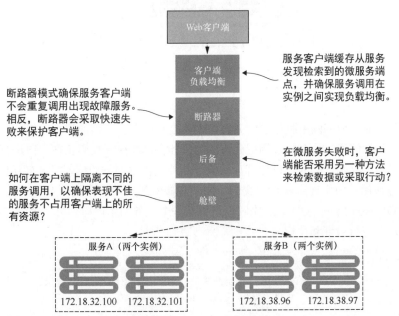

图 1-13　使用微服务时，必须保护服务调用者远离表现不佳的服务。记住，慢速或无响应的服务所造成的中断并不仅仅局限于直接关联的服务

1.10   安全模式

为了确保微服务不向公众开放，将以下安全模式应用到架构是很重要的，这样可以确保只有拥有正确凭据的已准予的请求才能调用服务。图 1-14 展示了如何实现以下 3 种模式来构建可以保护微服务的验证服务。

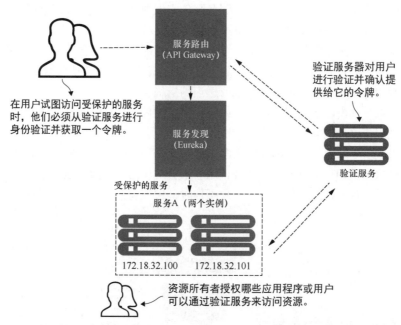

图 1-14   使用基于令牌的安全方案，不用传递客户端凭据就能实现服务验证和授权

- 验证——如何确定调用服务的服务客户端就是它们自己声称的那个。
- 授权——如何确定是否允许调用微服务的服务客户端执行它们正在尝试进行的操作。
- 凭据管理和传播——如何避免客户端要不断地提供它们的凭据信息才能访问事务中涉及的服务调用。为实现这一点，我们需要了解如何使用基于令牌的安全标准，如 OAuth2 和 JSON Web Token（JWT），来获取可以从一个服务调用传递到另一个服务调用的令牌，以对用户进行验证和授权。

什么是 OAuth2

OAuth2 是一个基于令牌的安全框架，允许用户使用第三方验证服务进行验证。如果用户成功通过验证，则会被授予一个令牌，该令牌必须与每个请求一起发送。

OAuth2 背后的主要目标是，在调用多个服务来完成用户请求时，用户不需要在处理请求的时候为每个服务都提供它们的凭据就能完成验证。虽然第 9 章会介绍 OAuth，但是 Aaron Parecki 编写的 OAuth2 文档仍然值得一读。

1.11　日志记录和跟踪模式

微服务架构的缺点是调试、跟踪和监控问题要困难得多，因为一个简单的操作可能会在应用程序中触发大量的微服务调用。后面的章节将介绍如何使用 Spring Cloud Sleuth、Zipkin 和 ELK 技术栈实现分布式跟踪。出于这个原因，我们将研究以下 3 种核心日志记录和跟踪模式，以实现分布式跟踪。

- 日志关联——如何将一个用户事务的服务之间生成的所有日志联系在一起。使用这种模式时，我们需要了解如何实现一个关联 ID，这是一个唯一的标识符，在一个事务中调用所有服务时都会携带它，它能够将每个服务生成的日志条目联系在一起。
- 日志聚合——使用这种模式，我们需要了解如何跨所有服务将微服务（及其各个实例）生成的所有日志合并到一个可查询的数据库中，并了解事务中涉及的服务的性能特征。
- 微服务跟踪——最后，我们将探讨如何在涉及的所有服务中可视化客户端事务的流程，并了解事务所涉及的服务的性能特征。

图 1-15 展示了这些模式如何配合在一起。第 11 章将更加详细地介绍日志记录和跟踪模式。

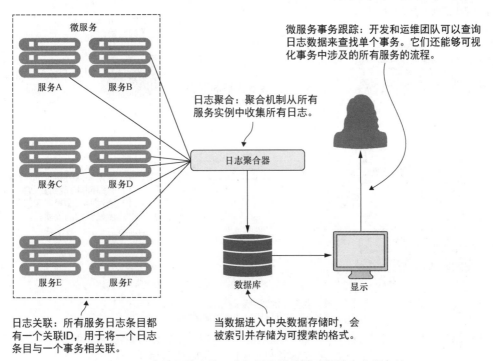

图 1-15　一个深思熟虑的日志记录和跟踪策略使跨多个服务的
调试事务变得可管理

1.12　应用程序度量模式

应用程序度量模式处理应用程序如何监控度量数据，并对应用程序中可能的失败原因进行告警。该模式展示了度量服务如何负责获取（抓取）、存储和查询与业务相关的数据，以防止服务中出现潜在的性能问题。该模式包含以下 3 个主要组件。

■ *度量数据*——如何创建有关应用程序运行状况的关键信息，以及如何公开这些度量数据。

■ *度量服务*——可以在哪里存储和查询这些应用程序度量数据。

■ *度量可视化套件*——可以在哪里可视化应用程序和基础设施的业务相关的时间数据。

图 1-16 展示了微服务生成的度量数据是如何高度依赖于度量服务和可视化套件的。如果无法理解和分析信息，那么有能生成并显示无限信息的度量数据也没用。度量服务可以使用"拉"或"推"的风格获取度量数据。

■ 使用"推"的风格，服务实例调用度量服务公开的服务 API 来发送应用程序数据。

■ 使用"拉"的风格，度量服务向一个函数发出请求或查询来获取应用程序数据。

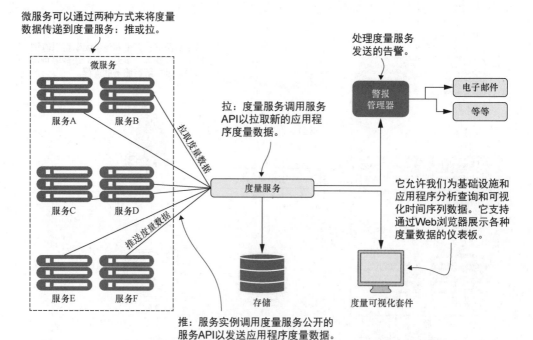

图 1-16　通过"推"或"拉"的方式从微服务中获取度量数据，并在度量服务中收集和存储度量，使用度量可视化套件和告警管理工具进行显示

重要的是要理解监控度量数据是微服务架构的一个重要方面，而且由于这种架构具有高度分布性，此类架构的监控要求往往比单体架构更高。

1.13 构建/部署模式

微服务架构的核心部分之一是，微服务的每个实例都应该和其他所有实例相同。开发人员不能允许配置漂移（某些东西在部署到服务器上之后会发生变化）出现，因为这可能会导致应用程序不稳定。

此模式的目标是将基础设施的配置集成到构建/部署过程中，这样就不用再将软件制品（如Java WAR 或 EAR 文件）部署到已经在运行的基础设施中了。相反，开发人员希望在构建过程中构建和编译微服务并准备运行微服务的虚拟服务器镜像，在部署微服务时，就能部署服务器运行所需的整个机器镜像。图 1-17 阐述了这个过程。本书最后将介绍如何创建构建/部署管道。第 12 章将介绍以下模式和主题。

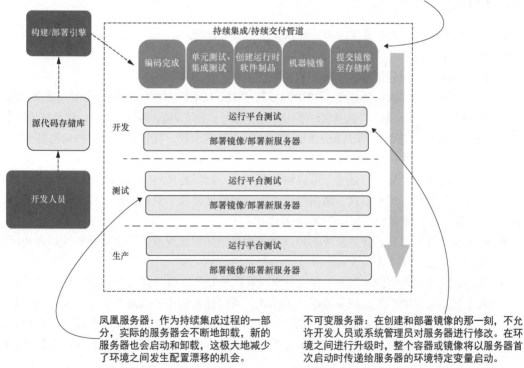

图 1-17　开发人员希望微服务及其运行所需的服务器成为在不同环境间作为一个整体部署的原子制件

- 构建/部署管道——如何创建一个可重复的构建/部署过程，只需一键即可构建/部署到组织中的任何环境。
- 基础设施即代码——如何将服务的供应作为可在源代码控制下执行和管理的代码去对待。

- 不可变服务器——一旦创建了微服务镜像，如何确保它在部署之后永远不会更改。
- 凤凰服务器（Phoenix server）——如何确保运行单个容器的服务器定期被拆卸，并从一个不可变的镜像重新创建。服务器运行的时间越长，就越容易发生配置漂移。当对系统配置的临时更改未进行记录时，可能会发生配置漂移。

使用这些模式和主题的目的是在配置漂移影响到你的上层环境（如交付准备环境或生产环境）之前，尽可能快地暴露并消除配置漂移。

注意 本书中的代码示例（除了第 12 章）都能在本地台式机上运行。第 1 章的代码可以直接从命令行运行。从第 3 章开始，所有代码都要编译并作为 Docker 容器运行。

现在我们已经讨论了我们将在整本书中使用的模式，接下来继续学习第 2 章。第 2 章将介绍我们要使用的 Spring Cloud 技术、设计面向云微服务的应用程序的一些最佳实践，以及使用 Spring Boot 和 Java 创建我们的第一个微服务的第一步。

1.14 小结

- 单体架构将所有流程紧密耦合，并作为单一服务运行。
- 微服务是非常小的功能部件，负责一个特定的范围领域。
- Spring Boot 允许你创建这两种类型的架构。
- 单体架构往往是简单、轻量级应用程序的理想选择，而微服务架构通常更适合开发复杂和逐渐演变的应用程序。最后，选择软件架构将完全取决于项目规模、时间和需求，以及其他因素。
- Spring Boot 用于简化基于 REST 的 JSON 微服务的构建，其目标是让用户只需要少量注解，就能够快速构建微服务。
- 编写微服务很容易，但是完全可以将其用于生产则需要额外的深谋远虑。有几类微服务模式，包括核心开发模式、路由模式、客户端弹性模式、安全模式、日志记录和跟踪模式、应用程序度量模式以及构建/部署模式。
- 路由模式处理想要消费微服务的客户端应用程序如何发现服务的位置并将其路由到该服务这一问题。
- 要防止服务实例中的问题向上和向外级联暴露给服务的消费者，请使用客户端弹性模式。其中包括避免调用失败服务的断路器模式，可创建备用路径以便在服务失败时检索数据或执行特定操作的后备模式，可用于扩展和消除所有可能瓶颈或故障点场景的客户端负载均衡模式，以及限制并发调用服务数量以阻止性能差的调用对其他服务产生负面影响的舱壁模式。
- OAuth2 是最常见的用户授权协议，是保护微服务架构的最佳选择。
- 构建/部署模式允许开发人员将基础设施配置集成到构建/部署流程中，这样，开发人员就不用将 Java WAR 或 EAR 文件等软件制品部署到已经运行的基础设施中了。

第 2 章　使用 Spring Cloud 探索微服务世界

本章主要内容

- 学习 Spring Cloud 技术
- 了解云原生应用程序的原则
- 应用十二要素应用程序最佳实践
- 使用 Spring Cloud 构建微服务

如果没有正确地管理微服务的设计、实现和维护，那么它们很快就会成为一个问题。当我们开始采用微服务解决方案时，必须应用最佳实践来保持架构尽可能高效和可伸缩，以避免产品内部的性能问题、瓶颈或操作问题。坚持应用最佳实践也能让新开发人员更容易跟上系统的开发速度。在我们继续讨论微服务架构时，请务必牢记：一个系统分布得越广，它可能发生故障的地方就越多。

这句话的意思是，使用微服务架构时，我们会有更多的故障点。这是因为我们现在有一个由多个相互交互的服务组成的生态系统，而不是一个单体应用程序。这就是开发人员在创建微服务应用程序或架构时经常会遇到各种管理和同步挑战或者故障点的主要原因。为了避免可能出现的故障点，我们将使用 Spring Cloud。Spring Cloud 提供了一系列功能（服务注册和发现、断路器、监控以及其他功能），这些功能允许我们以最小的配置快速构建微服务架构。

本章将简要介绍本书中要用的 Spring Cloud 技术。这是一个高层次的概述。在你使用各项技术时，我们会根据需要讲解这些技术的细节。由于我们将在接下来的章节中使用微服务，因此理解微服务的概念、好处和开发模式是至关重要的。

2.1　什么是 Spring Cloud

从零开始实现我们在第 1 章中解释过的所有模式将是一项巨大的工作。幸好，Spring 团队将大量经过实战检验的开源项目整合到了一个称为 Spring Cloud 的 Spring 子项目中。

Spring Cloud 是一个工具集，它将 VMware、HashiCorp 和 Netflix 等开源公司的工作封装

在交付模式中。Spring Cloud 简化了项目的设置和配置，并为 Spring 应用程序中最常见的模式提供了解决方案。这样我们就可以专注于编写代码，而不会陷入配置构建和部署微服务应用程序的所有基础设施的细节中。图 2-1 将第 1 章中列出的模式映射到了实现它们的 Spring Cloud 项目。

图 2-1　通过 Spring Cloud，我们可以将打算直接使用的技术与我们到目前为止探讨过的
微服务模式对应起来

2.1.1　Spring Cloud Config

Spring Cloud Config 通过集中式服务来处理应用程序配置数据的管理，因此应用程序配置数据（特别是环境特定的配置数据）与部署的微服务是完全分离的。这确保了无论启动多少个微服务实例，这些微服务实例始终具有相同的配置。Spring Cloud Config 拥有自己的属性管理存储库，但也可以与以下开源项目集成。

- Git——一个开源版本控制系统，允许开发人员管理和跟踪任何类型的文本文件的更改。Spring Cloud Config 集成了 Git 后端存储库，能从存储库中读出应用程序的配置数据。
- Consul——一种开源的服务发现工具，允许服务实例向该服务注册自己。服务客户端可以向 Consul 查询其服务实例的位置。Consul 还包括键值存储数据库，Spring Cloud Config 用它来存储应用程序的配置数据。
- Eureka——一个开源的 Netflix 项目，像 Consul 一样，提供类似的服务发现功能。Eureka 同样有一个可以被 Spring Cloud Config 使用的键值数据库。

2.1.2 Spring Cloud 服务发现

通过 Spring Cloud 服务发现，开发人员可以从消费服务的客户端中抽象出部署服务器的物理位置（IP 地址或服务器名称）。服务消费者通过逻辑名称而不是物理位置来调用服务器的业务逻辑。Spring Cloud 服务发现也处理服务实例在启动和关闭时的注册和注销。Spring Cloud 服务发现可以使用以下服务来实现：

- Consul；
- ZooKeeper；
- Eureka。

注意 尽管 Consul 和 ZooKeeper 非常强大和灵活，但 Java 开发人员社区仍在广泛使用 Eureka。因此，这本书将包含 Eureka 的例子，以保持本书的可管理性，并使内容更聚焦，以便于照顾到尽可能多的读者。但如果你对 Consul 或 ZooKeeper 感兴趣，请务必阅读附录 C 和附录 D。附录 C 包含一个如何使用 Consul 作为服务发现的示例，附录 D 包含一个如何使用 ZooKeeper 的示例。

2.1.3 Spring Cloud LoadBalancer 和 Resilience4j

Spring Cloud 与多个开源项目进行了大量整合。对于微服务客户端弹性模式，Spring Cloud 封装了 Resilience4j 库和 Spring Cloud LoadBalancer 项目，你可以轻松地在微服务中使用它们。通过使用 Resilience4j 库，你可以快速实现服务客户端弹性模式，如断路器、重试和舱壁等模式。

虽然 Spring Cloud LoadBalancer 项目简化了与诸如 Eureka 这样的服务发现代理的集成，但它也为服务消费者提供了客户端对服务调用的负载均衡。这使得即使服务发现代理暂时不可用，客户端也可以继续进行服务调用。

2.1.4 Spring Cloud API Gateway

API 网关为微服务应用程序提供服务路由功能。正如其名称所示，服务网关代理服务请求，确保在调用目标服务之前，对微服务的所有调用都经过一个“前门”。通过集中的服务调用，开发人员可以强制执行标准服务策略，如安全授权、验证、内容过滤和路由规则。你可以使用 Spring Cloud Gateway 实现 API 网关。

注意 在这本书中，我们使用由 Spring Framework 5 Project Reactor（允许与 Spring Web Flux 集成）和 Spring Boot 2 构建的 Spring Cloud Gateway 来更好地集成我们的 Spring 项目。

2.1.5 Spring Cloud Stream

Spring Cloud Stream 是一种可让开发人员轻松地将轻量级消息处理集成到微服务中的支持技术。借助 Spring Cloud Stream，开发人员能够构建智能的微服务，它们使用在你的应用程序中出现的异步事件。你还可以快速整合微服务与 RabbitMQ 和 Kafka 等消息代理。

2.1.6　Spring Cloud Sleuth

Spring Cloud Sleuth 允许将唯一跟踪标识符集成到应用程序所使用的 HTTP 调用和消息通道（RabbitMQ、Apache Kafka）中。这些跟踪号码（有时称为关联 ID 或跟踪 ID）能够让开发人员在事务流经应用程序中的不同服务时跟踪事务。有了 Spring Cloud Sleuth，跟踪 ID 会被自动添加到微服务生成的任何日志记录语句中。

Spring Cloud Sleuth 与日志聚合技术工具（如 ELK 技术栈）和跟踪工具（如 Zipkin）结合时，能够展现出真正的威力。Open Zipkin 获取 Spring Cloud Sleuth 生成的数据，让你可以可视化单个事务所涉及的服务调用流程。ELK 技术栈是 3 个开源项目（Elasticsearch、Logstash 和 Kibana）名称的首字母缩写。

- Elasticsearch 是搜索和分析引擎。
- Logstash 是服务器端数据处理管道，它消费数据并转换数据，以便将数据发送到"秘密存储点（stash）"。
- Kibana 是一个客户端用户界面，允许用户查询并可视化整个技术栈的数据。

2.1.7　Spring Cloud Security

Spring Cloud Security 是一个验证和授权框架，可以控制哪些人可以访问你的服务，以及他们可以用服务做什么。因为 Spring Cloud Security 是基于令牌的，它允许服务通过验证服务器发出的令牌彼此进行通信。接收 HTTP 调用的每个服务可以检查提供的令牌，以确认用户的身份以及用户对该服务的访问权限。此外，Spring Cloud Security 还支持 JSON Web Token（JWT）。JWT 框架标准化了创建 OAuth2 令牌的格式，并为创建的令牌进行数字签名提供了标准。

2.2　通过示例来介绍 Spring Cloud

在上一节中，我们解释了构建微服务时将要使用的所有不同的 Spring Cloud 技术。因为每一种技术都是独立的服务，要详细介绍这些服务，整整一章的内容都不够。不过，在本章结束时，我们想留给读者一个小小的代码示例，再次演示将这些技术集成到微服务开发中是多么容易。

与代码清单 1-1 中的第一个代码示例不同，这个代码示例不能运行，因为运行它需要先设置和配置许多支持服务。不过，不要担心，这些 Spring Cloud 服务的设置是一次性的。一旦将它们设置完成，你的微服务就可以反复使用这些功能。在本书的开头，我们无法将所有的精华都融入一个代码示例中。代码清单 2-1 中的代码快速演示了如何将远程服务的服务发现以及客户端负载均衡集成到我们的 Hello World 示例中。

代码清单 2-1 使用 Spring Cloud 的 Hello World 服务

```
package com.optima.growth.simpleservice;

import org.springframework.boot.SpringApplication;
import org.springframework.boot.autoconfigure.SpringBootApplication;
import org.springframework.cloud.netflix.eureka.EnableEurekaClient;
import org.springframework.http.HttpMethod;
import org.springframework.http.ResponseEntity;
import org.springframework.web.bind.annotation.PathVariable;
import org.springframework.web.bind.annotation.RequestMapping;
import org.springframework.web.bind.annotation.RequestMethod;
import org.springframework.web.bind.annotation.RestController;
import org.springframework.web.client.RestTemplate;

@SpringBootApplication
@RestController
@RequestMapping(value="hello")          告诉服务向 Eureka 服务发现代理
@EnableEurekaClient          ◄────       注册以查找远程服务的位置
public class Application {

    public static void main(String[] args) {
        SpringApplication.run(ContactServerAppApplication.class, args);
    }

    public String helloRemoteServiceCall(String firstName,String lastName){
        RestTemplate restTemplate = new RestTemplate();
        ResponseEntity<String> restExchange =          ◄──────────
            restTemplate.exchange(
                "http://logical-service-id/name/" + "{firstName}/
                {lastName}", HttpMethod.GET, null, String.class,
        firstName, lastName);                    使用一个装饰好的 RestTemplate 类
        return restExchange.getBody();           来获取一个"逻辑"服务 ID,Eureka
}                                                在幕后查找服务的物理位置

    @RequestMapping(value="/{firstName}/{lastName}",
                    method = RequestMethod.GET)
    public String hello(@PathVariable("firstName") String firstName,
                    @PathVariable("lastName") String lastName) {
        return helloRemoteServiceCall(firstName, lastName);
    }
}
```

这段代码包含了很多内容,让我们慢慢分析。记住,这个代码清单只是一个例子,在第 2 章配套的源代码中是找不到的。我们把它放在这里,是为了让读者稍微了解一下本书后面的内容。

第一点要注意的是@EnableEurekaClient 注解。这个注解告诉微服务使用 Eureka 服务发现代理去注册它自己,因为你将要使用服务发现去查找远程 REST 服务端点。注意,配置是在一个属性文件中的,该属性文件告诉简单服务要进行通信的 Eureka 服务器的地址和端口号。

第二点要注意的是 helloRemoteServiceCall 方法中发生的事情。@Enable-EurekaClient 注解告诉 Spring Boot 你正在启用 Eureka 客户端。需要强调的是,如果你的

pom.xml 中已经有了 `spring-cloud-starter-netflix-eureka-client` 依赖项，那么这个注解是可选的。这个 `RestTemplate` 类允许你传入自己想要调用的服务的逻辑服务 ID，例如：

```
ResponseEntity<String> restExchange = restTemplate.exchange
        (http://logical-service-id/name/{firstName}/{lastName}
```

在幕后，`RestTemplate` 类与 Eureka 服务进行通信，查找一个或多个命名服务实例的物理位置。作为服务的消费者，你的代码不需要知道服务的位置。

`RestTemplate` 类还使用 Spring Cloud LoadBalancer 库。这个库将会检索与服务有关的所有物理端点的列表。每次客户端调用该服务时，它都不必经过集中式负载均衡器，就可以对不同服务实例的调用进行"轮询"（round-robin）。通过消除集中式负载均衡器并将其移到客户端，可以消除应用程序基础设施中的另一个故障点（故障的负载均衡器）。

我们希望你现在有这样的深刻印象：你只用几个注解就可以为微服务添加大量的功能。这就是 Spring Cloud 的真正魅力。作为开发人员，你可以利用 Netflix 和 Consul 等知名云计算公司的微服务功能，这些功能是久经考验的。Spring Cloud 简化了它们的使用，仅仅是使用一些简单的 Spring Cloud 注解和配置条目。在开始构建我们的第一个微服务之前，让我们看看实现云原生微服务的最佳实践。

2.3　如何构建云原生微服务

在本节中，我们放缓一下脚步，先了解设计云服务的应用程序的最佳实践。在第 1 章中，我们解释了云计算模型之间的区别，但是云到底是什么呢？云不是一个地方，而是一套技术资源管理系统，可以让你使用虚拟基础设施来替代本地机器和私有数据中心。云应用程序有几种级别或类型，但在本节中，我们只关注两种类型的云应用程序——云就绪（cloud-ready）和云原生（cloud-native）。

云就绪应用程序是曾经在计算机或现场服务器上使用过的应用程序。随着云的到来，这些类型的应用程序已经从静态环境转移到动态环境，目的是在云中运行。例如，云未就绪（cloud-unready）应用程序可以是本地内部部署应用程序，它只包含一个特定的数据库配置，必须在每个安装环境（开发环境、交付准备环境、生产环境）中进行定制。为了让像这样的应用程序云就绪，我们需要将应用程序的配置外部化，以便它能够快速适应不同的环境。通过这么做，我们可以确保应用程序在构建期间不需要更改任何源代码，就能在多个环境中运行。

云原生应用程序（图 2-2）是专门为云计算架构设计的，能享受云计算架构的所有好处和服务。在创建这种类型的应用程序时，开发人员将功能划分为微服务，这些微服务使用容器等可伸缩组件，使这些组件能够在多个服务器上运行。然后，这些服务由虚拟基础设施通过具有持续交付工作流的 DevOps 流程进行管理。

云就绪应用程序不需要任何更改或转变就可以在云中工作，理解这一点很重要。它们被设计用来处理下游组件不可用的情况。云原生开发有以下 4 个原则。

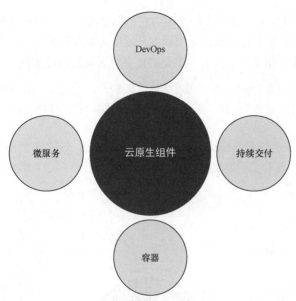

图 2-2 云原生应用程序是通过容器等可伸缩组件构建的，以微服务的形式部署，
并由虚拟基础设施通过具有持续交付工作流的 DevOps 流程进行管理

■ DevOps 是 development（Dev）和 operations（Ops）的缩写。DevOps 指的是一种软件开发方法，它关注软件开发人员和 IT 运维人员之间的交流、协作和集成。DevOps 的主要目标是以较低的成本实现软件交付过程和基础设施变更的自动化。

■ 微服务是小型的松耦合的分布式服务。这些特性允许你将一个大型应用程序分解为易于管理的具有严格定义职责的组件。它们还通过将大型代码库分解为定义良好的小型代码片段来帮助解决传统的复杂问题。

■ 持续交付是一种软件开发实践。通过这种做法，交付软件的过程是自动化的，以允许向生产环境中进行短期交付。

■ 容器是在虚拟机（virtual machine，VM）镜像上部署微服务的自然延伸。许多开发人员没有将服务部署到完整的虚拟机上，而是将他们的服务作为 Docker 容器（或类似的容器技术）部署到云上。

因为我们将在本书中重点讨论微服务的创建，所以我们应该记住，根据定义，这些微服务都是云原生的。这意味着一个微服务应用程序可以在多个云供应商上执行，同时享有云服务的所有好处。

为了应对创建云原生微服务的挑战，我们将使用 Heroku 的最佳实践指南，称为十二要素应用程序（twelve-factor app），来构建高质量的微服务。十二要素应用程序使我们能够开发和构建云原生应用程序（微服务）。我们可以将此方法视为开发和设计实践的集合，这些实践在构建分布式服务时侧重于动态扩展和基本点。

这套方法是由几个 Heroku 开发人员在 2002 年创造的，主要目标是在构建微服务时提供 12

种最佳实践。我们选择这个十二要素文档是因为它是创建云原生应用程序时要遵循的最完整的指南之一。这个指南不仅提供了有关现代应用程序开发中常见问题的通用词汇表，还提供了解决这些问题的健壮解决方案。图 2-3 显示了十二要素宣言所涵盖的最佳实践。

注意　在本章中，我们将为你提供每个最佳实践的简要概述，随着你继续阅读，你将看到我们是如何自始至终贯彻十二要素方法的。此外，我们将把这些实践应用到 Spring Cloud 项目和其他技术的例子中。

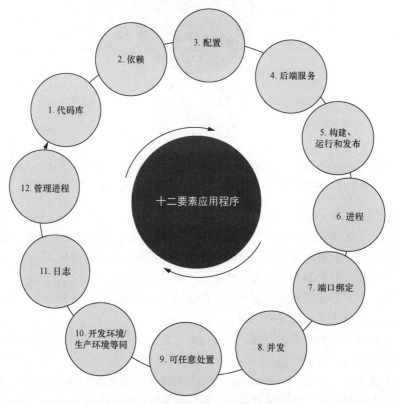

图 2-3　十二要素应用程序最佳实践

2.3.1　代码库

通过此实践，每个微服务都应该有一个单独的、源代码控制的代码库。另外，必须要强调，服务器供应也应该处于版本控制中。请记住，版本控制是对一个或一组文件的更改的管理。

代码库可以有多个部署环境实例（如开发环境、测试环境、交付准备环境、生产环境等），但它不与任何其他微服务共享。这是一条重要的指导原则，因为如果我们把代码库共享给所有微服务，我们最终将产生许多属于不同环境的不可变版本。图 2-4 展示了多个部署环境共享的单个代码库。

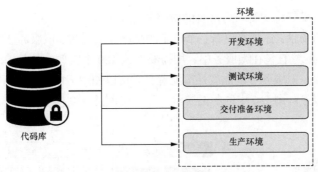

图 2-4 多个部署环境共享的单个代码库

2.3.2 依赖

此最佳实践通过构建工具（如 Maven 或 Gradle（Java））显式声明应用程序使用的依赖项。第三方 JAR 依赖项应该使用它们的特定版本号来声明。这允许你始终使用相同的库版本构建微服务。

如果你不熟悉构建工具概念，那么图 2-5 可以帮助你了解构建工具的工作原理。首先，Maven 读取存储在 pom.xml 文件中的依赖项，然后在本地存储库中搜索这些依赖项。如果找不到这些依赖项，则继续从 Maven 中央存储库下载这些依赖项，并将其添加到本地存储库中以备将来使用。

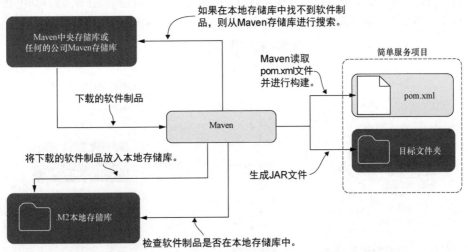

图 2-5　Maven 读取存储在 pom.xml 文件中的依赖项，然后在本地存储库中搜索它们。如果找不到依赖项，那么 Maven 将从 Maven 存储库中下载依赖项，并将它们添加到本地存储库中

2.3.3 配置

此实践涉及如何存储应用程序配置（特别是特定于环境的配置）。永远不要在源代码中添加

嵌入式配置！相反，最好将配置与可部署的微服务完全分离。

　　想象一下这样的场景：你想要更新一个特定的微服务的配置，该服务已经在服务器上复制了 100 次。如果将这个配置打包在微服务中，则需要对这 100 个实例中的每一个都进行重新部署，才能完成更改。然而，微服务可以加载外部配置，并可以使用云服务在运行时重新加载该配置，而无须重新启动微服务。图 2-6 中的示例展示了环境应该是什么样子的。

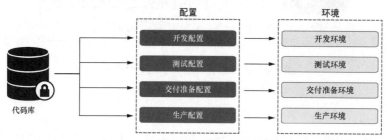

图 2-6　将特定于环境的配置外部化

2.3.4　后端服务

　　微服务通常会通过网络与数据库、API RESTful 服务、其他服务器或消息传递系统进行通信。当这样做时，你应该确保可以在本地和第三方连接之间替换部署实现，而不需要对应用程序代码进行任何更改。在第 12 章中，我们将看到如何将微服务从本地管理的数据库转移到由亚马逊管理的数据库。图 2-7 展示了我们的应用程序可能拥有的一些后端服务的示例。

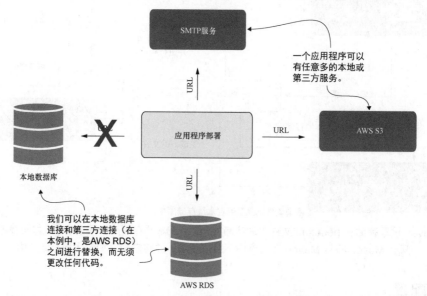

图 2-7　后端服务是应用程序通过网络使用的任何服务。在部署应用程序时，你应该能够在不更改代码的
情况下将本地连接替换为第三方连接

2.3.5 构建、发布和运行

这条最佳实践提醒我们保持应用程序部署的构建、发布和运行阶段完全分离。我们应该能够构建独立于运行它们的环境的微服务。一旦构建了代码，任何运行时更改都需要回退到构建流程并重新部署。已构建服务是不可变的，不能更改。

发布阶段负责将已构建服务与每个目标环境的特定配置相结合。如果不分离不同的阶段，则可能会导致代码中的问题和差异无法跟踪，或最好的情况下，难以跟踪。如果我们修改已经部署在生产环境中的服务，那么更改将不会记录在存储库中，并且可能出现两种情况：服务的新版本没有更改，或者我们被迫将更改复制到服务的新版本。图 2-8 展示了这条最佳实践的高层架构示例。

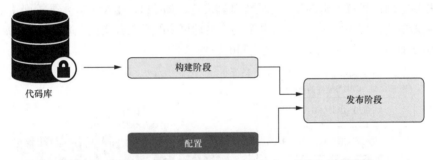

图 2-8 最佳实践是严格分离微服务的构建、发布和运行阶段

2.3.6 进程

微服务应该始终是无状态的，并且应该只包含执行请求的事务所必需的信息。微服务可以随时终止和替换，而不必担心服务实例的丢失会导致数据丢失。如果有存储状态的特定要求，则必须通过内存缓存（如 Redis）或后端数据库来完成。图 2-9 展示了无状态微服务的工作方式。

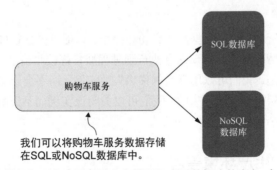

图 2-9 无状态微服务不会在服务器上存储任何会话数据（状态），它们使用 SQL 或
NoSQL 数据库来存储所有信息

2.3.7　端口绑定

端口绑定意味着通过特定端口发布服务。在微服务架构中，微服务在打包的时候应该是完全独立的，可运行的微服务中要包含一个运行时引擎。运行服务时不需要单独的 Web 或应用程序服务器。服务应该在命令行上自行启动，并且可通过公开的 HTTP 端口立即访问。

2.3.8　并发

并发最佳实践解释了云原生应用程序应该使用进程模型水平扩展。这是什么意思？让我们设想一下，我们可以创建多个进程，然后在不同的进程之间分配服务的负载或应用程序，而不是让单个重要进程变得更大。

垂直扩展（纵向扩展）指的是增加硬件基础设施（如 CPU、RAM）。水平扩展（横向扩展）是指添加更多的应用程序实例。当需要扩展时，启动更多的微服务实例，进行横向扩展而不是纵向扩展。图 2-10 展示了这两种扩展类型之间的区别。

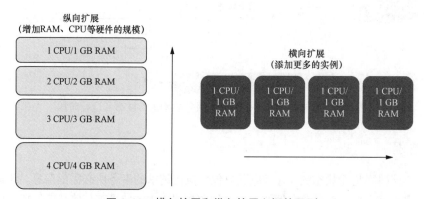

图 2-10　横向扩展和纵向扩展之间的区别

2.3.9　可任意处置

微服务是可任意处置的，可以根据需要启动和停止，以促进弹性扩展，并快速部署应用程序代码和配置更改。理想情况下，从启动命令执行到进程准备好接收请求，启动应该持续几秒钟。

可任意处置的意思是，我们可以用新实例移除失败实例，而不会影响任何其他服务。如果某个微服务的实例由于底层硬件故障而失败，我们可以关闭该实例而不影响其他微服务，并在需要时在其他地方启动另一个实例。

2.3.10　开发环境/生产环境等同

这条最佳实践指的是尽可能让不同的环境（如开发环境、交付准备环境、生产环境）保持相似。环境应始终包含部署代码的类似版本，基础设施和服务也一样。这可以通过持续部署来实现，它尽可能自动化部署过程，允许在短时间内在环境之间部署微服务。

代码一提交就应该被测试，然后尽快从开发环境推进到生产环境。如果我们想要避免部署错误，这条指导原则是必不可少的。拥有类似的开发环境和生产环境允许我们在部署和执行应用程序时掌控所有可能的场景。

2.3.11 日志

日志是事件流。在写入日志时，应该通过 Logstash 或 Fluentd 等工具来管理日志，这些工具收集日志并将它们写到一个集中位置。微服务永远不应该关心这是如何发生的，它只需要专注于将日志条目写入标准输出（stdout）。

在第 11 章中，我们将演示如何提供一个自动配置来将这些日志发送到 ELK 技术栈（Elasticsearch、Logstash 和 Kibana）。图 2-11 展示了如何使用此技术栈在微服务架构中进行日志记录工作。

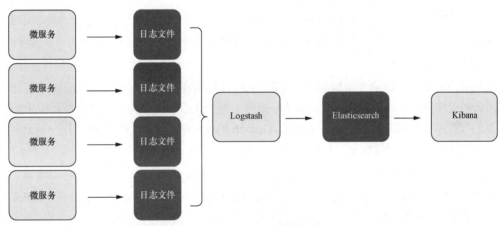

图 2-11　使用 ELK 架构管理微服务日志

2.3.12 管理进程

开发人员通常不得不针对他们的服务执行管理任务（如数据迁移或转换）。这些任务不应该是临时指定的，而应该通过源代码存储库管理和维护的脚本来完成。这些脚本应该是可重复的，并且在每个运行的环境中都是不可变的（脚本代码不会针对每个环境进行修改）。在运行微服务时，定义我们需要考虑的任务类型是很重要的，这样如果我们有多个带有这些脚本的微服务，就能够执行所有的管理任务，而不必手动执行这些任务。

注意　如果你有兴趣阅读更多关于 Heroku 的十二要素宣言，请访问十二要素应用程序网站。

在第 8 章中，我们将解释如何使用 Spring Cloud API Gateway 实现这些特性。既然我们已经了解了最佳实践是什么，我们就可以继续下一节了，在本节中，我们将开始使用 Spring Boot 和 Spring Cloud 构建我们的第一个微服务。

2.4　确保本书的示例是有意义的

我们想要确保本书提供的示例都是与你的工作息息相关的。为此，我们将围绕一家名为 Optima Growth 的虚构公司的软件产品来组织本书的章节和对应的代码示例。

Optima Growth 是一家软件开发公司，其核心产品 Optima Stock（我们称之为 O-stock）提供企业级资产管理应用程序。该产品覆盖了所有关键要素：库存、软件交付、许可证管理、合规、成本和资源管理。其主要目标是使组织获得准确时间点的软件资产描述。这家公司大约有 12 年的历史。

Optima Growth 打算重构其核心产品 O-stock。虽然应用程序的大部分业务逻辑将保持原样，但应用程序本身将从单体设计分解为更小的微服务设计，其部件可以独立部署到云端。与 O-stock 相关的平台革新可能是该公司的"生死"时刻。

> **注意**　本书中的示例不会构建整个 O-stock 应用程序。相反，我们将从手头的问题域构建特定的微服务，然后构建支持这些服务的基础设施。我们将通过使用各种 Spring Cloud 和一些非 Spring Cloud 的技术来实现这些。

成功采用基于云的微服务架构的能力将影响技术组织的所有成员，包括架构团队、工程（开发）团队和运维团队。每个团队都需要投入，最终，当团队重新评估他们在这个新环境中的职责时，他们可能需要重组。让我们开始 Optima Growth 的旅程吧，先做一些基础工作——识别和构建 O-stock 中使用的几个微服务，然后使用 Spring Boot 构建这些服务。

> **注意**　我们知道资产管理系统的架构是复杂的。因此，在本书中，我们将只使用其中的一些基本概念，着重以一个简单的系统为例创建一个完整的微服务架构。创建一个完整的软件资产管理应用程序超出了本书的范围。

2.5　使用 Spring Boot 和 Java 来构建微服务

在本节中，我们将为前一节中提到的 Optima Growth 公司构建一个名为许可证服务的微服务骨架。我们将使用 Spring Boot 创建所有的微服务。

正如之前提到的，Spring Boot 是标准 Spring 库之上的一个抽象层，它允许我们快速构建基于 Groovy 和 Java 的 Web 应用程序和微服务，所需的流程和配置比成熟的 Spring 应用程序少得多。对于许可证服务示例，我们将使用 Java 作为核心编程语言，使用 Apache Maven 作为构建工具。在接下来的几节中，我们将要完成以下工作。

（1）构建微服务的基本骨架，并创建构建应用程序的 Maven 脚本。

（2）实现一个 Spring 引导类，它将启动用于微服务的 Spring 容器，并启动类的所有初始化工作。

2.5.1 设置环境

要开始构建我们的微服务，你需要有以下工具：

- Java 11；
- Maven 3.5.4 或更高版本；
- Spring Tools 4，或者你也可以在你选定的集成开发环境（IDE）中下载；
- IDE，如 Eclipse、IntelliJ IDEA 和 NetBeans。

注意　从现在开始，所有的代码清单都将使用 Spring Framework 5 和 Spring Boot 2 创建。重要的是要理解，我们不打算解释 Spring Boot 的所有特性，只会强调一些创建微服务的重要点。另一个重要的事实是，我们将在这本书中使用 Java 11，以便于照顾到尽可能多的读者。

2.5.2 从骨架项目开始

首先，你要使用 Spring Initializr 为 O-stock 的许可证服务创建一个骨架项目。在使用 Spring Initializr 创建新的 Spring Boot 项目时，可以从扩展列表中选择依赖项。此外，你还可以使用 Spring Initializr 更改将要创建的特定项目配置。图 2-12 和图 2-13 展示了用于创建许可证服务的 Spring Initializr 页面的外观。

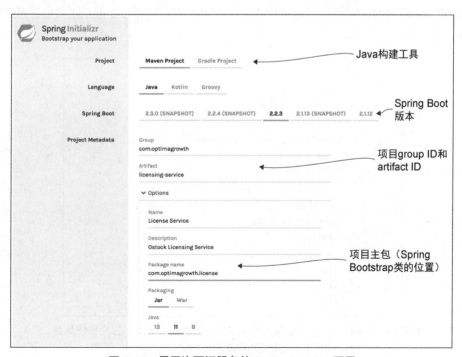

图 2-12　用于许可证服务的 Spring Initializr 配置

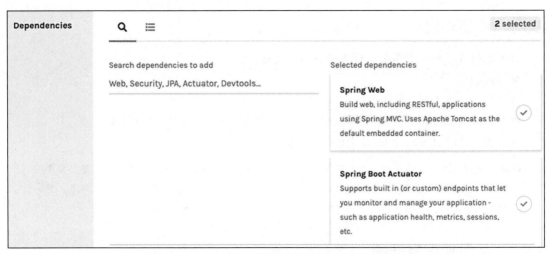

图 2-13   用于许可证服务的 Spring Initializr 依赖项

创建项目并将其作为 Maven 项目导入你的首选 IDE 之后，让我们添加以下包：

```
com.optimagrowth.license.controller
com.optimagrowth.license.model
com.optimagrowth.license.service
```

图 2-14 展示了 IDE 中许可证服务的初始项目结构。代码清单 2-2 展示了我们许可证服务的 pom.xml 文件的内容。

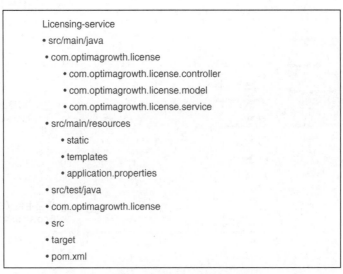

图 2-14   O-stock 的许可证服务项目结构，里面有引导类、应用程序属性、
测试用例和 pom.xml

注意 关于如何测试我们的微服务的深入讨论超出了本书的范围。如果你有兴趣深入了解如何创建单元、集成和平台测试，我们强烈推荐 Alex Soto Bueno、Andy Gumbrecht 和 Jason Porter 的书 *Testting Java Microservices*（Manning，2018）。

代码清单 2-2 许可证服务的 Maven pom 文件

```xml
<?xml version="1.0" encoding="UTF-8"?>
<project xmlns="http://maven.apache.org/POM/4.0.0"
         xmlns:xsi="http://www.w3.org/2001/XMLSchema-instance"
         xsi:schemaLocation="http://maven.apache.org/POM/4.0.0
             https://maven.apache.org/xsd/maven-4.0.0.xsd">
    <modelVersion>4.0.0</modelVersion>
    <parent>
        <groupId>org.springframework.boot</groupId>
        <artifactId>
            spring-boot-starter-parent
        </artifactId>
        <version>2.2.3.RELEASE</version>
        <relativePath/> <!--从仓库中查找父依赖-->
    </parent>
    <groupId>com.optimagrowth</groupId>
    <artifactId>licensing-service</artifactId>
    <version>0.0.1-SNAPSHOT</version>
    <name>License Service</name>
    <description>Ostock Licensing Service</description>

    <properties>
        <java.version>11</java.version>
    </properties>

<dependencies>
    <dependency>
        <groupId>org.springframework.boot</groupId>
        <artifactId>
            spring-boot-starter-actuator
        </artifactId>
    </dependency>
    <dependency>
        <groupId>org.springframework.boot</groupId>
        <artifactId>
            spring-boot-starter-web
        </artifactId>
    </dependency>
    <dependency>
        <groupId>org.springframework.boot</groupId>
        <artifactId>spring-boot-starter-test</artifactId>
        <scope>test</scope>
        <exclusions>
```

❶ 告诉 Maven 包含 Spring Boot 起步工具包依赖项

❷ 默认情况下，pom 文件会添加 Java 6。为了使用 Spring 5，我们用 Java 11 来覆盖它

❸ 告诉 Maven 包含 Spring Actuator 依赖项

❹ 告诉 Maven 包含 Spring Boot Web 依赖项

```
        <exclusion>
            <groupId>org.junit.vintage</groupId>
            <artifactId>junit-vintage-engine</artifactId>
        </exclusion>
    </exclusions>
</dependency>
<dependency>
    <groupId>org.projectlombok</groupId>
    <artifactId>lombok</artifactId>
    <scope>provided</scope>
</dependency>
</dependencies>
    <build>
    <plugins>
        <plugin>
            <groupId>org.springframework.boot</groupId>
            <artifactId>
                spring-boot-maven-plugin
            </artifactId>
        </plugin>
    </plugins>
    </build>
</project>
```

⟵ 告诉 Maven 包含 Spring 特定的
Maven 插件，用于构建和部署
❺ Spring Boot 应用程序

注意　Spring Boot 项目不需要显式地设置各个 Spring 依赖项。这些依赖项是自动从 pom 文件中定义的 Spring Boot 核心 artifact 中提取的。Spring Boot 2.x 版本使用 Spring framework 5。

这里不会详细讨论整个文件，但是我们要注意几个关键的地方。Spring Boot 被分解成许多个独立的项目。其理念是，如果不打算在应用程序中使用 Spring Boot 的各个部分，就不必"拉取整个世界"。这也使不同的 Spring Boot 项目能够相互独立地发布新版本的代码。

为了简化开发人员的开发工作，Spring Boot 团队将相关的依赖项目收集到了各种"起步"（starter）工具包中。在代码清单 2-2 中，Maven pom 文件的❶告诉 Maven 需要拉取 Spring Boot 框架的特定版本（在我们的例子中是 2.2.3）。在❷中，你指定了将要使用的 Java 版本，而在❸和❹中，你确定了要拉取 Spring Actuator 和 Spring Boot Web 起步工具包。请注意，Spring Actuator 依赖项不是必需的，但在接下来的章节中我们会使用几个 Actuator 端点，这就是我们在此处添加这个依赖项的原因。这两个项目几乎是所有基于 Spring Boot REST 服务的核心。你会发现，服务中构建的功能越多，这些依赖项目的列表就会变得越长。

此外，Spring 还提供了 Maven 插件，可简化 Spring Boot 应用程序的构建和部署。在 pom 文件的❺中，告诉 Maven 构建脚本安装最新的 Spring Boot Maven 插件。此插件包含许多附加任务（如 `spring-boot:run`），可以简化 Maven 和 Spring Boot 之间的交互。

为了检查 Spring Boot 引入我们许可证服务中的 Spring 依赖项，我们可以使用 Maven 目标——`dependency:tree`。图 2-15 展示了许可证服务的依赖树。

```
[INFO] --- maven-dependency-plugin:3.1.1:tree (default-cli) @ licensing-service ---
[INFO] com.optimagrowth:licensing-service:jar:0.0.1-SNAPSHOT
[INFO] +- org.springframework.boot:spring-boot-starter-hateoas:jar:2.2.3.RELEASE:compile
[INFO] |  \- org.springframework.hateoas:spring-hateoas:jar:1.0.3.RELEASE:compile
[INFO] |     +- org.springframework:spring-aop:jar:5.2.3.RELEASE:compile
[INFO] |     +- org.springframework:spring-beans:jar:5.2.3.RELEASE:compile
[INFO] |     +- org.springframework:spring-context:jar:5.2.3.RELEASE:compile
[INFO] |     +- org.springframework.plugin:spring-plugin-core:jar:2.0.0.RELEASE:compile
[INFO] |     \- org.slf4j:slf4j-api:jar:1.7.30:compile
[INFO] +- org.springframework.boot:spring-boot-starter-actuator:jar:2.2.3.RELEASE:compile
[INFO] |  +- org.springframework.boot:spring-boot-starter:jar:2.2.3.RELEASE:compile
[INFO] |  |  +- org.springframework.boot:spring-boot:jar:2.2.3.RELEASE:compile
[INFO] |  |  +- org.springframework.boot:spring-boot-autoconfigure:jar:2.2.3.RELEASE:compile
[INFO] |  |  +- org.springframework.boot:spring-boot-starter-logging:jar:2.2.3.RELEASE:compile
[INFO] |  |  |  +- ch.qos.logback:logback-classic:jar:1.2.3:compile
[INFO] |  |  |  |  \- ch.qos.logback:logback-core:jar:1.2.3:compile
[INFO] |  |  |  +- org.apache.logging.log4j:log4j-to-slf4j:jar:2.12.1:compile
[INFO] |  |  |  |  \- org.apache.logging.log4j:log4j-api:jar:2.12.1:compile
[INFO] |  |  |  \- org.slf4j:jul-to-slf4j:jar:1.7.30:compile
[INFO] |  |  +- jakarta.annotation:jakarta.annotation-api:jar:1.3.5:compile
[INFO] |  |  \- org.yaml:snakeyaml:jar:1.25:runtime
[INFO] |  +- org.springframework.boot:spring-boot-actuator-autoconfigure:jar:2.2.3.RELEASE:compile
[INFO] |  |  \- org.springframework.boot:spring-boot-actuator:jar:2.2.3.RELEASE:compile
[INFO] |  +- com.fasterxml.jackson.core:jackson-databind:jar:2.10.2:compile
[INFO] |  |  +- com.fasterxml.jackson.core:jackson-annotations:jar:2.10.2:compile
[INFO] |  |  \- com.fasterxml.jackson.core:jackson-core:jar:2.10.2:compile
[INFO] |  +- com.fasterxml.jackson.datatype:jackson-datatype-jsr310:jar:2.10.2:compile
[INFO] |  \- io.micrometer:micrometer-core:jar:1.3.2:compile
[INFO] |     +- org.hdrhistogram:HdrHistogram:jar:2.1.11:compile
[INFO] |     \- org.latencyutils:LatencyUtils:jar:2.0.3:compile
[INFO] +- org.springframework.boot:spring-boot-starter-web:jar:2.2.3.RELEASE:compile
[INFO] |  +- org.springframework.boot:spring-boot-starter-json:jar:2.2.3.RELEASE:compile
[INFO] |  |  +- com.fasterxml.jackson.datatype:jackson-datatype-jdk8:jar:2.10.2:compile
[INFO] |  |  \- com.fasterxml.jackson.module:jackson-module-parameter-names:jar:2.10.2:compile
[INFO] |  +- org.springframework.boot:spring-boot-starter-tomcat:jar:2.2.3.RELEASE:compile
[INFO] |  |  +- org.apache.tomcat.embed:tomcat-embed-core:jar:9.0.30:compile
[INFO] |  |  +- org.apache.tomcat.embed:tomcat-embed-el:jar:9.0.30:compile
[INFO] |  |  \- org.apache.tomcat.embed:tomcat-embed-websocket:jar:9.0.30:compile
[INFO] |  +- org.springframework.boot:spring-boot-starter-validation:jar:2.2.3.RELEASE:compile
[INFO] |  |  +- jakarta.validation:jakarta.validation-api:jar:2.0.2:compile
[INFO] |  |  \- org.hibernate.validator:hibernate-validator:jar:6.0.18.Final:compile
[INFO] |  |     +- org.jboss.logging:jboss-logging:jar:3.4.1.Final:compile
[INFO] |  |     \- com.fasterxml:classmate:jar:1.5.1:compile
[INFO] |  +- org.springframework:spring-web:jar:5.2.3.RELEASE:compile
[INFO] |  \- org.springframework:spring-webmvc:jar:5.2.3.RELEASE:compile
[INFO] |     \- org.springframework:spring-expression:jar:5.2.3.RELEASE:compile
[INFO] +- org.springframework.boot:spring-boot-starter-test:jar:2.2.3.RELEASE:test
[INFO] |  +- org.springframework.boot:spring-boot-test:jar:2.2.3.RELEASE:test
[INFO] |  +- org.springframework.boot:spring-boot-test-autoconfigure:jar:2.2.3.RELEASE:test
```

Maven依赖树展示了在当前项目中使用的所有依赖项的树。

Tomcat 9.0.30版本

Spring框架 5.2.3.RELEASE 版本

图 2-15 O-stock 的许可证服务的依赖树。依赖树展示了在服务中声明和使用的所有依赖项

2.5.3 引导 Spring Boot 应用程序：编写引导类

在本节中，我们的目标是在 Spring Boot 中启动并运行一个简单的微服务，然后重复这个步骤以提供一些功能。为此，你需要在许可证服务微服务中创建以下两个类：

- 一个 Spring 引导类，可被 Spring Boot 用于启动和初始化应用程序；
- 一个 Spring 控制器类，用来公开可以在微服务上调用的 HTTP 端点。

很快你就会看见，Spring Boot 使用注解来简化设置和配置服务。这一点在代码清单 2-3 的引导类中显而易见。这个引导类位于 src/main/java/com/optimagrowth/license 目录的 LicenseService-Application.java 文件中。

代码清单 2-3 引入 @SpringBootApplication 注解

```java
package com.optimagrowth.license;

import org.springframework.boot.SpringApplication;
```

```
import org.springframework.boot.autoconfigure.SpringBootApplication;

@SpringBootApplication
public class LicenseServiceApplication {

    public static void main(String[] args) {
        SpringApplication.run(
            LicenseServiceApplication.class, args);
    }
}
```

告诉 Spring Boot 框架，
这是项目的引导类

启动整个 Spring Boot
服务

在这段代码中需要注意的第一件事是@SpringBootApplication 注解的用法。Spring Boot 使用这个注解来告诉 Spring 容器，这个类是 bean 定义的源。在 Spring Boot 应用程序中，可以通过以下方法来定义 Spring bean。

（1）用@Component、@Service 或@Repository 注解标签来标注一个 Java 类。

（2）用@Configuration 注解标签来标注一个类，然后为每个我们想要构建的 Spring bean 定义一个构造器方法并为方法添加上@Bean 标签。

注意　Spring bean 是 Spring 框架在运行时使用控制反转（Inversion of Control，IoC）容器管理的对象。它们被创建并添加到一个"对象仓库"中，以便以后可以获取它们。

在幕后，@SpringBootApplication 注解将代码清单 2-3 中的应用程序类标记为配置类，然后开始自动扫描 Java 类路径上所有的类以形成其他的 Spring bean。

在代码清单 2-3 中，需要注意的第二件事是 LicenseServiceApplication 类的 main() 方法。在 main()方法中，SpringApplication.run(LicenseServiceApplication. class, args)调用启动了 Spring 容器，返回了一个 Spring ApplicationContext 对象。（这里没有使用 ApplicationContext 做任何事情，因此没有在代码中展示。）

关于@SpringBootApplication 注解及其对应的 LicenseServiceApplication 类，最容易记住的是，它是整个微服务的引导类。服务的核心初始化逻辑应该放在这个类中。

现在我们知道了如何创建微服务的骨架和引导类，让我们继续第 3 章。在第 3 章中，我们将解释在构建微服务时必须考虑的一些关键角色，以及这些角色是如何参与 O-stock 方案的创作的。此外，我们将解释一些额外的技术，使我们的微服务更加灵活和健壮。

2.6　小结

- Spring Cloud 是 Netflix 和 HashiCorp 等公司开源技术的集合。该技术已经用 Spring 注解进行了"包装"，从而显著简化了这些服务的设置和配置。
- 云原生应用程序是通过容器等可伸缩组件构建的，以微服务的形式部署，并由虚拟基础设施通过具有持续交付工作流的 DevOps 流程进行管理。
- DevOps 是 development（Dev）和 operations（Ops）的缩写。DevOps 指的是一种软件开发方法，它关注软件开发人员和 IT 运维人员之间的交流、协作和集成。DevOps 的主要目标是以较低的成本实现软件交付过程和基础设施变更的自动化。

■ 由 Heroku 提出的十二要素应用程序宣言提供了在构建云原生微服务时应该贯彻的最佳实践。

■ 十二要素应用程序宣言的最佳实践包括代码库、依赖、配置、后端服务、构建/发布运行、进程、端口绑定、并发、可任意处置、开发环境/生产环境等同、日志和管理进程。

■ 你可以通过 Spring Initializr 创建一个新的 Spring Boot 项目，同时从扩展列表中选择依赖项。

■ Spring Boot 是构建微服务的理想框架，因为它允许开发人员使用几个简单的注解即可构建基于 REST 的 JSON 服务。

第 3 章　使用 Spring Boot 构建微服务

本章主要内容
- 了解微服务是如何适应云架构的
- 将业务域分解成一组微服务
- 掌握构建微服务应用程序的视角
- 学习什么时候不要使用微服务
- 实现一个微服务

要想成功设计和构建微服务，你需要像警察向目击证人讯问犯罪活动一样着手处理微服务。即使每个证人看到的都是同一个事件，他们对犯罪活动的解释也受他们的背景、他们所看重的东西（例如，给予他们动机的东西），以及他们在目睹这个事件的那一刻所承受的环境压力影响。每个证人都有他们自己认为重要的视角（和偏见）。

就像一名成功的警察试图探寻真相一样，构建一个成功的微服务架构的过程需要结合软件开发组织内多个人的视角。因为交付整个应用程序需要的不仅仅是技术人员，我们相信，成功的微服务开发的基础是从以下 3 个关键角色的视角开始的。

- 架构师——着眼于全局，将应用程序分解为单个的微服务，然后了解微服务如何交互以交付解决方案。
- 软件开发人员——编写代码并了解如何将编程语言和开发框架用于交付微服务。
- DevOps 工程师——决定如何在生产环境和非生产环境部署和管理服务。DevOps 工程师的口号是：保障每个环境中的一致性和可重复性。

在本章中，我们将演示如何从这些角色的视角去设计和构建一组微服务。本章将教你在业务应用程序中识别潜在微服务所需的基础知识，然后带你了解部署微服务所需的运维特征。到本章结束时，你将拥有一个可以打包并部署到云的服务，该服务采用我们在第 2 章中创建的骨架项目。

3.1 架构师的故事：设计微服务架构

架构师在软件项目中的作用是提供待解决问题的工作模型。架构师的工作是提供脚手架，开发人员将根据这些脚手架构建他们的代码，使应用程序所有部件都组合在一起。在构建微服务时，项目的架构师主要关注以下 3 个关键任务：

（1）分解业务问题；

（2）建立服务粒度；

（3）定义服务接口。

3.1.1 分解业务问题

面对复杂性，大多数人试图将他们正在处理的问题分解成可管理的块。因为这样他们就不必努力把问题的所有细节都考虑进来。他们可以将问题分解成几个关键部分，然后寻找这些部分之间存在的关系。

在微服务架构中，这一过程大致一样。架构师将业务问题分解成代表离散活动领域的块。这些块封装了与业务域特定部分相关联的业务规则和数据逻辑。例如，架构师可能会看到需要由代码执行的业务流程，并意识到它同时需要客户和产品信息。

> **提示** 存在两个离散的数据域时，通常就意味着需要使用多个微服务。业务事务的两个不同部分如何交互通常会通过微服务的服务接口实现。

分离业务域是一门艺术，而不是非黑即白的科学。你可以使用以下指导方针将业务问题识别和分解为备选的微服务。

- 描述业务问题，并注意你用来描述它的名词。在描述问题时，反复使用的相同的名词通常意味着它们是核心业务域并且适合创建微服务。O-stock 应用程序的目标名词示例可能是合同、许可证和资产等。
- 注意动词。动词突出了动作，通常代表问题域的自然轮廓。如果发现自己说出"事务 X 需要从事物 A 和事物 B 获取数据"这样的话，通常表明多个服务正在起作用。

  如果把注意动词的方法应用到 O-stock 应用程序上，那么就可能会查找像"来自桌面服务的迈克在安装新 PC 时，会查找软件 X 可用的许可证数量，如果有许可证，就安装软件。然后他会更新他的跟踪电子表格中使用的许可证数量"这样的陈述句。这里的关键动词是查找和更新。
- 寻找数据内聚。在将业务问题分解成离散的部分时，要寻找彼此高度相关的数据部分。

  如果在会话过程中，突然读取或更新与迄今为止所讨论的内容完全不同的数据，那么就可能还存在其他候选服务。微服务必须完全拥有它们的数据。

让我们将这些指导方针应用到现实世界的问题中，例如，用于管理软件资产的 O-stock 的问题。（我们在第 2 章中第一次提到这个应用程序。）

提醒一下，O-stock 是 Optima Growth 公司的单体 Web 应用程序，部署在位于客户数据中心内的 Java EE 应用程序服务器上。我们的目标是将现有的单体应用程序梳理成一组服务。为了达成这个目标，我们首先要采访 O-stock 应用程序的用户和一些业务利益相关者，并讨论他们是如何使用 O-stock 的。图 3-1 概括并突出了与不同业务客户的一些对话中的一些名词和动词。

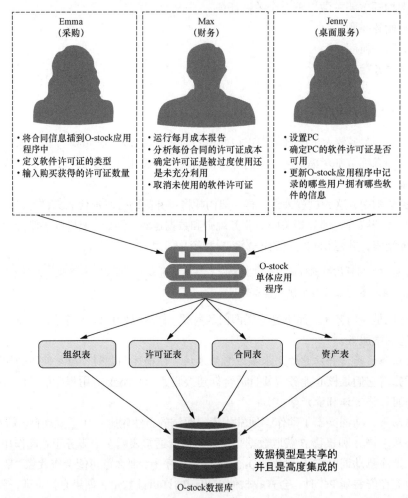

图 3-1　对采访 O-stock 用户的结果进行总结，以了解他们如何进行日常工作以及如何与应用程序交互

通过查看 O-stock 的用户是如何与应用程序进行交互的，并回答以下问题，我们可以识别出应用程序的数据模型。通过这样做，我们可以将 O-stock 问题域分解为候选微服务。

■　我们要把 Emma 管理的合同信息存储在哪里？

■　我们要在哪里存储许可证信息？如何管理许可证信息（成本、许可证类型、许可证所有者和许可证合同）？

- Jenny 在电脑上设置许可证。我们要在哪里存储这些资产？
- 考虑前面提到的所有概念，我们可以看到许可证属于一个拥有多个资产的组织，是吧？
  那么，我们要在哪里存储组织信息呢？

图 3-2 展示了基于与 Optima Growth 公司的客户对话的简化数据模型。根据业务访谈和数据模型，候选微服务包括组织、许可证、合同和资产。

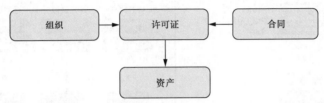

图 3-2　简化的 O-stock 数据模型。一个组织可以有许多许可证，许可证可以应用于一个或多个资产，
每个许可证都有一份合同

3.1.2　建立服务粒度

一旦我们拥有了一个简化的数据模型，我们就可以开始定义在应用程序中需要哪些微服务。根据图 3-2 中的数据模型，我们可以看到基于以下元素的 4 个潜在的微服务：

- 资产；
- 许可证；
- 合同；
- 组织。

我们的目标是将这些主要的功能部件提取到完全独立的我们可以独立构建和部署的单元中。这些单元可以选择共享数据库或拥有单独的数据库。但是，从数据模型中提取服务需要的不只是将代码重新打包到单独的项目中，还需要梳理出服务要访问的实际数据库表，并且只允许每个服务访问其特定域中的表。图 3-3 展示了应用程序代码和数据模型是如何被"分块"到各个部分的。

注意　我们为每个服务创建了单独的数据库，但是你也可以在服务之间共享数据库。

将问题域分解成不同的部分后，我们通常会发现自己很难确定是否为服务划分了适当的粒度级别。一个太粗粒度或太细粒度的微服务将具有很多的特征，我们将在稍后讨论。

当我们构建微服务架构时，粒度问题是至关重要的。这就是为什么我们想解释以下概念来确定适当的粒度级别是什么这个问题的正确答案。

- 开始的时候可以让微服务涉及的范围更广泛一些，然后再重构到更小的服务。在开始微服务旅程之初，很容易出现的一个极端情况就是将所有的东西都变成微服务。但是将问题域分解为小型的服务通常会导致过早的复杂性，因为微服务变成了细粒度的数据服务。
- 重点关注服务如何相互交互。这有助于建立问题域的粗粒度接口。从粗粒度重构比从细粒度重构要更容易。

■ 随着我们对问题域的理解的不断增长，服务的职责会随着时间的推移而改变。通常来说，当需要新的应用功能时，微服务就会承担起职责。最初的单个微服务可能会发展为多个服务，原始的微服务则充当这些新服务的编排层，负责将应用的其他部分的功能封装起来。

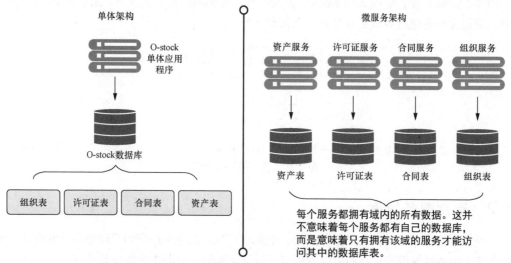

图 3-3   O-stock 应用程序从单体应用程序分解为较小的独立服务，这些服务彼此独立部署

什么是糟糕的微服务？如何知道微服务的大小是否合适？如果微服务过于粗粒度，可能会看到以下现象。

■ 一个服务承担过多的职责。服务中的业务逻辑的一般流程很复杂，并且似乎正在执行一组过于多样化的业务规则。

■ 一个服务跨大量表来管理数据。微服务是它管理的数据的记录。如果你发现自己将数据持久化存储到多个表或接触到服务数据库以外的表，那么这就是一条服务过于粗粒度的线索。我们喜欢使用这么一个指导方针：微服务拥有的表应该 3～5 个。再多一点，服务就可能承担了太多的职责。

■ 一个服务的测试用例太多。服务的规模和职责会随着时间的推移而增长。如果有一个服务，它一开始只有少量的测试用例，但最后却有数百个单元测试用例和集成测试用例，可能就需要重构。

如果微服务过于细粒度会怎么样呢？

■ 问题域的一部分微服务像兔子一样繁殖。如果一切都成为微服务，从服务中组合出业务逻辑就会变得既复杂又困难。这是因为完成一项工作所需的服务数量会急剧增长。一种常见的"坏味道"出现在应用程序有几十个微服务，并且每个服务只与一个数据库表进行交互时。

- 微服务彼此间严重相互依赖。在问题域的某一部分中，微服务相互来回调用以完成单个用户请求。

- 微服务成为简单 CRUD（Create、Read、Update、Delete）服务的集合。微服务是业务逻辑的表达，而不是数据源的抽象层。如果微服务除 CRUD 相关逻辑之外什么都不做，那么它们就可能过于细粒度了。

应该通过演化思维过程来开发微服务架构，在这个过程中，你知道不会第一次就得到正确的设计。这就是最好从一组较粗粒度的服务而不是一组细粒度的服务开始的原因。

同样重要的是，不要对设计带有教条主义。你可能会遇到服务的物理约束。例如，你需要创建一个将数据连接在一起的聚合服务，因为两个单独的服务之间交互会过于频繁，或者服务的域界线之间不存在明确的边界。最后，要采取务实的做法来进行交付，而不是浪费时间试图让设计变得完美，最终导致没有东西可以展现你的努力。

3.1.3　定义服务接口

架构师需要关心的最后一部分，是定义应用程序中的微服务该如何彼此交流。使用微服务构建业务逻辑时，服务的接口应该是直观的，开发人员应该通过充分理解应用程序中的一两个服务来获得应用程序中所有服务的工作节奏。一般来说，可使用以下指导方针实现服务接口设计。

- 拥抱 REST 的理念。这是伴随 Richardson 成熟度模型而来的最佳实践之一（见附录 A）。服务的 REST 方法本质上是将 HTTP 作为服务的调用协议，使用标准 HTTP 动词（GET、PUT、POST 和 DELETE）。围绕这些 HTTP 动词对基本行为进行建模。

- 使用 URI 来传达意图。用作服务端点的 URI 应描述问题域中的不同资源，并为问题域内的资源的关系提供一种基本机制。

- 将 JSON 用于请求和响应。JSON 是一种极其轻量级的数据序列化协议，比 XML 更容易使用。

- 使用 HTTP 状态码来传达结果。HTTP 协议具有丰富的标准响应代码，用于指示服务的成功或失败。学习这些状态码，最重要的是，在所有服务中始终如一地使用它们。

所有这些指导方针都是为了完成一件事：使你的服务接口易于理解和使用。你希望开发人员坐下来查看一下服务接口就能开始使用它们。如果微服务不容易使用，开发人员就会另辟道路，破坏架构的意图。

3.2　何时不要使用微服务

我们用本章来谈论为什么微服务是构建应用程序的强大的架构模式。但是，我们还没有提及什么时候不应该使用微服务来构建应用程序。接下来，让我们了解一下其中的考量因素：

- 构建分布式系统时的复杂性；
- 虚拟服务器或容器散乱；
- 应用程序的类型；
- 数据事务和一致性。

3.2.1　构建分布式系统时的复杂性

因为微服务是分布式的、细粒度（小）的，所以它们在应用程序中引入了一层复杂性，而在单体应用程序中就不会出现这样的情况。微服务架构需要高度的运维成熟度。除非你的组织愿意投入高分布式应用程序获得成功所需的自动化和运维工作（监控、伸缩等），否则不要考虑使用微服务。

3.2.2　服务器或容器散乱

微服务最常用的部署模式之一就是在一个容器上部署一个微服务实例。在基于微服务的大型应用程序中，最终可能需要 50 ~ 100 台服务器或容器（通常是虚拟的），这些服务器或容器必须单独搭建和维护。即使在云中运行这些服务的成本较低，管理和监控这些服务器的操作复杂性也是巨大的。

> **注意**　必须对微服务的灵活性与运行所有这些服务器的成本进行权衡。你还可以有不同的替代方案，比如考虑函数式开发（如 lambdas），或者在同一台服务器上添加更多的微服务实例。

3.2.3　应用程序的类型

微服务是面向可复用性的，对构建需要高度弹性和可伸缩性的大型应用程序非常有用。这就是这么多基于云的计算公司采用微服务的原因之一。如果你正在构建小型的部门级应用程序，或具有较小用户群的应用程序，那么搭建一个分布式模型（如微服务）的复杂性可能就太昂贵了，不值得。

3.2.4　数据事务和一致性

当你开始关注微服务时，需要考虑服务和服务消费者的数据使用模式。微服务包装并抽象出少量的表，可以很好地作为执行"操作型"任务的机制，如创建、添加和执行针对数据存储的简单（非复杂的）查询。

如果你的应用程序需要跨多个数据源进行复杂的数据聚合或转换，那么微服务的分布式性质会让这项工作变得很困难。这样的微服务总是会承担太多的职责，也可能变得容易受到性能问题的影响。

3.3 开发人员的故事：用 Spring Boot 和 Java 构建微服务

在本节中，我们将探讨开发人员从 O-stock 域模型构建许可证微服务时的优先事项。

注意　我们在第 2 章中创建了许可证服务的骨架。如果你没有遵循第 2 章的代码清单，可以查看第 2 章的源代码。

在接下来的几节中，我们将要完成以下几项工作。

（1）实现映射端点的 Spring Boot 控制器类，以公开许可证服务的端点。

（2）实现国际化，以便消息可以适应不同的语言。

（3）实现 Spring HATEOAS 提供足够多的信息，以便用户能与服务器交互。

3.3.1 构建微服务的入口：Spring Boot 控制器

现在我们已经有了构建脚本（见第 2 章），并实现了一个简单的 Spring Boot 引导类，你可以编写你的第一段代码来做一些事情了。这段代码就是你的控制器类。在 Spring Boot 应用程序中，控制器类公开了服务端点，并将数据从传入的 HTTP 请求映射到将处理该请求的 Java 方法。

> **遵循 REST**
>
> 本书中的所有微服务都遵循 Richardson 成熟度模型。你构建的所有服务都将具有以下特点。
>
> - 使用 HTTP/HTTPS 作为服务的调用协议——HTTP 端点公开服务，HTTP 协议传输进出服务的数据。
> - 将服务的行为映射到标准 HTTP 动词——REST 强调让服务将其行为映射到 HTTP 动词 POST、GET、PUT 和 DELETE 上。这些动词映射到大多数服务中的 CRUD 功能。
> - 使用 JSON 作为进出服务的所有数据的序列化格式——对基于 REST 的微服务来说，这不是一个硬性原则，但是 JSON 已经成为对微服务提交和返回的数据进行序列化的"通用语言"。你可以使用 XML，但是许多基于 REST 的应用程序使用 JavaScript 和 JSON。JSON 是基于 JavaScript 的 Web 前端和服务对数据进行序列化和反序列化的原生格式。
> - 使用 HTTP 状态码来传达服务调用的状态——HTTP 协议使用了一组丰富的状态码来指示服务的成功或失败。基于 REST 的服务利用了这些 HTTP 状态码和其他基于 Web 的基础设施，如反向代理和缓存。这些可以相对容易地与微服务集成。
>
> HTTP 是 Web 语言。使用 HTTP 作为构建服务的哲学框架是在云中构建服务的关键。

你会发现，你的第一个控制器类在 src/main/java/com/optimagrowth/license/controller/License-Controller.java 中。这个 `LicenseController` 类公开了 4 个 HTTP 端点，这些端点会映射到 POST、GET、PUT 和 DELETE 动词。

让我们看一下这个控制器类，看看 Spring Boot 如何提供一组注解，帮助保持花最少的努力公开你的服务端点，使你能够集中精力构建服务的业务逻辑。我们将从其中还没有任何类方法的基本控制器类定义开始。代码清单 3-1 展示了 O-stock 许可证服务的控制器类。

代码清单 3-1　标记 LicenseController 为 Spring RestController

```
package com.optimagrowth.license.controller;

import java.util.Random;

import org.springframework.http.ResponseEntity;
import org.springframework.web.bind.annotation.PathVariable;
import org.springframework.web.bind.annotation.PostMapping;
import org.springframework.web.bind.annotation.PutMapping;
import org.springframework.web.bind.annotation.RequestBody;
import org.springframework.web.bind.annotation.RequestMapping;
import org.springframework.web.bind.annotation.RequestMethod;
import org.springframework.web.bind.annotation.RestController;

import com.optimagrowth.license.model.License;

@RestController
@RequestMapping(value="v1/organization/
               {organizationId}/license")

public class LicenseController {
}
```

告诉 Spring Boot 这是一个基于 REST 的服务，它将自动以 JSON 方式序列化/反序列化服务请求/响应

在这个类中使用前缀 /v1/organization/{organizationId}/license 公开所有 HTTP 端点

我们通过研究 @RestController 注解来开始探索。@RestController 是一个类级 Java 注解，它告诉 Spring 容器这个 Java 类将用于基于 REST 的服务。此注解自动处理以 JSON 或 XML 方式传递到服务中的数据的序列化（在默认情况下，这个类将返回的数据序列化为 JSON）。与传统的 Spring @Controller 注解不同，@RestController 注解并不需要你从控制器类中的方法返回 ResponseBody 类。这一切都由 @RestController 注解进行处理，它包含了 @ResponseBody 注解。

为什么 JSON 用于微服务

在基于 HTTP 的微服务之间来回发送数据时，其实有多种可选的协议。但是，由于以下几个原因，JSON 已经成为事实上的标准。

- 与其他协议（如基于 XML 的 SOAP（Simple Object Access Protocol，简单对象访问协议））相比，JSON 是非常轻量级的。你可以在没有太多文本开销的情况下传递数据。
- JSON 易于人类阅读和使用。这在选择序列化协议时往往被低估。当出现问题时，开发人员必须查看一大堆 JSON 并快速处理其中的内容。JSON 协议的简单性让这件事非常容易做到。
- JSON 是 JavaScript 中使用的默认序列化协议。由于 JavaScript 作为编程语言的急剧增长以及

> 严重依赖 JavaScript 的单页互联网应用程序（Single Page Internet Application，SPIA）的同样快速增长，JSON 已经天然适用于构建基于 REST 的应用程序，因为前端 Web 客户端用它来调用服务。
>
> ■ 但是，其他机制和协议能够比 JSON 更有效地在服务之间进行通信。Apache Thrift 框架允许你构建使用二进制协议相互通信的多语言服务。Apache Avro 协议是一种数据序列化协议，可在客户端和服务器调用之间将数据来回转换为二进制格式。如果你需要最小化通过线路发送的数据的大小，我们建议你查看这些协议。但是根据我们的经验，在你的微服务中使用直接的 JSON 就可以有效地工作，并且不用在你的服务消费者和服务客户端之间再插入一层通信用来调试。

你可以使用 @RequestMapping 注解（代码清单 3-1 中的第二个注解）作为类级注解和方法级注解，用于告诉 Spring 容器该服务将要公开给用户的 HTTP 端点。使用 @RequestMapping 作为类级注解时，将为该控制器公开的所有其他端点建立 URL 的根。@RequestMapping (value= "/v1/organization/{organizationId}/license") 使用 value 属性为 Controller 类中公开的所有端点建立 URL 的根。在此控制器中公开的所有服务端点将以 /v1/ organizations/{organizationId}/licenses 作为其端点的根。{organizationId}是一个占位符，表明你想如何使用在每个调用中传递的 organizationId 来参数化 URL。在 URL 中使用 organizationId，你可以区分使用服务的不同客户。

在将第一个方法添加到控制器之前，让我们先研究一下模型和服务类，我们将在即将创建的服务中使用它们。代码清单 3-2 展示了封装许可证数据的 POJO 类。

注意　封装是面向对象编程的主要原则之一，为了在 Java 中实现封装，必须将类的变量声明为私有的，然后提供公共的 getter 和 setter 来读取和写入这些变量的值。

代码清单 3-2　探索许可证模型

```
package com.optimagrowth.license.model;

import lombok.Getter;
import lombok.Setter;
import lombok.ToString;

@Getter @Setter @ToString        ←─── 包含许可证信息的普通传统 Java 对
public class License {                   象（Plain Old Java Object，POJO）

    private int id;
    private String licenseId;
    private String description;
    private String organizationId;
    private String productName;
    private String licenseType;
}
```

Lombok

　　Lombok 是一个小型库,它允许我们减少在项目的 Java 类中编写的样板 Java 代码的数量。Lombok 生成诸如 getter、setter、to string 方法、构造方法等代码。

　　在这本书中,为了使代码更具可读性,我们将在整个代码示例中使用 Lombok,但我不会详细介绍如何使用它。如果你有兴趣了解更多有关 Lombok 的信息,我们强烈建议你查阅 Baeldung 网站上的以下两篇文章:

- Introduction to Project Lombok
- Setting up Lombok with Eclipse and Intellij

　　如果你想在 Spring 工具套件 4 上安装 Lombok,你必须下载并执行 Lombok 并将其链接到 IDE。

　　代码清单 3-3 展示了一个服务类,我们将使用它来开发我们打算在控制器类上创建的不同服务的逻辑。

代码清单 3-3　探索 LicenseService 类

```
package com.optimagrowth.license.service;

import java.util.Random;

import org.springframework.stereotype.Service;
import org.springframework.util.StringUtils;

import com.optimagrowth.license.model.License;
@Service
public class LicenseService {

    public License getLicense(String licenseId, String organizationId){
        License license = new License();
        license.setId(new Random().nextInt(1000));
        license.setLicenseId(licenseId);
        license.setOrganizationId(organizationId);
        license.setDescription("Software product");
        license.setProductName("Ostock");
        license.setLicenseType("full");

        return license;
    }

    public String createLicense(License license, String organizationId){
        String responseMessage = null;
        if(license != null) {
            license.setOrganizationId(organizationId);
            responseMessage = String.format("This is the post and the
                                  object is: %s", license.toString());
        }

        return responseMessage;
    }
```

```
public String updateLicense(License license, String organizationId){
    String responseMessage = null;
    if (license != null) {
        license.setOrganizationId(organizationId);
        responseMessage = String.format("This is the put and
                    the object is: %s", license.toString());
    }

    return responseMessage;
}

public String deleteLicense(String licenseId, String organizationId){
    String responseMessage = null;
    responseMessage = String.format("Deleting license with id %s for
                    the organization %s",licenseId, organizationId);
    return responseMessage;

}
}
```

这个服务类包含一组返回硬编码数据的虚拟服务，以便让你了解微服务的骨架应该是什么样子。随着你继续阅读，你会继续使用此服务，我们将进一步深入研究如何构建它。现在，让我们将第一个方法添加到控制器。此方法实现 REST 调用中使用的 GET 动词，并返回一个 License 类实例，如代码清单 3-4 所示。

代码清单 3-4　公开一个 GET HTTP 端点

```
package com.optimagrowth.license.controller;

import org.springframework.http.ResponseEntity;
import org.springframework.web.bind.annotation.PathVariable;
import org.springframework.web.bind.annotation.PostMapping;
import org.springframework.web.bind.annotation.PutMapping;
import org.springframework.web.bind.annotation.RequestBody;
import org.springframework.web.bind.annotation.RequestMapping;
import org.springframework.web.bind.annotation.RequestMethod;
import org.springframework.web.bind.annotation.RestController;

import com.optimagrowth.license.model.License;
import com.optimagrowth.license.service.LicenseService;

@RestController
@RequestMapping(value="v1/organization/{organizationId}/license")
public class LicenseController {

@Autowired
  private LicenseService licenseService;                     这个 Get 方法检索
                                                             许可证数据
  @GetMapping(value="/{licenseId}")          ◁──────────
  public ResponseEntity<License> getLicense(
    @PathVariable("organizationId") String organizationId,
```

```
@PathVariable("licenseId") String licenseId) {

    License license = licenseService
        .getLicense(licenseId,organizationId);
    return ResponseEntity.ok(license);
    }
}
```

将两个参数（organizationId 和 licenseId）从 URL 映射到 @GetMapping 所在方法的参数

ResponseEntity 表示整个 HTTP 响应

我们在这个代码清单中做的第一件事是，使用@GetMapping 注解来标记 getLicense() 方法。这里我们也可以使用@RequestMapping(value="/{licenseId}", method = RequestMethod.GET)注解，将两个参数（value 和 method）传递给注解。通过方法级的 @GetMapping 注解，我们可以为 getLicense()方法构建以下端点：

```
v1/organization/{organizationId}/license/{licenseId}
```

这是怎么回事呢？如果我们回头看一下类的顶部，就能看见我们指定了一个根级注解来匹配所有发送到控制器的 HTTP 请求。首先，我们添加了根级注解值，然后，添加了方法级注解值。注解的第二个参数 method 指定了用于匹配该方法的 HTTP 动词。在 getLicense()方法中，我们匹配 RequestMethod.GET 枚举提供的 GET 方法。

在代码清单 3-4 中需要注意的第二件事是，我们在 getLicenses()方法的参数体中使用了 @PathVariable 注解。@PathVariable 注解用于将在传入的 URL 中传递的参数值（由 {parameterName}语法表示）映射为你的方法的参数。对代码清单 3-4 中的 GET 服务，我们将 URL 的两个参数（organizationId 和 licenseId）映射到方法中的两个参数级的变量，就像这样：

```
@PathVariable("organizationId") String organizationId
@PathVariable("licenseId") String licenseId
```

最后，让我们检查返回对象 ResponseEntity。ResponseEntity 表示整个 HTTP 响应，包括状态码、首部和正文。在代码清单 3-4 中，它允许我们返回 License 对象作为正文，并返回 200(OK)状态码作为服务的 HTTP 响应。

现在你已经了解了如何使用 HTTP GET 动词创建端点，接下来让我们将添加 POST、PUT 和 DELETE 方法来创建、更新和删除 License 类实例。代码清单 3-5 展示了如何做到这一点。

代码清单 3-5 探索各个 HTTP 端点

```
package com.optimagrowth.license.controller;

import org.springframework.beans.factory.annotation.Autowired;
import org.springframework.http.ResponseEntity;
import org.springframework.web.bind.annotation.DeleteMapping;
import org.springframework.web.bind.annotation.PathVariable;
import org.springframework.web.bind.annotation.PostMapping;
import org.springframework.web.bind.annotation.PutMapping;
import org.springframework.web.bind.annotation.RequestBody;
import org.springframework.web.bind.annotation.RequestMapping;
```

```
import org.springframework.web.bind.annotation.RequestMethod;
import org.springframework.web.bind.annotation.RestController;

import com.optimagrowth.license.model.License;
import com.optimagrowth.license.service.LicenseService;

@RestController
@RequestMapping(value="v1/organization/{organizationId}/license")
public class LicenseController {

    @Autowired
    private LicenseService licenseService;

    @RequestMapping(value="/{licenseId}",method = RequestMethod.GET)
    public ResponseEntity<License> getLicense(
            @PathVariable("organizationId") String organizationId,
            @PathVariable("licenseId") String licenseId) {

        License license = licenseService.getLicense(licenseId,
                                            organizationId);
        return ResponseEntity.ok(license);
    }

    @PutMapping            ←————————— Put 方法更新一条许可证记录
    public ResponseEntity<String> updateLicense(
            @PathVariable("organizationId")
            String organizationId,                          将 HTTP 请求体映
            @RequestBody License request) {  ←————————       射到许可证对象
        return ResponseEntity.ok(licenseService.updateLicense(request,
                        organizationId));
    }

    @PostMapping          ←————————— Post 方法插入一条许可证记录
    public ResponseEntity<String> createLicense(
            @PathVariable("organizationId") String organizationId,
            @RequestBody License request) {
        return ResponseEntity.ok(licenseService.createLicense(request,
                        organizationId));
    }
                                            Delete 方法删除一
                                            条许可证记录
    @DeleteMapping(value="/{licenseId}")  ←————————
    public ResponseEntity<String> deleteLicense(
            @PathVariable("organizationId") String organizationId,
            @PathVariable("licenseId") String licenseId) {
        return ResponseEntity.ok(licenseService.deleteLicense(licenseId,
                        organizationId));
    }
}
```

在代码清单 3-5 中，我们首先用方法级的@PutMapping 注解对 updateLicense()方法进行了标注。这个注解充当了@RequestMapping(method = RequestMethod.PUT)注解的快捷方式，我们还没有使用过这个注解。

接下来要注意的是，我们在 updateLicense()方法的参数体中使用了@PathVariable 和@RequestBody 注解。@RequestBody 将 HTTPRequest 主体映射到一个传输对象（在本例中是 License 对象）。在 updateLicense()方法中，我们从两个参数（一个来自 URL，另一个来自 HTTPRequest 主体）映射到 updateLicense 方法，并将其映射到以下两个参数级变量：

```
@PathVariable("organizationId") String organizationId
@RequestBody License request
```

最后，在代码清单 3-5 中，我们使用了@PostMapping 和@DeleteMapping 注解。@PostMapping 注解是一个方法级的注解，它是以下注解的快捷方式：

```
@RequestMapping(method = RequestMethod.POST)
```

@DeleteMapping(value="/{licenseId}")也是一个方法级的注解，它是以下注解的快捷方式：

```
@RequestMapping(value="/{licenseId}",method = RequestMethod.DELETE)
```

端点命名问题

在深入编写微服务之前，要确保你（以及你组织中的其他可能的团队）为你想要通过你的服务公开的端点建立了标准。应该使用微服务的 URL（Uniform Resource Locator，统一资源定位器）来明确传达服务的意图、服务管理的资源以及服务内管理的资源之间存在的关系。我们发现以下指导方针有助于命名服务端点。

- 使用明确的 URL 名称来确立服务所代表的资源。使用规范的格式定义 URL 将有助于 API 更直观，更易于使用，并且在你的命名约定中保持一致。
- 使用 URL 来确立资源之间的关系。通常，微服务中的资源之间会存在一种父子关系，其中子项不会存在于父项的上下文之外。因此，你可能没有针对该子项的单独的微服务。要使用 URL 来表达这些关系。如果你发现你的 URL 很长而且有嵌套，可能意味着你的微服务做的事情太多了。
- 尽早建立 URL 的版本控制方案。URL 及其对应的端点代表了服务的所有者和服务的消费者之间的契约。一种常见的模式是使用版本号作为前缀添加到所有端点上。要尽早建立版本控制方案，并且坚持下去。在若干消费者使用它们之后，再想将 URL 改造成版本控制（例如，在 URL 映射中使用/v1/）是非常困难的。

现在，你拥有了几个服务。在命令行窗口中，转到你的项目根目录，在那里你会发现 pom.xml，然后执行以下 Maven 命令。（图 3-4 展示了这条命令的预期输出。）

```
mvn spring-boot:run
```

许可证服务器在
8080端口启动。

```
c.o.license.LicenseServiceApplication     : No active profile set, falling back to default profiles: default
o.s.b.w.embedded.tomcat.TomcatWebServer   : Tomcat initialized with port(s): 8080 (http)
o.apache.catalina.core.StandardService    : Starting service [Tomcat]
org.apache.catalina.core.StandardEngine   : Starting Servlet engine: [Apache Tomcat/9.0.30]
o.a.c.c.C.[Tomcat].[localhost].[/]        : Initializing Spring embedded WebApplicationContext
o.s.web.context.ContextLoader             : Root WebApplicationContext: initialization completed in 662 ms
o.s.s.concurrent.ThreadPoolTaskExecutor   : Initializing ExecutorService 'applicationTaskExecutor'
o.s.b.a.e.web.EndpointLinksResolver       : Exposing 1 endpoint(s) beneath base path '/v1'
o.s.b.w.embedded.tomcat.TomcatWebServer   : Tomcat started on port(s): 8080 (http) with context path ''
c.o.license.LicenseServiceApplication     : Started LicenseServiceApplication in 1.732 seconds (JVM running for 1.969)
```

图 3-4　输出结果表明许可证服务成功启动

　　服务启动后，就可以直接选择公开的端点了。我们强烈推荐使用基于 Chrome 的工具，如 Postman 或 cURL 来调用该服务。图 3-5 展示了如何在端点上调用 GET 和 DELETE 服务。

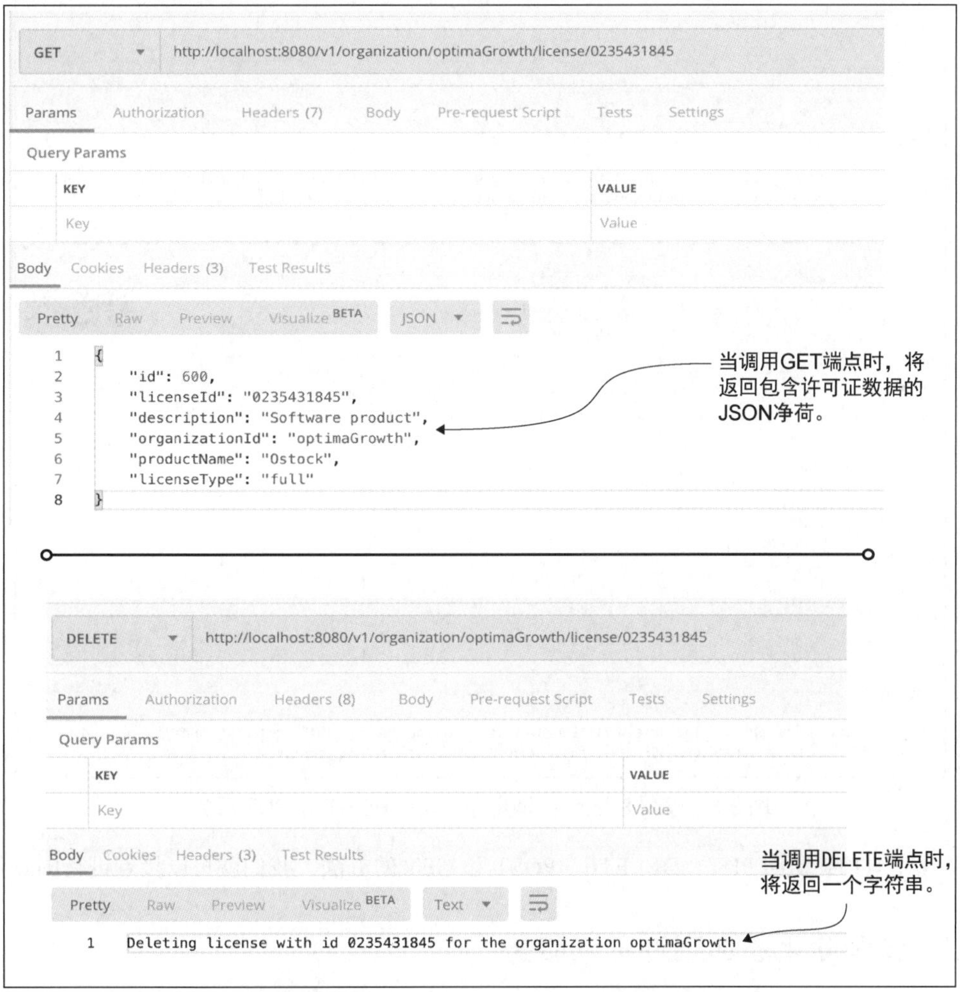

图 3-5　使用 Postman 调用许可证的 GET 和 DELETE 服务

图 3-6 展示了如何通过 `http://localhost:8080/v1/organization/optimaGrowth/license` 端点调用 POST 和 PUT 服务。

图 3-6　使用 Postman 调用许可证的 POST 和 PUT 服务

实现完 HTTP 动词 PUT、DELETE、POST 和 GET 的方法，我们就可以接着进行国际化了。

3.3.2　将国际化添加到许可证服务

国际化是使应用程序适应不同语言的基本要求。本节的主要目标是开发提供多种格式和语言内容的应用程序。在本节中，我们将解释如何向我们之前创建的许可证服务添加国际化。

首先，我们将更新引导类 LicenseServiceApplication.java，为许可证服务创建一个 LocaleResolver 和一个 ResourceBundleMessageSource。代码清单 3-6 展示了更新后的引导类。

代码清单 3-6 为引导类创建 bean

```java
package com.optimagrowth.license;

import java.util.Locale;

import org.springframework.boot.SpringApplication;
import org.springframework.boot.autoconfigure.SpringBootApplication;
import org.springframework.context.annotation.Bean;
import org.springframework.context.support.ResourceBundleMessageSource;
import org.springframework.web.servlet.LocaleResolver;
import org.springframework.web.servlet.i18n.SessionLocaleResolver;

@SpringBootApplication
public class LicenseServiceApplication {

    public static void main(String[] args) {
        SpringApplication.run(LicenseServiceApplication.class, args);
    }

    @Bean
    public LocaleResolver localeResolver() {
        SessionLocaleResolver localeResolver = new SessionLocaleResolver();
        localeResolver.setDefaultLocale(Locale.US);        将 US 设置为
        return localeResolver;                             默认区域
    }
    @Bean
    public ResourceBundleMessageSource messageSource() {
        ResourceBundleMessageSource messageSource =
                            new ResourceBundleMessageSource();
        messageSource.setUseCodeAsDefaultMessage(true);    如果找不到消息，则不会抛
                                                           出错误，而是返回消息代码
        messageSource.setBasenames("messages");
        return messageSource;                     设置语言属性文件的基本名称
    }
}
```

在代码清单 3-6 中需要注意的第一件事是，我们将 Locale.US 设置为默认区域。如果我们在检索消息时没有设置 Locale，messageSource 将使用默认的区域设置作为 LocaleResolver。接下来，请注意以下调用：

```
messageSource.setUseCodeAsDefaultMessage(true)
```

当找不到消息时，此选项将返回消息代码'license.creates.Message'，而不是像以下这样的错误：

```
"No message found under code 'license.creates.message' for locale 'es'
```

最后，messageSource.setBasenames("messages")调用将 messages 设置为消息源文件的基本名称。如果我们在意大利，我们将使用 Locale.IT，并且我们将有一个名为 messages_it.properties 的文件。如果我们找不到特定语言的消息，消息源将搜索名称为 messages.properties 的默认消息文件。

现在，让我们配置消息。对于本例，我们将使用英语和西班牙语消息。为此，我们需要在 /src/main/resources 源文件夹下创建以下文件：

- messages_en.properties；
- messages_es.properties；
- messages.properties。

代码清单 3-7 和代码清单 3-8 展示了 messages_en.properties 和 messages_es.properties 文件的内容。

代码清单 3-7　messages_en.properties 文件

```
license.create.message = License created %s
license.update.message = License %s updated
license.delete.message = Deleting license with
                id %s for the organization %s
```

代码清单 3-8　messages_es.properties 文件

```
license.create.message = Licencia creada %s
license.update.message = Licencia %s creada
license.delete.message = Eliminando licencia con
                id %s para la organization %s license
```

现在我们已经实现了消息和@Beans 注解，我们可以更新控制器或服务中的代码来调用消息资源了。代码清单 3-9 展示更新后的代码。

代码清单 3-9　更新服务，从 MessageSource 查找消息

```
@Autowired
MessageSource messages;

public String createLicense(License license,
                            String organizationId,
                            Locale locale){          ←——┤ 接收 Locale 作为方法参数
    String responseMessage = null;
    if (license != null) {
        license.setOrganizationId(organizationId);
        responseMessage = String.format(messages.getMessage(
                        "license.create.message", null,locale),
```

```
                        license.toString());    ← 设置接收的区域设置
    }                                              来检索特定消息
    return responseMessage;
}

public String updateLicense(License license, String organizationId){
    String responseMessage = null;
    if (license != null) {
        license.setOrganizationId(organizationId);
        responseMessage = String.format(messages.getMessage(
                        "license.update.message", null, null),
                        license.toString());    ← 设置空区域设置值来
    }                                              检索特定消息

    return responseMessage;
}
```

代码清单 3-9 中有 3 件重要的事情需要强调：第一件是，我们可以从 Controller 自身接收 Locale；第二件是，我们可以使用通过参数接收到的区域设置来调用 messages. getMessage("license.create.message", null, locale)；第三件是，我们可以在不发送任何区域设置的情况下调用 messages.getMessage("license. update.message", null, null)。在这种特殊情况下，应用程序将使用我们之前在引导类中定义的默认区域设置。现在让我们更新控制器上的 createLicense()方法，用以下代码从 Accept-Language 请求首部接收语言。

```
@PostMapping
public ResponseEntity<String> createLicense(
      @PathVariable("organizationId") String organizationId,
      @RequestBody License request,
      @RequestHeader(value = "Accept-Language",required = false)
                    Locale locale){
    return ResponseEntity.ok(licenseService.createLicense(
                        request, organizationId, locale));
}
```

下面是这段代码需要注意的几点。我们在这里使用了 @RequestHeader 注解。@RequestHeader 注解将请求首部值映射为方法参数。在 createLicense()方法中，我们从请求首部 Accept-Language 检索区域设置。这个服务参数不是必需的，因此如果未指定，我们将使用默认区域设置。图 3-7 展示了如何从 Postman 发送 Accept-Language 请求首部。

> **注意**　关于如何使用 locale，没有一个明确的规则。我们的建议是，对你的架构进行分析并选择最适合你的选项。如果前端应用程序处理区域设置，那么在控制器方法中接收区域设置作为参数是最好的选择。但如果是在后端管理区域设置，则可以使用默认区域设置。

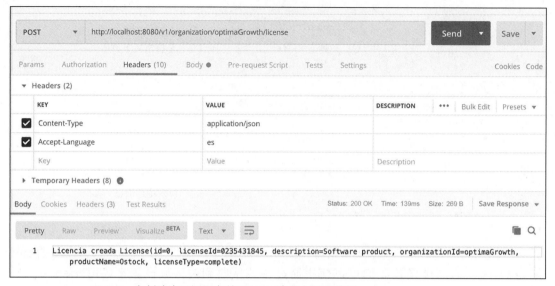

图 3-7   在创建许可证服务的 POST 请求中设置首部 `Accept-Language`

3.3.3   实现 Spring HATEOAS 来显示相关的链接

　　HATEOAS 是 Hypermedia as the Engine of Application State 的缩写，意思是超媒体即应用状态引擎。Spring HATEOAS 是一个小项目，它允许我们创建遵循 HATEOAS 原则的 API，显示给定资源的相关链接。HATEOAS 原则指出，API 应该通过返回每个服务响应可能的后续步骤的信息来为客户端提供指导。这个项目不是核心功能或必备功能，但是如果你想拥有一个给定资源的所有 API 服务的完整指南，它是一个很好的选择。

　　使用 Spring HATEOAS，你可以快速创建指向资源表示模型的链接的模型类。它还提供了一个链接构建器 API 来创建指向 Spring MVC 控制器方法的特定链接。下面的代码片段展示了HATEOAS 应该如何查找许可证服务的例子。

```
"_links": {
    "self" : {
        "href" : "http://localhost:8080/v1/organization/
                 optimaGrowth/license/0235431845"
    },
    "createLicense" : {
        "href" : "http://localhost:8080/v1/organization/
                 optimaGrowth/license"
    },
    "updateLicense" : {
        "href" : "http://localhost:8080/v1/organization/
                 optimaGrowth/license"
    },
    "deleteLicense" : {
        "href" : "http://localhost:8080/v1/organization/
```

```
        optimaGrowth/license/0235431845"
    }
}
```

在本节中，我们将向你展示如何在许可证服务中实现 Spring HATEOAS。要在响应中发送与资源相关的链接，我们必须先将 HATEOAS 依赖项添加到我们的 pom.xml 文件中，如下所示：

```
<dependency>
    <groupId>org.springframework.boot</groupId>
    <artifactId>spring-boot-starter-hateoas</artifactId>
</dependency>
```

添加完这个依赖项，我们需要更新 License 类，让它继承 RepresentationModel <license>。代码清单 3-10 展示了更新后的代码。

代码清单 3-10　继承 RepresentationModel

```
package com.optimagrowth.license.model;

import org.springframework.hateoas.RepresentationModel;

import lombok.Getter;
import lombok.Setter;
import lombok.ToString;


@Getter @Setter @ToString
public class License extends RepresentationModel<License> {

    private int id;
    private String licenseId;
    private String description;
    private String organizationId;
    private String productName;
    private String licenseType;
}
```

RepresentationModel<License>为 License 模型类提供了添加链接的能力。现在万事俱备，让我们创建 HATEOS 配置来检索 LicenseController 类的链接。代码清单 3-11 展示了如何实现这一点。对于本例，我们只打算更改 LicenseController 类中的 getLicense() 方法。

代码清单 3-11　向 LicenseController 添加链接

```
@RequestMapping(value="/{licenseId}",method = RequestMethod.GET)
public ResponseEntity<License> getLicense(
            @PathVariable("organizationId") String organizationId,
            @PathVariable("licenseId") String licenseId) {

    License license = licenseService.getLicense(licenseId,
                                        organizationId);
```

```
        license.add(linkTo(methodOn(LicenseController.class)
                .getLicense(organizationId, license.getLicenseId()))
                .withSelfRel(),
                linkTo(methodOn(LicenseController.class)
                .createLicense(organizationId, license, null))
                .withRel("createLicense"),
                linkTo(methodOn(LicenseController.class)
                .updateLicense(organizationId, license))
                .withRel("updateLicense"),
                linkTo(methodOn(LicenseController.class)
                .deleteLicense(organizationId, license.getLicenseId()))
                .withRel("deleteLicense"));
        return ResponseEntity.ok(license);
    }
```

add() 方法是 RepresentationModel 的一个方法。linkTo 方法检查 License 控制器类并获得根映射，而 methodOn 方法通过对目标方法进行虚拟调用来获得方法映射。这两个方法都是 org.springframework.hateoas.server.mvc.WebMvcLinkBuilder 的静态方法。WebMvcLinkBuilder 是一个用于在控制器类上创建链接的实用工具类。图 3-8 展示了 getLicense() 服务的响应体上的链接。要检索它们，必须调用 GET HTTP 方法。

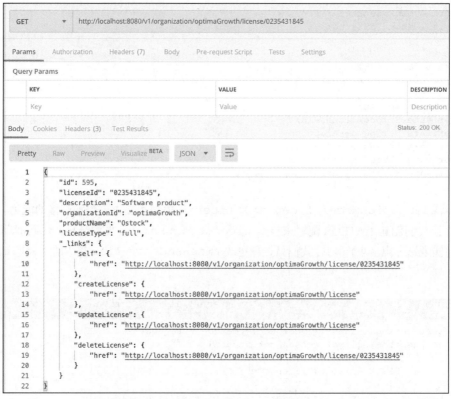

图 3-8　向许可证服务发送 HTTP GET 请求，得到响应体上的 HATEOAS 链接

此时，你拥有了一个正在运行的服务骨架。然而，从开发的角度来看，这个服务尚未完成。一个良好的微服务设计不会避开将服务分离为定义良好的业务逻辑层和数据访问层。在后面章节中，你将继续迭代这个服务，并深入研究如何构造它。现在，让我们切换到最后一个视角：探索 DevOps 工程师如何操作服务并将其打包部署到云上。

3.4　DevOps 故事：构建运行时的严谨性

虽然 DevOps 是一个丰富而新兴的 IT 领域，但对 DevOps 工程师来说，微服务的设计就是在服务投入生产后如何管理服务。编写代码通常是很简单的，而保持代码运行却是困难的。我们将基于以下 4 条原则开始我们的微服务开发工作，并且在本书后面根据这些原则去构建。

- 微服务应该是独立的。它还应该是可独立部署的，多个服务实例可以使用单个软件制品进行启动和拆卸。
- 微服务应该是可配置的。当服务实例启动时，它应该从中央位置读取需要配置其自身的数据，或者让它的配置信息作为环境变量传递。配置服务应该无须人为干预。
- 微服务实例需要对客户端透明。客户端不应该知道服务的确切位置。相反，微服务客户端应该与服务发现代理通信。这允许应用程序定位微服务的实例，而不必知道微服务的物理位置。
- 微服务应该传达它的健康信息。这是云架构的关键部分。一旦微服务实例无法正常运行，发现代理需要绕过不良服务实例。在本书中，我们将使用 Spring Boot Actuator 来展示各个微服务的健康信息。

这 4 条原则揭示了存在于微服务开发中的悖论。微服务在规模和范围上更小，但使用微服务会在应用程序中引入了更多的活动部件，因为微服务是分布式的，并且在它们自己的容器中彼此独立地运行。这引入了高度协调性，应用程序中更容易出现故障点。

从 DevOps 的角度来看，必须预先解决微服务的运维需求，并将这 4 条原则转化为每次构建和部署微服务到环境中时发生的一套标准的生命周期事件。这 4 条原则可以映射到以下运维生命周期步骤。图 3-9 展示了这 4 个步骤是如何配合在一起的。

- 服务装配——如何打包和部署服务以保证可重复性和一致性，以便相同的服务代码和运行时被完全相同地部署。
- 服务引导——如何将应用程序和环境特定的配置代码与运行时代码分开，以便可以在任何环境中快速启动和部署微服务实例，而无须人为干预。
- 服务注册/发现——部署一个新的微服务实例时，如何让新的服务实例可以被其他应用程序客户端发现。
- 服务监控——在微服务环境中，由于高可用性需求，运行同一服务的多个实例非常常见。从 DevOps 的角度来看，需要监控微服务实例，并确保所有故障都围绕失败的服务实例进行路由，并且这些故障都已被记录。

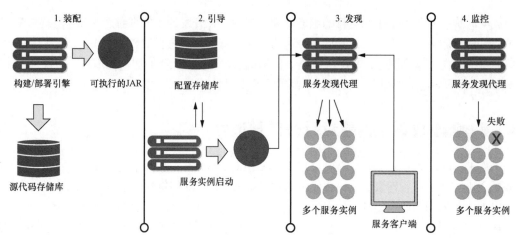

图 3-9　微服务在其生命周期中经历多个步骤

3.4.1　服务装配：打包和部署微服务

从 DevOps 的角度来看，微服务架构背后的其中一个关键概念是可以快速部署微服务的多个实例，以应对变化的应用程序环境（如用户请求的突然涌入、基础设施内部的问题等）。为了实现这一点，微服务需要作为带有其所有依赖项的单个制品进行打包和安装。这些依赖项必须包括承载微服务的运行时引擎（如 HTTP 服务器或应用程序容器）。

这种持续构建、打包和部署的过程就是服务装配（图 3-9 中的步骤 1）。图 3-10 展示了有关服务装配步骤的其他详细信息。

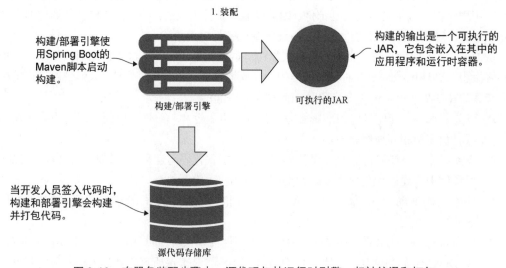

图 3-10　在服务装配步骤中，源代码与其运行时引擎一起被编译和打包

幸运的是，几乎所有的 Java 微服务框架都包含与代码一起打包和部署的运行时引擎。例如，在图 3-10 中的 Spring Boot 示例中，Maven 和 Spring Boot 构建了一个可执行的 JAR 文件，该文件具有一个嵌入式的 Tomcat 引擎内置于其中。以下命令行示例将构建许可证服务作为可执行的 JAR，然后从命令行启动 JAR：

```
mvn clean package && java -jar target/licensing-service-0.0.1-SNAPSHOT.jar
```

对某些运维团队来说，将运行时环境嵌入 JAR 文件中的理念是他们在部署应用程序时的重大转变。在传统的 Java 基于 Web 的应用程序中，应用程序是被部署到应用程序服务器的。该模型意味着应用程序服务器本身是一个实体，并且通常由一个系统管理员团队进行管理，这些管理员独立于服务器上部署的应用程序来监督服务器的配置。

在部署过程中，应用程序服务器的配置与应用程序之间的分离可能会引入故障点。这是因为在许多组织中，应用程序服务器的配置不受源代码控制，并且通过用户界面和本地管理脚本组合的方式进行管理。这非常容易在应用程序服务器环境中发生配置漂移，并突然导致表面上看起来是随机中断的情况。

3.4.2 服务引导：管理微服务的配置

服务引导（图 3-9 中的步骤 2）发生在微服务首次启动并需要加载其应用程序配置信息的时候。图 3-11 为引导处理提供了更多的上下文。

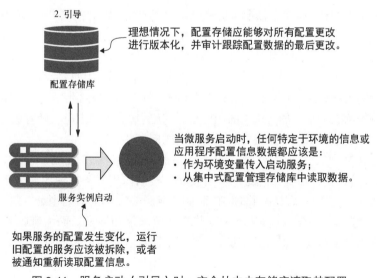

2. 引导

理想情况下，配置存储应能够对所有配置更改进行版本化，并审计跟踪配置数据的最后更改。

配置存储库

当微服务启动时，任何特定于环境的信息或应用程序配置信息数据都应该是：
· 作为环境变量传入启动服务；
· 从集中式配置管理存储库中读取数据。

服务实例启动

如果服务的配置发生变化，运行旧配置的服务应该被拆除，或者被通知重新读取配置信息。

图 3-11 服务启动（引导）时，它会从中央存储库读取其配置

任何应用程序开发人员都知道，有时需要使应用程序的运行时行为可配置。通常这涉及从应用程序部署的属性文件中读取应用程序的配置数据，或从数据存储（如关系数据库）中读取数据。

微服务通常会遇到相同类型的配置需求。不同之处在于，在云上运行的微服务应用程序中，可能会运行数百甚至数千个微服务实例。更为复杂的是，这些服务可能分散在全球。由于存在大量的地理位置分散的服务，重新部署服务以获取新的配置数据变得难以实施。将数据存储在服务外部的数据存储中解决了这个问题。但云上的微服务提出了一系列独特的挑战。

- 配置数据的结构往往是简单的，通常读取频繁但写入不频繁。在这种情况下，使用关系数据库就是"杀鸡用牛刀"，因为关系数据库旨在管理比一组简单的键值对更复杂的数据模型。
- 因为数据是定期访问的，但是更改不频繁，所以数据必须具有低延迟的可读性。
- 数据存储必须具有高可用性，并且靠近读取数据的服务。配置数据存储不能完全关闭，否则它将成为你应用程序的单点故障。

在第 5 章中，我们将介绍如何使用简单的键值数据存储之类的工具来管理微服务应用程序配置数据。

3.4.3　服务注册和发现：客户端如何与微服务通信

从微服务消费者的角度来看，微服务应该是位置透明的，因为在基于云的环境中，服务器是短暂的。短暂意味着承载服务的服务器的寿命，通常比在企业数据中心运行的服务的更短。可以通过给运行服务的服务器分配全新的 IP 地址来快速启动和拆除基于云的服务。

通过坚持将服务视为短寿命的可自由处理的对象，微服务架构可以通过运行一个服务的多个实例来实现高度的可伸缩性和可用性。服务需求和弹性可以在需要的情况下尽快进行管理。每个服务都有一个分配给它的唯一的非永久的 IP 地址。短暂服务的缺点是，随着服务的不断出现和消失，手动或手工管理大量这些服务容易造成运行中断。

微服务实例需要向第三方代理注册自己。此注册过程称为服务发现（见图 3-9 中的步骤 3，以及图 3-12 中有关此过程的详细信息）。当微服务实例使用服务发现代理进行注册时，微服务实例将告诉发现代理两件事情：物理 IP 地址（或服务实例的域名地址），以及应用程序可以用来查找服务的逻辑名称。某些服务发现代理还要求能访问发送回注册服务的 URL，服务发现代理可以使用此 URL 来执行健康检查。然后，服务客户端与发现代理进行通信以查找服务的位置。

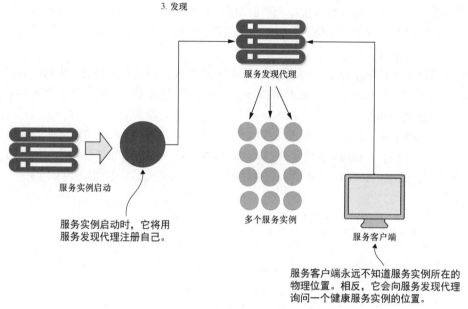

图 3-12　服务发现代理抽象出服务的物理位置

3.4.4　传达微服务的健康状况

　　服务发现代理不只是扮演了一名引导客户端到服务位置的交通警察的角色。在基于云的微服务应用程序中，你通常会有多个运行服务的实例，其中某个服务实例迟早会出问题。服务发现代理监控其注册的每个服务实例的健康状况，并从其路由表中移除有问题的服务实例，以确保不会向客户端发送已经发生故障的服务实例。

　　在微服务启动后，服务发现代理将继续监控和 ping 健康检查接口，以确保该服务是可用的。这是图 3-9 中的步骤 4。图 3-13 提供了此步骤的上下文。

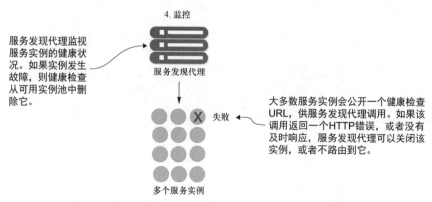

图 3-13　服务发现代理使用公开的健康 URL 来检查微服务的状态

通过构建一个持续的健康检查接口，你可以使用基于云的监控工具来检测问题并对其进行适当的响应。如果服务发现代理发现服务实例存在问题，它可以采取纠正措施，如关闭出现故障的实例或启动另外的服务实例。

在使用 REST 的微服务环境中，构建健康检查接口的最简单的方法是公开可返回 JSON 净荷和 HTTP 状态码的 HTTP 端点。在基于非 Spring Boot 的微服务中，开发人员通常需要编写一个返回服务健康状况的端点。

在 Spring Boot 中，公开一个端点是很简单的，只涉及修改 Maven 构建文件以包含 Spring Actuator 模块。Spring Actuator 提供了开箱即用的运维端点，可帮助你了解和管理你的服务的健康状况。要使用 Spring Actuator，需要确保在你的 Maven 构建文件中包含以下依赖项：

```
<dependency>
    <groupId>org.springframework.boot</groupId>
    <artifactId>spring-boot-starter-actuator</artifactId>
</dependency>
```

如果你访问许可证服务上的 http://localhost:8080/actuator/health 端点，则应该会看到返回的健康状况数据。图 3-14 提供了返回数据的示例。

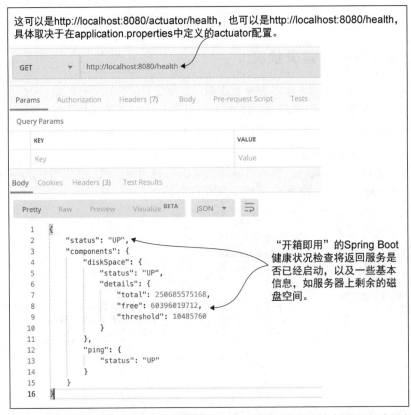

图 3-14   每个服务实例的健康状况检查使监控工具能确定服务实例是否正在运行

如图 3-14 所示，健康状况检查不仅仅是微服务是否正常的指示器。它还可以提供有关运行微服务实例的服务器的状态信息。Spring Actuator 允许你通过应用程序的属性文件来更改默认配置。例如：

```
management.endpoints.web.base-path=/
management.endpoints.enabled-by-default=false
management.endpoint.health.enabled=true
management.endpoint.health.show-details=always
management.health.db.enabled=false
management.health.diskspace.enabled=true
```

第一行代码允许你设置所有 Actuator 服务的基本路径（例如，健康状况端点现在在 `http://localhost:8080/health` 这个 URL 中公开），其余行代码允许你禁用默认服务或开启你想要使用的服务。

注意 如果你有兴趣了解 Spring Actuator 公开的所有服务，我们建议你阅读 Spring 网站标题为 Spring Boot Actuator: Production-ready Features 的文档。

3.5 将视角综合起来

云中的微服务看起来很简单，但要想它们成功，却需要有一个综合的视角，将架构师、开发人员和 DevOps 工程师的视角融到一起，形成一个紧密结合的视角。每个视角的关键要点如下。

- 架构师——专注于业务问题的自然轮廓。描述你的业务问题域，并听取你讲述的故事，目标备选微服务就会出现。还要记住，最好从粗粒度的微服务开始，并重构到较小的服务，而不是从一大批小型服务开始。微服务架构像大多数优秀的架构一样，是新生的，而不是预先计划好的。
- 软件工程师（又称为开发人员）——服务规模小这一事实，并不意味着就应该把好的设计原则抛于脑后。要专注于构建分层服务，服务中的每一层都有离散的职责。要抵住在代码中构建框架的诱惑，并尝试使每个微服务完全独立。过早地设计和采用框架可能会在应用程序生命周期的后期产生巨大的维护成本。
- DevOps 工程师——服务不存在于真空中。要尽早建立服务的生命周期。DevOps 视角不仅要关注如何自动化服务的构建和部署，还要关注如何监控服务的健康状况，并在出现问题时做出反应。与编写业务逻辑相比，实施服务通常需要做更多的工作，更需要深谋远虑。在附录 C 中，我们将解释如何用 Prometheus 和 Grafana 实现这一点。

3.6 小结

- 要想微服务获得成功，需要综合 3 个团队的视角：架构师、开发人员和 DevOps 工程师。
- 微服务虽然是一种强大的架构范型，但它也有优点和缺点。并非所有的应用程序都应该是微服务应用程序。

- 从架构师的角度来看，微服务是小型的、独立的和分布式的。微服务应具有狭窄的边界，并管理一小组数据。
- 从开发人员的角度来看，微服务通常使用 REST 风格的设计构建，JSON 作为服务发送和接收数据的净荷。
- 国际化的主要目标是开发提供多种格式和语言内容的应用程序。
- HATEOAS 是 Hypermedia as the Engine of Application State（超媒体即应用状态引擎）的首字母缩写。Spring HATEOAS 是一个小项目，允许我们遵循 HATEOAS 原则创建 API，显示给定资源的相关链接。
- 从 DevOps 的角度来看，微服务如何打包、部署和监控至关重要。
- 开箱即用，Spring Boot 允许你用单个可执行的 JAR 文件交付一个服务。生成的 JAR 文件中的嵌入式 Tomcat 服务器承载该服务。
- Spring Actuator 是 Spring Boot 框架附带的，它会公开有关服务运行健康状况的信息以及有关服务运行时的信息。

第4章　欢迎来到 Docker

本章主要内容
- 了解容器的重要性
- 认请容器如何适应微服务架构
- 了解虚拟机和容器之间的差异
- 使用 Docker 和它的主要组件
- 集成 Docker 和微服务

为了继续成功地构建我们的微服务，我们需要解决可移植性问题：如何在不同的技术环境执行我们的微服务？可移植性是指在不同环境使用软件或将软件移植到不同环境的能力。

近年来，容器的概念变得越来越流行，在软件架构中的地位从"最好有"变成了"必须要有"。容器的使用是一种敏捷而有用的方式，可以将任何软件从一个平台迁移和实施到另一个平台（例如，从开发人员的机器迁移到物理或虚拟企业服务器）。我们可以用更小、适应性更强的虚拟化软件容器替代传统的 Web 服务器模型，这些容器为我们的微服务提供速度、可移植性和可伸缩性等优势。

本章简要介绍了使用 Docker 的容器，我们之所以选择这种技术，是因为我们可以和所有主要的云供应商一起使用它。我们将解释 Docker 是什么，如何使用其核心组件，以及如何将 Docker 与我们的微服务集成。到本章结束时，你将能够运行 Docker，使用 Maven 创建自己的镜像，并在一个容器中执行微服务。此外，你将注意到，你不再需要担心安装运行微服务所需的所有先决条件，唯一的要求是你有一个安装了 Docker 的环境。

注意　在本章中，我们将只解释我们将在整本书中使用的内容。如果你有兴趣更多地了解 Docker，我们强烈推荐你阅读 Jeff Nickoloff、Stephen Kuenzli 和 Bret Fisher 合著的优秀书籍 *Docker in Action* 的第 2 版。作者们详尽地概述了 Docker 是什么以及它是如何工作的。

4.1　容器还是虚拟机

在许多公司中，虚拟机仍然是软件部署的事实标准。在本节中，我们将看看虚拟机和容器之间的主要区别。

虚拟机是一种软件环境，它允许我们在一台计算机中模拟另一台计算机的操作。虚拟机是基于虚拟机管理程序（hypervisor）的，它可以模拟一台完整的物理机器，分配所需的系统内存、处理器内核、磁盘存储和其他技术资源（如网络、PCI 插件等）。在另一边，容器是包含虚拟操作系统（OS）的包，允许我们在隔离和独立的环境中运行一个应用程序及其依赖元素。

这两种技术有相似之处，如存在允许执行这两种技术的虚拟机管理程序和容器引擎，但它们的实现方式使得虚拟机和容器截然不同。图 4-1 展示了虚拟机和容器之间的主要区别。

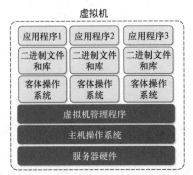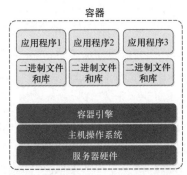

图 4-1　虚拟机和容器的主要区别。容器不需要客体操作系统（Guest OS）或虚拟机管理程序来分配资源，而是使用容器引擎

如果我们分析图 4-1，乍一看，我们看到的是没有太大的区别。毕竟，容器中只少了客体操作系统层，并且容器的引擎取代了虚拟机管理程序。然而，虚拟机和容器之间的差异仍然是巨大的。

在虚拟机中，我们必须预先设置需要多少物理资源。例如，我们将使用多少虚拟处理器或多少 GB 的内存和磁盘空间。定义这些值可能是一项棘手的任务，我们必须仔细考虑以下因素。

- 处理器可以在不同的虚拟机之间共享。
- 虚拟机的磁盘空间可以设置为只使用它需要的空间。你可以定义磁盘的最大大小，但它只会使用你机器上正在使用的空间。
- 预留内存为总内存，无法在虚拟机之间共享。

对于容器，我们也可以使用 Kubernetes 设置我们所需的内存和 CPU，但这不是必需的。如果没有指定这些值，容器引擎将为容器分配必要的资源以使其正常工作。容器不需要一个完整的操作系统，它可以复用底层的操作系统，这就减少了物理机器必须支持的负载、使用的存储空间以及启动应用程序所需的时间。因此，容器比虚拟机轻量得多。

最后，这两种技术都有各自的优缺点，最终采用何种技术取决于你的具体需求。如果你希望处理各种操作系统，在单台服务器上管理多个应用程序，并执行需要操作系统功能的应用程序，那么虚拟机是一个更好的解决方案。

在本书中，因为我们正在构建云架构，所以我们选择使用容器。我们不使用虚拟机方法来虚拟化硬件，而是使用容器只虚拟化操作系统级别。与内部自建运行和在各个主要云供应商上运行的方案相比，这种方案更加轻量、更加快速。

如今，性能和可移植性是公司决策的关键概念。因此，了解我们将要使用的技术的好处是很重要的。在这种情况下，通过在微服务中使用容器，我们将获得以下好处。

- 容器可以在任何地方运行，这有助于开发和实现，并提高了可移植性。
- 容器提供了创建可预测环境的能力，这些环境与其他应用程序完全隔离。
- 容器可以比虚拟机更快地启动和停止，这使得它们成为云原生是可行的。
- 容器是可伸缩的，可以主动调度和管理，以优化资源利用，提高在其中运行的应用程序的性能和可维护性。
- 我们可以在最小数量的服务器上实现最大数量的应用程序。

现在我们已经理解了虚拟机和容器之间的区别，接下来让我们仔细探索 Docker。

4.2 Docker 是什么

Docker 是一款流行的基于 Linux 的开源容器引擎，由 dotCloud 的创始人兼首席执行官 Solomon Hykes 于 2013 年 3 月创建。Docker 一开始是一项"最好有"的技术，它负责在我们的应用程序中启动和管理容器。这项技术允许不同的容器共享一台物理机器的资源，而不是像虚拟机那样公开不同的硬件资源。

IBM、微软和谷歌等大公司对 Docker 的支持，使得一项新技术可以转化为软件开发人员的基本工具。如今，Docker 持续发展，是目前使用最广泛的工具之一，你可以在任何服务器上使用容器部署软件。

定义 容器代表一种逻辑打包机制，为应用程序提供运行所需的一切。

为了更好地理解 Docker 的工作原理，必须注意 Docker 引擎是整个 Docker 系统的核心部分。Docker 引擎是什么？它是一个遵循客户-服务器模式架构的应用程序。此应用程序安装在宿主机上，包含以下 3 个关键组件：服务器、REST API 和命令行接口（CLI）。图 4-2 说明了这些 Docker 组件以及其他组件。

Docker 引擎包含以下组件。

- Docker 守护进程——一个名为 dockerd 的服务器端进程，它允许我们创建和管理 Docker 镜像。REST API 用于向守护进程发送指令，而 CLI 客户端用于输入 Docker 命令。
- Docker 客户端——Docker 用户通过客户端与 Docker 交互。当一个 Docker 命令运行时，客户端负责将指令发送给守护进程。

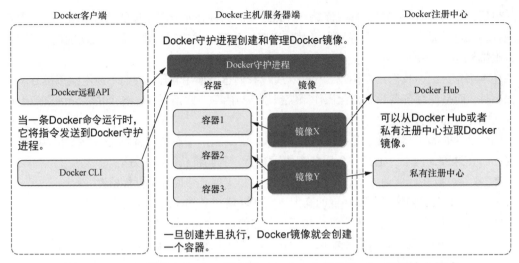

图 4-2　Docker 架构由 Docker 客户端、Docker 主机和 Docker 注册中心组成

- Docker 注册中心——存储 Docker 镜像的位置。这些注册中心可以是公共的，也可以是私有的。Docker Hub 是公共注册中心的默认位置，但你也可以创建自己的私有注册中心。
- Docker 镜像——Docker 镜像都是只读模板，通过一些指令来创建 Docker 容器。这些镜像可以从 Docker Hub 中提取，你可以以原样使用它们，也可以通过添加额外的指令来修改它们。此外，你还可以使用 Dockerfile 创建新的镜像。在本章稍后，我们将解释如何使用 Dockerfile。
- Docker 容器——一旦使用 `docker run` 命令创建并执行，Docker 镜像就会创建一个容器。应用程序及其环境运行在此容器内部。Docker 容器的启动、停止和删除可以通过 Docker API 或 CLI 实现。
- Docker 数据卷（volume）——Docker 数据卷是存储由 Docker 生成并被 Docker 容器使用的数据的首选机制。可以使用 Docker API 或 Docker CLI 对数据卷进行管理。
- Docker 网络——Docker 网络允许我们将容器连接到任意多的网络上。我们可以把网络看作是与隔离容器通信的一种手段。Docker 包含 `bridge`、`host`、`overlay`、`none` 和 `macvlan` 这 5 种网络驱动类型。

图 4-3 显示了 Docker 的工作原理。请注意，Docker 守护进程负责容器的所有操作。如图 4-3 所示，我们可以看到守护进程从 Docker 客户端接收命令，这些命令可以通过 CLI 或 REST API 发送。在图 4-3 中，我们可以看到在注册表中找到的 Docker 镜像是如何创建容器的。

注意　本书不会教你如何安装 Docker。如果你的计算机上还没有安装 Docker，我们强烈建议你查阅 Docker 官方文档，它包含了在 Windows、macOS 或 Linux 中安装和配置 Docker 的所有步骤。

在接下来的几节中，我们将解释 Docker 的组件是如何工作的，以及如何将它们与我们的许可证微服务集成。如果你没有遵循第 1 章和第 3 章中的示例，你可以将我们要解释的内容应用到你的 Java Maven 项目中。

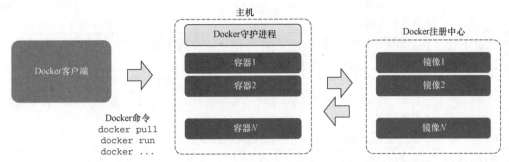

图 4-3　Docker 客户端将 Docker 命令发送到 Docker 守护进程，Docker 守护进程基于 Docker 镜像创建容器

4.3　Dockerfile

Dockerfile 是一个简单的文本文件，它包含了 Docker 客户端用来创建和准备镜像的指令和命令列表。该文件为你自动完成镜像创建过程。Dockerfile 中使用的命令类似于 Linux 命令，这使得 Dockerfile 更易于理解。

下面的代码片段简单展示了 Dockerfile 的外观。在 4.5.1 节中，我们将向你展示如何为自己的微服务创建自定义 Dockerfile。图 4-4 展示了 Docker 镜像创建工作流。

```
FROM openjdk:11-slim
ARG JAR_FILE=target/*.jar
COPY ${JAR_FILE} app.jar
ENTRYPOINT ["java","-jar","/app.jar"]
```

图 4-4　创建 Dockerfile 后，运行 `docker build` 命令构建 Docker 镜像。在准备好 Docker 镜像之后，使用 `docker run` 命令创建容器

表 4-1 列出了我们将在 Dockerfile 中使用的最常见的 Dockerfile 命令。更多详情请参见代码清单 4-1 中的 Dockerfile 示例。

表 4-1　Dockerfile 命令

FROM	定义启动构建过程的基本镜像。换句话说，FROM 命令指定了你将在你的 Docker 运行时使用的 Docker 镜像
LABEL	将元数据添加到镜像。这是一个键值对
ARG	定义用户可以使用 `docker build` 命令传递给构建器的变量

续表

COPY	从源复制新文件、目录或远程文件 URL，并将它们添加到我们正在创建的镜像文件系统中的指定的目标路径下（例如，COPY ${JAR_FILE} app.jar）
VOLUME	在容器中创建一个挂载点。当我们使用同一个镜像创建一个新的容器时，我们将创建一个新的数据卷，与之前的数据卷隔离开来
RUN	运行此命令及其参数可以从镜像运行容器。通常使用它来安装软件包
CMD	为 ENTRYPOINT 提供参数。这个命令类似于 docker run 命令，但是此命令只在容器实例化之后才会执行
ADD	将文件从数据源复制并添加到容器内的目标中
ENTRYPOINT	配置将以可执行命令运行的容器
ENV	设置环境变量

4.4　Docker Compose

Docker Compose 通过允许我们创建便于设计和构建服务的脚本，简化了 Docker 的使用。使用 Docker Compose，你可以将多个容器作为一个服务运行，也可以同时创建不同的容器。要使用 Docker Compose，请遵循以下步骤。

（1）如果你还没有安装 Docker Compose，请安装它。

（2）创建一个 YAML 文件来配置你的应用程序服务。你应该将这个文件命名为 docker-compose.yml。

（3）使用 docker-compose config 命令检查文件的有效性。

（4）使用 docker-compose up 命令启动服务。

代码清单 4-1 展示了 docker-compose.yml 文件的外观。在本章稍后，我们将解释如何创建我们的 docker-compose.yml 文件。

代码清单 4-1　docker-compose.yml 文件示例

```
version: <docker-compose-version>
services:
  database:
    image: <database-docker-image-name>
    ports:
      - "<databasePort>:<databasePort>"
    environment:
      POSTGRES_USER: <databaseUser>
      POSTGRES_PASSWORD: <databasePassword>
      POSTGRES_DB:<databaseName>

  <service-name>:
    image: <service-docker-image-name>
    ports:
      - "<applicationPort>:<applicationPort>"
```

```
  environment:
    PROFILE: <profile-name>
    DATABASESERVER_PORT: "<databasePort>"
  container_name: <container_name>
    networks:
    backend:
    aliases:
      - "alias"

networks:
  backend:
    driver: bridge
```

　　表 4-2 列出了我们将在本章的 docker-compose.yml 文件中使用的指令。表 4-3 列出了我们将在整本书中使用的 docker-compose 命令。

表 4-2　Docker Compose 指令

version	指定 Docker Compose 工具的版本
service	指定要部署的服务。在 Docker 实例启动时,服务名成为的 DNS 条目,并且是其他服务访问这个服务的方式
image	指定工具使用特定镜像去运行容器
port	定义已启动的 Docker 容器上将对外公开的端口号。将内部端口和外部端口进行映射
environment	将环境变量传递给正在启动的 Docker 镜像
network	指定自定义网络,该指令允许我们创建复杂的网络拓扑。默认网络类型是 bridge,所以如果我们不指定其他类型的网络(host、overlay、macvlan 或 none),我们将创建一个网桥。桥接网络允许我们保持容器与同一网络的连接。请注意,桥接网络只适用于运行在同一个 Docker 守护进程主机上的容器
alias	为网络上的服务指定一个其他主机名

表 4-3　Docker Compose 命令

docker-compose up -d	为应用程序构建镜像并启动定义的服务。该命令下载所有必要的镜像,然后部署这些镜像并启动容器。参数-d 表示在后台运行 Docker
docker-compose logs	用于查看有关最新部署的所有信息
docker-compose logs <service_id>	用于查看特定服务的日志。例如,可以使用 docker-compose logs licenseService 查看许可证服务的部署情况
docker-compose ps	输出系统中已部署的所有容器的列表
docker-compose stop	一旦使用完服务,即可使用此命令停止服务。此命令也会停止容器
docker-compose down	关闭所有东西并移除所有容器

4.5　集成 Docker 与微服务

现在我们已经了解了 Docker 的主要组件，让我们将 Docker 与我们的许可证微服务集成起来，以创建一个更加可移植、可扩展和可管理的微服务。为了实现这种集成，我们先把 Docker Maven 插件添加到我们在第 3 章创建的许可证服务中。如果你没有遵循第 3 章的代码清单，可以查看第 3 章中的源代码。

4.5.1　构建 Docker 镜像

首先，我们将通过把 Docker Maven 插件添加到许可证服务的 pom.xml 中来构建一个 Docker 镜像。这个插件将允许我们从我们的 Maven pom.xml 文件中管理 Docker 镜像和容器。代码清单 4-2 展示了这个 pom 文件的外观。

代码清单 4-2　向 pom.xml 添加 dockerfile-maven-plugin

```
<build>              ←——————— pom.xml 的构建部分
    <plugins>
        <plugin>
            <groupId>org.springframework.boot</groupId>
            <artifactId>spring-boot-maven-plugin</artifactId>
        </plugin>
        <!-- 这个插件用于创建一个 Docker 镜像并将它发布到 Docker Hub -->
        <plugin>                    ←——————— 启动 Dockerfile Maven 插件
            <groupId>com.spotify</groupId>
            <artifactId>dockerfile-maven-plugin</artifactId>
            <version>1.4.13</version>
            <configuration>
                <repository>${docker.image.prefix}/
                ${project.artifactId}</repository>
                <tag>${project.version}</tag>
                <buildArgs>
                    <JAR_FILE>target/${project.build.finalName}
                        .jar</JAR_FILE>
                </buildArgs>
            </configuration>
            <executions>
                <execution>
                    <id>default</id>
                    <phase>install</phase>
                    <goals>
                        <goal>build</goal>
                        <goal>push</goal>
                    </goals>
                </execution>
            </executions>
        </plugin>
    </plugins>
</build>
```

❶ 设置远程存储库名称。这里我们使用一个预定义的变量 docker.image.prefix 和 project.artifactId

使用项目版本设置存储库标签

使用<buildArgs>设置 JAR 文件的位置。这个值用在 Dockerfile 中现在我们的 pom.xml 文件中有插件了，接下来创建代码清单 4-2 中的❶提到的变量 docker.image.prefix。代码清单 4-3 展示了如何将变量添加到 pom .xml 中。

代码清单 4-3　添加 **docker.image.prefix** 变量

```
<properties>
    <java.version>11</java.version>
    <docker.image.prefix>ostock</docker.image.prefix>  ←  设置变量 docker.image.prefix
</properties>                                                的值
```

有几种方法可以定义 docker.image.prefix 变量的值。代码清单 4-3 只展示了其中一种方法。另一种方法是使用 Maven JVM 参数中的 -d 选项直接发送值。注意，如果你没有在 pom.xml 的 <properties> 节点创建这个变量，当你执行打包和创建 Docker 镜像的命令时，会抛出以下错误：

```
Failed to execute goal com.spotify:dockerfile-maven-plugin:1.4.0:build
(default-cli) on project licensing-service: Execution default-cli of goal
com.spotify:dockerfile-maven-plugin:1.4.0:build failed: The template variable
'docker.image.prefix' has no value
```

现在我们已经将插件导入 pom.xml，让我们继续将 Dockerfile 添加到我们的项目中。在接下来的几节中，我们将向你展示如何创建基本 Dockerfile 和多阶段构建 Dockerfile。注意，这两个 Dockerfile 你都可以使用，因为它们都允许你执行微服务。它们之间的主要区别是，使用基本 Dockerfile，你将复制 Spring Boot 微服务的整个 JAR 文件；而使用多阶段构建，你将只复制应用程序必需的内容。在本书中，我们选择使用多阶段构建来优化我们将要创建的 Docker 镜像，但是你可以根据需要选择最适合自己的。

1. 基础 Dockerfile

在这个 Dockerfile 中，我们将把 Spring Boot JAR 文件复制到 Docker 镜像中，然后执行应用程序 JAR 文件。代码清单 4-4 展示了如何通过几个简单的步骤实现这一点。

代码清单 4-4　基础 Dockerfile

```
#从包含 Java 运行时的基本镜像开始
FROM openjdk:11-slim                          指定在 Docker 运行时使用的 Docker
                                              镜像（在本例中是 openjdk:11-slim）
# 添加维护人员信息
LABEL maintainer="Illary Huaylupo <illaryhs@gmail.com>"

# 应用程序的 JAR 文件          定义由 dockerfile-maven-plugin
ARG JAR_FILE                  设置的 JAR_FILE 变量

                                              将 JAR 文件复制到镜像文件
# 将应用程序的 JAR 文件添加到容器中              系统中，命名为 app.jar
COPY ${JAR_FILE} app.jar

#执行应用程序
```

```
ENTRYPOINT ["java","-jar","/app.jar"]   ◁────── 在容器创建完成后，以镜像中的
                                                许可证服务应用程序为目标
```

2. 多阶段构建 Dockerfile

在本节的 Dockerfile 中，我们使用多阶段构建。为什么是多阶段？多阶段构建允许我们丢弃对应用程序执行不重要的所有东西。例如，在 Spring Boot 中，我们不需要将整个目标文件夹复制到 Docker 镜像中，我们只需要复制运行 Spring Boot 应用程序所需的内容。这种方式将优化我们创建的 Docker 镜像。代码清单 4-5 展示了多阶段构建 Dockerfile 的外观。

代码清单 4-5　使用多阶段构建的 Dockerfile

```
#阶段 1
#从包含 Java 运行时的基本镜像开始
FROM openjdk:11-slim as build

# 添加维护人员信息
LABEL maintainer="Illary Huaylupo <illaryhs@gmail.com>"

# 应用程序的 JAR 文件
ARG JAR_FILE

# 将应用程序的 JAR 文件添加到容器中
COPY ${JAR_FILE} app.jar

# 解包 JAR 文件
RUN mkdir -p target/dependency &&                    将先前复制的 app.jar 解包
    (cd target/dependency; jar -xf /app.jar)  ◁───  到构建镜像的文件系统中

#阶段 2
#相同的 Java 运行时      ◁────────    这个新镜像包含 Spring Boot 应用程序
FROM openjdk:11-slim                 的不同层，而不是完整的 JAR 文件

#添加指向/tmp 的数据卷
VOLUME /tmp
                                     从第一个名为 build 的
#将未打包的应用程序复制到新的容器  ◁──  镜像复制不同的层
ARG DEPENDENCY=/target/dependency
COPY --from=build ${DEPENDENCY}/BOOT-INF/lib /app/lib
COPY --from=build ${DEPENDENCY}/META-INF /app/META-INF
COPY --from=build ${DEPENDENCY}/BOOT-INF/classes /app
                                                      在容器创建完成后，以镜像
#执行应用程序                                          中的许可证服务为目标
ENTRYPOINT ["java","-cp","app:app/lib/*","com.optimagrowth.license.
            LicenseServiceApplication"]   ◁─────
```

我们不会详细讨论整个多阶段 Docker 文件，但会提到几个关键的地方。在阶段 1 中，通过使用 `FROM` 命令，Dockerfile 从 `openJDK` 镜像创建一个名为 `build` 的镜像，该镜像针对 Java 应用程序优化过。这个镜像负责创建和解包 JAR 应用程序文件。

注意 我们使用的镜像已经安装了 Java 11 JDK。

接下来，Dockerfile 获取我们在 pom.xml 的<configuration><buildArgs>节点中设置的 JAR_FILE 变量的值。然后，我们将 JAR 文件以 app.jar 复制到镜像文件系统中，并将其解包，以公开一个 Spring Boot 应用程序包含的不同分层。一旦公开了不同的分层，Dockerfile 将创建另一个镜像，该镜像将只包含这些分层，而不是完整的应用程序 JAR。最后，在阶段 2 中，Dockerfile 将不同的层复制到新镜像中。

注意 如果我们不改变项目的依赖项，BOOT-INF/lib 文件夹就不会改变。此文件夹包含运行应用程序所需的所有内部和外部依赖项。

最后，ENTRYPOINT 命令允许我们在容器创建完成时以镜像中的许可证服务应用程序为目标。要了解更多关于多阶段构建过程的信息，可以通过在你的微服务目标文件夹中执行以下命令来查看 Spring Boot 应用程序的 fat JAR：

```
jar tf jar-file
```

例如，对于许可证服务，命令应该是：

```
jar tf licensing-service-0.0.1-SNAPSHOT.jar
```

如果目标文件夹中没有 JAR 文件，可以在项目的 pom .xml 文件的根目录下执行以下 Maven 命令：

```
mvn clean package
```

现在我们已经设置了 Maven 环境，下面来构建我们的 Docker 镜像。为此，需要执行以下命令：

```
mvn package dockerfile:build
```

注意 请核实你的本地机器上有至少 18.06.0 或更高版本的 Docker 引擎，以确保所有 Docker 代码示例都能成功运行。要查询 Docker 版本，可以执行 docker version 命令。

Docker 镜像构建完毕后，应该能看到图 4-5 所示的内容。

现在我们有了 Docker 镜像，我们可以在系统上的 Docker 镜像列表中看到它。要列出所有的 Docker 镜像，需要执行 docker images 命令。如果一切运行正常，应该能看到如下内容：

```
REPOSITORY                TAG            IMAGE ID        CREATED        SIZE
ostock/licensing-service 0.0.1-SNAPSHOT  231fc4a87903   1 minute ago   149MB
```

有了 Docker 镜像，我们可以通过执行以下命令来运行它：

```
docker run ostock/licensing-service:0.0.1-SNAPSHOT
```

你也可以在 docker run 命令中使用-d 选项来在后台运行容器。例如：

```
docker run -d ostock/licensing-service:0.0.1-SNAPSHOT
```

```
--- dockerfile-maven-plugin:1.4.13:build (default-cli) @ licensing-service ---
dockerfile: null
contextDirectory: /Users/illary.huaylupo/Documents/Personal/Manning/code/manning-smia/chapter4/licensing-service
Building Docker context /Users/illary.huaylupo/Documents/Personal/Manning/code/manning-smia/chapter4/licensing-:
Path(dockerfile): null
Path(contextDirectory): /Users/illary.huaylupo/Documents/Personal/Manning/code/manning-smia/chapter4/licensing-:

Image will be built as ostock/licensing-service:0.0.1-SNAPSHOT

Step 1/12 : FROM openjdk:11-slim as build                          ◄────────── Dockerfile步骤

Pulling from library/openjdk
Digest: sha256:225e03d0955b1cd6da39003db94f0e655b112b76bd65a29e06e8dd98e9030bf5
Status: Image is up to date for openjdk:11-slim
 ---> 6085fd745c24
Step 2/12 : LABEL maintainer="Illary Huaylupo <illaryhs@gmail.com>"

 ---> Running in 371380f9e53e
Removing intermediate container 371380f9e53e
 ---> 57a44e0e985b
Step 3/12 : ARG JAR_FILE

 ---> Running in 4655b1862836
Removing intermediate container 4655b1862836
 ---> 71e6835e40fc
Step 4/12 : COPY ${JAR_FILE} app.jar

 ---> dee44fe0de6c
Step 5/12 : RUN mkdir -p target/dependency && (cd target/dependency; jar -xf /app.jar)

 ---> Running in 9c23dabae835
Removing intermediate container 9c23dabae835
 ---> f0aa2ff9fedc
Step 6/12 : FROM openjdk:11-slim

Pulling from library/openjdk
Digest: sha256:225e03d0955b1cd6da39003db94f0e655b112b76bd65a29e06e8dd98e9030bf5
Status: Image is up to date for openjdk:11-slim
 ---> 6085fd745c24
Step 7/12 : VOLUME /tmp

 ---> Using cache
 ---> bf23ae387bbd
Step 8/12 : ARG DEPENDENCY=/target/dependency

 ---> Running in 9b6a06b1b495
Removing intermediate container 9b6a06b1b495
 ---> 5dab66558903
Step 9/12 : COPY --from=build ${DEPENDENCY}/BOOT-INF/lib /app/lib

 ---> bb8ecadb4040
Step 10/12 : COPY --from=build ${DEPENDENCY}/META-INF /app/META-INF

 ---> 06ddb7fc4d1e
Step 11/12 : COPY --from=build ${DEPENDENCY}/BOOT-INF/classes /app

 ---> 5ae10ed09222
Step 12/12 : ENTRYPOINT ["java","-cp","app:app/lib/*","com.optimagrowth.license.LicenseServiceApplication"]

 ---> Running in 464f8b4b4a45
Removing intermediate container 464f8b4b4a45
 ---> 52cef232a505
Successfully built 52cef232a505
Successfully tagged ostock/licensing-service:0.0.1-SNAPSHOT          ◄────────── 镜像ID

Detected build of image with id 52cef232a505   ◄─────────────────
Building jar: /Users/illary.huaylupo/Documents/Personal/Manning/code/manning-smia/chapter4/licensing-service/
target/licensing-service-0.0.1-SNAPSHOT-docker-info.jar
Successfully built ostock/licensing-service:0.0.1-SNAPSHOT   ◄────────
--------------------------------------------------------------------         ◄────────── 镜像名称
BUILD SUCCESS
--------------------------------------------------------------------
Total time: 21.505 s
Finished at: 2019-12-30T12:18:45-06:00
--------------------------------------------------------------------
```

图 4-5　通过执行 `mvn package` `dockerfile:build` 命令，使用 Maven 插件构建 Docker 镜像

`docker run` 命令用于启动容器。要查看系统中所有正在运行的容器，可以执行 `docker ps`
命令。该命令用于打开所有正在运行的容器的信息，其中包含其相应的 ID、镜像、命令、创建
日期、状态、端口和名称。如果需要停止容器，可以使用对应的容器 ID 执行以下命令：

`docker stop <容器 ID>`

4.5.2　使用 Spring Boot 创建 Docker 镜像

在本节中，我们将简要概述如何使用 Spring Boot v2.3 中发布的新特性来创建 Docker 镜像。请注意，为了使用这些新特性，需要确保以下事项已完成。

- 安装了 Docker 和 Docker Compose。
- 微服务中的 Spring Boot 应用程序的版本大于等于 2.3。

这些新特性有助于改进 Buildpack 支持和分层 JAR。要使用新特性创建 Docker 镜像，请添加以下内容。请确保你的 pom.xml 文件包含版本大于等于 2.3 的 `spring-boot-starter-parent`。

```
<parent>
<groupId>org.springframework.boot</groupId>
<artifactId>spring-boot-starter-parent</artifactId>
<version>2.4.0</version>
<relativePath/> <!-- 从存储库查找父 pom -->
</parent>
```

1. Buildpacks

Buildpacks 是提供应用程序和框架依赖项的一些工具，将我们的源代码转换为可运行的应用程序镜像。换句话说，Buildpacks 检测并获取应用程序运行所需的一切。

Spring Boot 2.3.0 使用 Cloud Native Buildpacks 为构建 Docker 镜像提供支持。对于 Maven 和 Gradle 插件，可以分别通过使用 `spring-boot:build-image` 目标和 `bootBuildImage` 任务来获得这项支持。

在本书中，我们将只解释如何使用 Maven 场景。要使用这个新特性构建镜像，请从 Spring Boot 微服务的根目录执行以下命令：

```
./mvnw spring-boot:build-image
```

执行命令后，应该能够看到类似于以下代码片段的输出：

```
[INFO]    [creator]    Setting default process type 'web'
[INFO]    [creator]    *** Images (045116f040d2):
[INFO]    [creator]    docker.io/library/licensing-service:0.0.1-SNAPSHOT
[INFO]
[INFO] Successfully built image 'docker.io/library/
➥ licensing-service:0.0.1-SNAPSHOT'
```

如果想自定义创建的镜像的名称，可以在你的 pom.xml 文件中添加以下插件，然后在 configuration 节点下定义名称：

```
<plugin>
    <groupId>org.springframework.boot</groupId>
    <artifactId>spring-boot-maven-plugin</artifactId>
    <configuration>
    <image>
        <name>${docker.image.prefix}/${project.artifactId}:latest</name>
```

```
    </image>
    </configuration>
</plugin>
```

一旦镜像成功构建，就可以执行以下命令通过 Docker 启动容器：

```
docker run -it -p8080:8080 docker.io/library/
➥ licensing-service:0.0.1-SNAPSHOT
```

2. 分层 JAR

Spring Boot 引入了一个称为分层 JAR 的新 JAR 布局。在这种格式中，/lib 和/classes 文件夹被划分为不同的层。创建这个分层是为了根据构建之间发生更改的可能性来分离代码，为构建留下必要的信息。如果你不想使用 Buildpacks，这是另一个很好的选择。为了提取我们微服务的分层，让我们执行以下步骤。

（1）向 pom.xml 文件添加分层配置。

（2）打包应用程序。

（3）使用 JAR 模式 layertools 执行 jarmode 系统属性。

（4）创建 Dockerfile。

（5）构建并运行镜像。

第一步是将分层配置添加到 Spring Boot Maven 插件中，例如：

```
<plugin>
    <groupId>org.springframework.boot</groupId>
    <artifactId>spring-boot-maven-plugin</artifactId>
    <configuration>
        <layers>
        <enabled>true</enabled>
        </layers>
    </configuration>
</plugin>yp
```

配置完 pom.xml 文件之后，我们就可以执行以下命令来重新构建我们的 Spring Boot JAR 文件：

```
mvn clean package
```

创建完 JAR 文件之后，我们就可以在应用程序的根目录中执行以下命令，以展示这些分层以及它们应该添加到 Dockerfile 中的顺序：

```
java -Djarmode=layertools -jar target/
➥ licensing-service-0.0.1-SNAPSHOT.jar list
```

执行完上述命令，你应该看到类似以下代码片段的输出：

```
dependencies
spring-boot-loader
snapshot-dependencies
application
```

现在我们拥有了分层信息，让我们继续第四步，创建 Dockerfile。代码清单 4-6 展示了这个 Dockerfile。

代码清单 4-6　使用分层 JAR 创建 Dockerfile 文件

```
FROM openjdk:11-slim as build
WORKDIR application
ARG JAR_FILE=target/*.jar
COPY ${JAR_FILE} application.jar
RUN java -Djarmode=layertools -jar application.jar extract

FROM openjdk:11-slim
WORKDIR application
COPY --from=build application/dependencies/ ./
COPY --from=build application/spring-boot-loader/ ./
COPY --from=build application/snapshot-dependencies/ ./
COPY --from=build application/application/ ./
ENTRYPOINT ["java", "org.springframework.boot.loader
            .JarLauncher"]
```

复制 jarmode 命令结果
展示的每一分层

使用 org.springframework.boot.loader.
JarLauncher 来执行应用程序

最后，我们可以在微服务的根目录下执行 Docker 命令 `build` 和 `run`：

```
docker build . --tag licensing-service
docker run -it -p8080:8080 licensing-service:latest
```

4.5.3　使用 Docker Compose 启动服务

Docker Compose 是作为 Docker 安装过程的一部分安装的。它是一个服务编排工具，允许你将服务定义为一个组，然后将这些服务作为一个单元一起启动。此外，Docker Compose 还包括为每个服务定义环境变量的功能。

Docker Compose 使用 YAML 文件来定义将要启动的服务。例如，本书中的每一章都有一个 docker-compose.yml 文件，此文件包含用于启动章节服务的服务定义。

让我们创建第一个 docker-compose.yml 文件。代码清单 4-7 展示了这个 docker-compose.yml 文件的外观。

代码清单 4-7　docker-compose.yml 文件

```
version: '3.7'

services:
  licensingservice:

    image: ostock/licensing-service:0.0.1-SNAPSHOT

    ports:
      - "8080:8080"
```

为每个启动的服务应用一个标签。这个标签会成为 Docker 实例启动时的 DNS 条目，这是其他服务访问它的方式

Docker Compose 首先尝试在本地 Docker 存储库中找到要启动的目标镜像。如果找不到，它会检查中央 Docker Hub

定义已启动 Docker 容器上的端口号，这些端口号对外公开

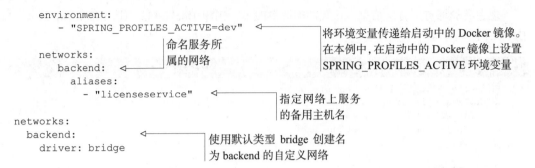

现在我们有了 docker-compose.yml，我们可以通过在 docker-compose.yml 文件所在的目录中执行 `docker compose up` 命令来启动服务。一旦它执行，你应该会看到类似于图 4-6 所示的结果。

注意　如果你还不熟悉 SPRING_PROFILES_ACTIVE 变量，不用担心，我们将在第 5 章中讨论它，在那里我们会在微服务中管理不同的配置文件。

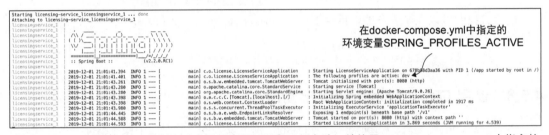

图 4-6　Docker Compose 控制台日志显示许可证服务已经启动，并使用 docker-compose.yml 中指定的 SPRING_PROFILES_ACTIVE 变量运行

你启动容器后，可以执行 `docker ps` 命令查看正在运行的所有容器。

注意　本书中使用的所有 Docker 容器都是短暂的，它们启动和停止后，不会保持自己的状态。如果你开始摆弄代码，并且在重新启动你的容器后看到你的数据消失，要想到这一点。如果你对如何保存容器状态感兴趣，请查看 `docker commit` 命令。

现在我们知道了容器是什么，以及如何将 Docker 与微服务集成，让我们继续第 5 章的内容。在第 5 章中，我们将创建 Spring Cloud 配置服务器端。

4.6　小结

- 容器允许我们在任何环境中（从开发人员的机器到物理或虚拟企业服务器）成功地执行我们正在开发的软件。
- 虚拟机允许我们在一台计算机中模拟另一台计算机的操作。虚拟机是基于虚拟机管理程序（hypervisor）的，它可以模拟一台完整的物理机器，分配所需的系统内存、处理器内核、磁盘存储和其他技术资源（如网络、PCI 插件等）。

■ 容器是另一种操作系统虚拟化方法，它允许我们在隔离和独立的环境中运行应用程序及其依赖元素。

■ 容器的使用通过创建轻量级的虚拟机降低了一般成本，提高了运行/执行过程的速度，从而降低了每个项目的成本。

■ Docker 是一款流行的基于 Linux 的开源容器引擎，由 dotCloud 的创始人兼首席执行官 Solomon Hykes 于 2013 年 3 月创建。

■ Docker 由以下组件组成：Docker 引擎、客户端、注册中心、镜像、容器、数据卷和网络。

■ Dockerfile 是一个简单的文本文件，它包含了 Docker 客户端用来创建和准备镜像的指令和命令列表。该文件自动执行镜像创建过程。Dockerfile 中使用的命令类似于 Linux 命令，这使得 Dockerfile 命令更易于理解。

■ Docker Compose 是一个服务编排工具，它允许你将服务定义为一个组，然后将它们作为一个单元一起启动。

■ Docker Compose 是作为 Docker 安装过程的一部分安装的。

■ Dockerfile Maven 插件集成了 Docker 与 Maven。

第 5 章　使用 Spring Cloud Config 服务器端控制配置

本章主要内容

■ 将服务配置与服务代码分开

■ 配置 Spring Cloud Config 服务器端

■ 将 Spring Boot 微服务与配置服务器端集成

■ 加密敏感属性

■ 将 Spring Cloud Config 服务器端与 HashiCorp Vault 集成

　　软件开发人员总是被灌输保持应用程序配置与代码分离的重要性的观念。在大多数情况下，这意味着不在代码中使用硬编码的值。忘记这一原则可能会使更改应用程序变得更加复杂，因为每次对配置进行更改时，应用程序都必须重新编译和重新部署。

　　通过将配置信息与应用程序代码完全分离，开发人员和运维人员可以在不进行重新编译的情况下对配置进行更改。但这样做也会引入复杂性，因为现在存在另一个需要与应用程序一起管理和部署的软件制品。

　　许多开发人员转向属性文件（YAML、JSON 或 XML）来存储他们的配置信息。在这些文件中配置应用程序变成了一项简单的任务，简单到大多数开发人员只需将他们的配置文件置于源代码控制下（如果需要这样做的话）并将其作为应用程序的一部分进行部署就可以了。这种方法可能适用于少量的应用程序，但是在处理可能包含数百个微服务的基于云的应用程序，其中每个微服务可能会运行多个服务实例时，它会迅速崩溃。一种简单而直接的配置文件处理方式突然间变成一件重大的事情，整个团队不得不全力处理所有配置文件。

　　假设我们有数百个微服务，每个微服务包含针对 3 个环境的不同配置。如果我们不在应用程序外部管理这些文件，那么每当有更改时，我们就必须在代码存储库中搜索该文件，遵循集成流程（如果有），并重新启动应用程序。为了避免这种灾难性的场景，作为基于云的微服务开发的最佳实践，我们应该考虑以下内容。

■ 应用程序的配置与正在部署的实际代码完全分离。

- 构建不可变的应用程序镜像，它们在你的环境中提升时永远不会发生变化。
- 在服务器启动时通过环境变量注入应用程序配置信息，或者在微服务启动时通过集中式存储库读取应用程序配置信息。

本章将介绍在基于云的微服务应用程序中管理应用程序配置数据所需的核心原则和模式。然后，我们将构建一个配置服务器端，它将与 Spring 和 Spring Boot 客户端集成，接着学习如何保护更敏感的配置。

5.1　关于管理配置（和复杂性）

对于在云中运行的微服务，管理应用程序配置是至关重要的，因为微服务实例需要以最少的人为干预快速启动。每当人们需要手动配置或接触服务以实现部署时，都有可能出现配置漂移、意外中断以及应用程序响应可伸缩性挑战出现延迟的情况。下面我们通过建立要遵循的 4 条原则来开始有关应用程序配置管理的讨论。

- 分离——我们需要将服务配置信息与服务的实际物理部署完全分开。实际上，应用程序配置不应与服务实例一起部署。相反，配置信息应该作为环境变量传递给正在启动的服务，或者在服务启动时从集中式存储库中读取。
- 抽象——还需要将访问配置数据的功能抽象到一个服务接口中。我们应该使用基于 REST 的 JSON 服务来检索应用程序的配置数据，而不是编写直接读取服务存储库（无论是基于文件的还是 JDBC 数据库）的代码。
- 集中——因为基于云的应用程序实际可能会有数百个服务，所以最小化用于保存配置信息的不同存储库的数量至关重要。要将应用程序配置集中在尽可能少的存储库中。
- 稳定——因为应用程序的配置信息与部署的服务完全隔离并集中存放，所以至关重要的一点就是使用和实施的解决方案必须是高度可用和冗余的。

其中一个要记住的关键点是，当你将配置信息与实际代码分开时，你正在创建一个需要进行管理和版本控制的外部依赖项。我们再怎么强调都不为过的是，应用程序配置数据需要跟踪和版本控制，因为管理不当的应用程序配置很容易滋生难以检测的 bug 和计划外的中断。

5.1.1　配置管理架构

正如前面几章所述，微服务配置管理的加载发生在微服务的引导阶段。作为回顾，图 5-1 展示了微服务生命周期。

我们先来看一下在 5.1 节中提到的 4 条原则（分离、抽象、集中和稳定），看看这 4 条原则在服务引导时是如何应用的。图 5-2 更详细地展示了引导过程，并展示了配置服务在此步骤中扮演的关键角色。

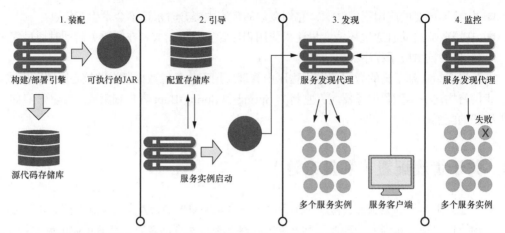

图 5-1 当一个微服务启动时,它要经历生命周期中的多个步骤。应用程序配置数据在服务引导阶段被读取

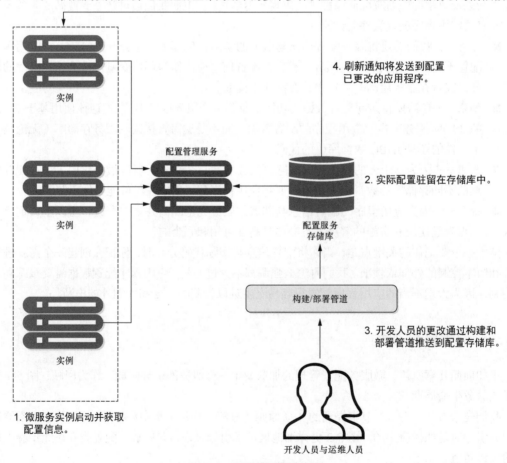

图 5-2 配置管理概念架构

在图 5-2 中，发生了以下几件事情。下面是图中每个步骤的概要。

（1）当一个微服务实例出现时，它调用一个服务端点来读取其所在环境的特定配置信息。配置管理的连接信息（连接凭据、服务端点等）将在微服务启动时被传递给微服务。

（2）实际的配置信息驻留在存储库中。你可以基于配置存储库的实现，选择使用不同的方式来保存配置数据，这可以包括源代码控制下的文件、关系数据库或键值数据存储。

（3）应用程序配置数据的实际管理与应用程序的部署方式无关。配置管理的更改通常通过构建和部署管道来处理，其中更改可以通过版本信息进行标记，并通过不同的环境（开发环境、交付准备环境、生产环境等）进行部署。

（4）进行配置管理更改时，必须将变更通知给使用该应用程序配置数据的服务，并刷新应用程序数据的副本。

至此，我们完成了概念架构，这个概念架构阐释了配置管理模式的不同部分，以及这些部分是如何组合在一起的。现在，我们来看看实现配置管理模式的不同解决方案，然后看看具体的实现。

5.1.2　实施选择

幸运的是，你可以在大量久经测试的开源项目中进行选择，以实施配置管理解决方案。我们来看一下几个可用的不同选择，并对它们进行比较。表 5-1 列出了这些选项。

表 5-1　用于实施配置管理系统的开源项目

项目名称	描　　述	特　　点
etcd	用 Go 编写的。用于服务发现和键值管理。使用 raft 协议作为它的分布式计算模型	非常快且可伸缩的 可分布式的 命令行驱动的 易于使用和搭建
Eureka	由 Netflix 编写。久经实战考验。用于服务发现和键值管理	分布式键值存储 灵活但需要费些功夫去设置 提供开箱即用的动态客户端刷新
Consul	由 HashiCorp 编写。类似于 etcd 和 Eureka，但它的分布式计算模型使用了不同的算法	快速 提供本地服务发现功能，可直接与 DNS 集成 没有提供开箱即用的动态客户端刷新
ZooKeeper	一个 Apache 项目。提供分布式锁定功能。经常用作访问键值数据的配置管理解决方案	最古老的、最久经实战考验的解决方案 使用最为复杂 可用于配置管理，但仅当你在架构的其他部分中已经使用了 ZooKeeper 的时候才考虑使用它
Spring Cloud Config 服务器端	一个开源项目。提供不同后端支持的通用配置管理解决方案	非分布式键值存储 提供了对 Spring 和非 Spring 服务的紧密集成 可以使用多个后端来存储配置数据，包括共享文件系统、Eureka、Consul 或 Git

表 5-1 中的所有解决方案都可以轻松用于构建配置管理解决方案。对于本章示例，以及本书剩下部分的示例，都将使用 Spring Cloud 配置服务器端（通常称为 Spring Cloud Config 服务器端或简称为服务器端），它完全适合我们的 Spring 微服务架构。我们选择这个解决方案的原因有以下几个。

- Spring Cloud Config 服务器端易于搭建和使用。
- Spring Cloud Config 与 Spring Boot 紧密集成。开发人员可以使用一些简单易用的注解来读取自己的所有应用程序的配置数据。
- Spring Cloud Config 服务器端提供多个后端用于存储配置数据。
- 在表 5-1 所示的所有解决方案中，Spring Cloud Config 服务器端可以直接与 Git 源代码控制平台和 HashiCorp Vault 集成。我们将在本章后面讲解这些主题。

在本章的其余部分，我们将要完成以下几项工作。

（1）搭建一个 Spring Cloud Config 服务器端。我们将演示 3 种不同的机制来提供应用程序配置数据，一种使用文件系统，一种使用 Git 存储库，另一种使用 HashiCorp Vault。

（2）继续构建许可证服务以从数据库中检索数据。

（3）将 Spring Cloud Config 服务挂钩（hook）到许可证服务，以提供应用程序配置数据。

5.2 构建 Spring Cloud Config 服务器端

Spring Cloud Config 服务器端是基于 REST 的应用程序，它建立在 Spring Boot 之上。Config 服务器端不必是一个独立的服务器端，相反，你可以选择将它嵌入现有的 Spring Boot 应用程序中，也可以开启新的 Spring Boot 项目然后嵌入 Config 服务器端。最佳实践是保持分离。

要构建配置服务器端，我们需要做的第一件事是使用 Spring Initializr 创建一个 Spring Boot 项目。为了实现这一点，我们将在 Initializr 的表单中实现以下步骤。填好之后，Spring Initializr 表单应该如图 5-3 和图 5-4 所示。

（1）选择 Maven 作为项目类型。

（2）选择 Java 作为开发语言。

（3）选择最新或者更稳定的 Spring 版本。

（4）group 和 artifact 分别填入 `com.optimagrowth` 和 `configserver`。

（5）展开选项列表并填入以下内容。

（a）填写 `Configuration Server` 作为其名称。

（b）填写 `Configuration Server` 作为其描述。

（c）填写 `com.optimagrowth.configserver` 作为其包名。

（6）选择 JAR 打包。

（7）Java 版本选择 Java 11。

（8）添加 Config Server 和 Spring Boot Actuator 依赖项。

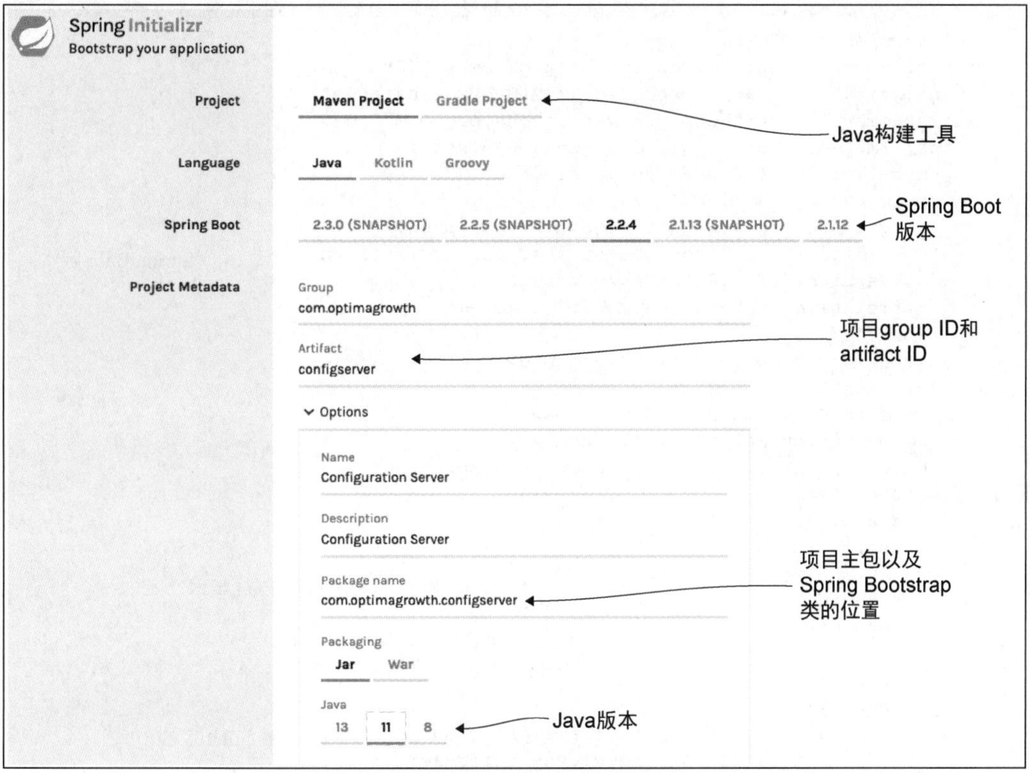

图 5-3 用于创建 Spring Cloud Config 服务器端的
Spring Initializr 配置

图 5-4 使用 Spring Initializr 添加 Config Server 和 Spring Boot Actuator 依赖项

创建表单并将表单作为 Maven 项目导入你的首选 IDE 之后，在配置服务器端项目目录的根目录下应该有一个与代码清单 5-1 类似的 pom .xml 文件。

```xml
<?xml version="1.0" encoding="UTF-8"?>
<project xmlns="http://maven.apache.org/POM/4.0.0"
  xmlns:xsi="http://www.w3.org/2001/XMLSchema-instance"
  xsi:schemaLocation="http://maven.apache.org/POM/4.0.0
  https://maven.apache.org/xsd/maven-4.0.0.xsd">
    <modelVersion>4.0.0</modelVersion>
    <parent>
        <groupId>org.springframework.boot</groupId>
        <artifactId>spring-boot-starter-parent</artifactId>
        <version>2.2.4.RELEASE</version>                    ← Spring Boot 版本
        <relativePath/> <!- 从仓库查找父 pom -->
    </parent>
    <groupId>com.optimagrowth</groupId>
    <artifactId>configserver</artifactId>
    <version>0.0.1-SNAPSHOT</version>
    <name>Configuration Server</name>
    <description>Configuration Server</description>
    <properties>
        <java.version>11</java.version>
        <spring-cloud.version>
            Hoxton.SR1
        </spring-cloud.version>                    ← 要使用的 Spring Cloud 版本
    </properties>
                                        运行 Config 服务器端所需的
                                        Spring Cloud 项目和其他依赖项
    <dependencies>                      ←
        <dependency>
            <groupId>org.springframework.cloud</groupId>
            <artifactId>spring-cloud-config-server</artifactId>
        </dependency>
        <dependency>
            <groupId>org.springframework.boot</groupId>
            <artifactId>spring-boot-starter-actuator</artifactId>
        </dependency>
        <dependency>
            <groupId>org.springframework.boot</groupId>
            <artifactId>spring-boot-starter-test</artifactId>
            <scope>test</scope>
            <exclusions>
                <exclusion>
                    <groupId>org.junit.vintage</groupId>
                    <artifactId>
                        junit-vintage-engine
                    </artifactId>
                </exclusion>
            </exclusions>
                                        Spring Cloud 父物料清单（Bill of
                                        Materials，BOM）定义
        </dependency>
    </dependencies>
    <dependencyManagement>              ←
        <dependencies>
            <dependency>
                <groupId>org.springframework.cloud</groupId>
                <artifactId>spring-cloud-dependencies</artifactId>
```

```
            <version>${spring-cloud.version}</version>
            <type>pom</type>
            <scope>import</scope>
        </dependency>
    </dependencies>
</dependencyManagement>

<build>
    <plugins>
        <plugin>
            <groupId>org.springframework.boot</groupId>
            <artifactId>spring-boot-maven-plugin</artifactId>
        </plugin>
    </plugins>
</build>
</project>
```

注意　所有的 pom.xml 文件都应该包含 Docker 依赖项和配置，但是为了节省空间，我们不会将这些代码行添加到代码清单中。如果你想查看配置服务器端的 Docker 配置，可以查看第 5 章的源代码。

我们不会详细地解释整个 pom 文件，但我们一开始会说明几个关键区域。在代码清单 5-1 中的 Maven 文件中，我们可以看到 4 个重要部分。第一个是 Spring Boot 版本，第二个是我们将要使用的 Spring Cloud 版本。在本例中，我们使用 Spring Cloud 的 Hoxton.SR1 版本。代码清单 5-1 中突出显示的第三个是我们将在服务中使用的特定依赖项，最后一个是我们将使用的 Spring Cloud Config 父物料清单（Bill of Materials，BOM）。

此父 BOM 包含云项目中使用的所有第三方库和依赖项以及构成该版本的各个项目的版本号。在这个例子中，我们使用之前在 pom 文件的<properties>节点中定义的版本。通过使用 BOM 定义，我们可以保证在 Spring Cloud 中使用子项目的兼容版本。这也意味着我们不必为子依赖项声明版本号。

来吧，坐上列车，发布列车

Spring Cloud 使用非传统机制来标记 Maven 项目。因为 Spring Cloud 是独立子项目的集合，所以 Spring Cloud 团队通过他们所谓的"发布列车"（release train）来发布项目更新。组成 Spring Cloud 的所有子项目都打包在一个 Maven 物料清单中，作为一个整体进行发布。

Spring Cloud 团队一直使用伦敦地铁站的名称作为他们发布的名称，每个主要版本都被赋予一个伦敦地铁站站名，该站名具有下一个最高字母。目前已有几个发布，从 Angel、Brixton、Camden、Dalston、Edgware、Finchley、Greenwich 到 Hoxton。Hoxton 是最新的发布，但是它的子项目中仍然有多个候选发布分支。

需要注意的是，Spring Boot 是独立于 Spring Cloud 发布列车发布的。因此，Spring Boot 的不同版本可能与 Spring Cloud 的发布不兼容。你可以通过参考 Spring Cloud 网站，查看 Spring Boot 和 Spring Cloud 之间的版本依赖项，以及发布列车中包含的不同子项目版本。

创建 Spring Cloud Config 服务器端的下一步是，再创建一个文件来定义服务器端的核心配置，以便 Spring Cloud Config 服务器端能够运行。这个文件可以是以下文件中的一个：application.properties、application.yml、bootstrap.properties 或 bootstrap.yml。

bootstrap 文件是特定的 Spring Cloud 文件类型，它在 application.properties 或 application.yml 文件之前加载。bootstrap 文件用于指定 Spring 应用程序名称、Spring Cloud 配置的 Git 位置、加密/解密信息等。具体来说，bootstrap 文件是由父 Spring ApplicationContext 加载的，并且该父 ApplicationContext 在加载使用应用程序属性或 YAML 文件的 ApplicationContext 之前加载。

至于文件扩展名.yml 和.properties，它们只是不同的数据格式。你可以选择你喜欢的数据格式。在本书中，你会看到，我们将使用 bootstrap.yml 来定义 Config 服务器端和微服务的配置。

现在继续，在/src/main/resources 文件夹中创建 bootstrap.yml 文件。这个文件告诉 Spring Cloud Config 服务监听什么端口、应用程序名称、应用程序配置文件以及我们将用于存储配置数据的位置。

代码清单 5-2 创建我们的 bootstrap.yml 文件

```
spring:                                    Config 服务器端应用程序的名称
   application:                            （在本例中是 config-server）
       name: config-server  ◄─────────┘
server:
   port: 8071  ◄──────────── 服务器端口
```

代码清单 5-2 中有两个重要部分需要强调：第一个是应用程序名称，为服务发现命名我们将在架构中创建的所有服务是非常重要的，我们将在第 6 章中进行描述；第二个是 Spring Cloud Config 服务器端将要监听的端口，以便提供请求的配置数据。

5.2.1 创建 Spring Cloud Config 引导类

创建 Spring Cloud Config 服务的下一步是创建 Spring Cloud Config 引导类。每个 Spring Cloud 服务都需要一个引导类，我们可以用它来启动服务，就像我们在第 2 章和第 3 章（在那里我们创建了许可证服务）中说明的那样。

请记住，这个类包含几个重要的部分：作为服务启动入口点的 Java main() 方法，以及一组告诉启动的服务 Spring 将要为服务启动何种行为的 Spring 注解。代码清单 5-3 展示了我们 Spring Cloud Config 服务器端的引导类。

代码清单 5-3 创建引导类

```
package com.optimagrowth.configserver;

import org.springframework.boot.SpringApplication;
import org.springframework.boot.autoconfigure.SpringBootApplication;
import org.springframework.cloud.config.server.EnableConfigServer;
```

```
@SpringBootApplication  ◁────────┐         我们的 Config 服务是一个 Spring Boot 应用程序,
                                          因此必须用@SpringBootApplication 注解进行标注

@EnableConfigServer     ◁───────────  使这个服务成为 Spring Cloud Config 服务

public class ConfigurationServerApplication {
                                                    main 方法启动服务
    public static void main(String[] args) {        并启动 Spring 容器
      SpringApplication.run(ConfigurationServerApplication.class, args);
    }
}
```

下一步是定义配置数据的搜索位置。让我们从最简单的示例开始: 文件系统。

5.2.2 使用带有文件系统的 Spring Cloud Config 服务器端

Spring Cloud Config 服务器端使用 bootstrap.yml 文件中的一个条目指向要保存应用程序配置数据的存储库。创建基于文件系统的存储库是实现这一目标的最简单的方法。为此,让我们来更新我们的 bootstrap 文件。代码清单 5-4 展示了 bootstrap 文件设置文件系统存储库所需的内容。

代码清单 5-4　我们的带有文件系统存储库的 bootstrap.yml 文件

```
spring:
  application:
      name: config-server
  profiles:                            设置与后端存储库 (文件系统)
      active: native   ◁───────       关联的 Spring profile

  cloud:
    config:
      server:
      #本地配置: 这个位置可以是类路径, 也可以是文件系统中的位置。
          native:
          #从特定的文件系统文件夹读取数据
              search-locations:
                  file:///{FILE_PATH}  ◁───────  设置存储配置文件的搜索位置
server:
  port: 8071
```

因为我们将使用文件系统来存储应用程序配置信息,所以我们必须告诉 Spring Cloud Config 服务器端使用 native profile 运行。请记住,Spring profile 是 Spring 框架提供的核心特性,它允许我们将 bean 映射到不同的环境,如开发、测试、交付准备、生产、本地和其他环境。

注意　请记住,native 只是为 Spring Cloud Config 服务器端创建的一个 profile,它指示将从类路径或文件系统中检索或读取配置文件。

当我们使用基于文件系统的存储库时,我们还要使用 native profile,因为它是 Config 服务器端中的一个 profile,不使用任何 Git 或 Vault 配置。相反,它直接从本地类路径或文件系统加载配置数据。最后，代码清单 5-4 所示的 bootstrap.yml 最后一部分为 Spring Cloud 配置提供了应用程序数据所在的目录。例如：

```
server:
  native:
    search-locations: file:///Users/illary.huaylupo
```

配置条目中的重要参数是 search-locations 属性。这个属性为每一个应用程序提供了用逗号分隔的目录列表，这些目录含有由 Config 服务器端管理的属性。在上一个示例中，我们使用了一个文件系统位置（file:///Users/illary.huaylupo），但是我们也可以指定一个特定的类路径来查找配置数据。可以通过下面的代码来设置：

```
server:
  native:
    search-locations: classpath:/config
```

注意 classpath 属性使得 Spring Cloud Config 服务器端在 src/main/resources/config 文件夹中查找配置数据。

现在我们已经创建完 Spring Cloud Config 服务器端，接下来创建许可证服务属性文件。为了简化这个示例，我们将使用前面代码段中设置的类路径搜索位置。然后，像前面的示例一样，我们将在/config 文件夹中创建许可属性文件。

5.2.3　创建服务的配置文件

在本节中，我们将使用在本书最初章节中开始的许可证服务示例。它将作为使用 Spring Cloud Config 的一个例子。

注意 如果你没有遵循第 4 章的代码清单，可以查看第 4 章的源代码。

同样，为了使这个示例简单，我们将为以下 3 个环境创建应用程序配置数据：在本地运行服务时的默认环境、开发环境和生产环境。

使用 Spring Cloud Config，一切都是按照层次结构进行的。应用程序配置由应用程序的名称表示。我们为需要拥有配置信息的每个环境提供一个属性文件。在这些环境中，我们将创建以下配置属性：

■ 由许可证服务直接使用的示例属性；

■ 在许可证服务中使用的 Spring Actuator 配置；

■ 用于许可证服务的数据库配置。

图 5-5 阐述了如何创建和使用 Spring Cloud Config 服务。需要提及的一个重点是，在你构建 Config 服务时，它将成为在你的环境中运行的另一个微服务。一旦建立 Config 服务，服务的内容就可以通过基于 HTTP 的 REST 端点进行访问。

应用程序配置文件的命名约定是“应用程序名称-环境名称.properties”或“应用程序名称-环境名称.yml”。从图 5-5 中可以看出，环境名称直接转换为可以浏览配置信息的 URL。随后，在启动许可证微服务示例时，我们想要运行服务的环境是由在服务启动时命令行传入的 Spring Boot 的 profile 指定的。如果在命令行上没有传入 profile，Spring Boot 默认加载随应用程序打包的 application.properties 文件中的配置数据。

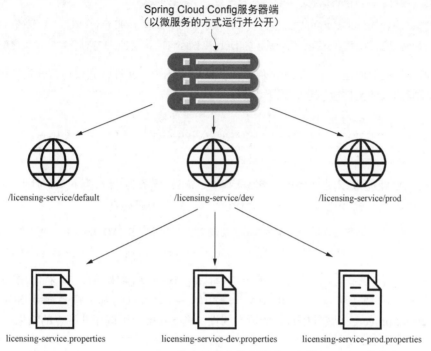

图 5-5 Spring Cloud Config 将环境特定的属性公开为基于 HTTP 的端点

以下是我们将为许可证服务提供的一些应用程序配置数据的示例。这就是将包含在 config-server/src/main/resources/config/licensing-service.properties 文件中的数据，图 5-5 中提到了这个文件。下面是此文件的一部分内容：

```
...
example.property= I AM THE DEFAULT
spring.jpa.hibernate.ddl-auto=none
spring.jpa.database=POSTGRESQL
spring.datasource.platform=postgres
spring.jpa.show-sql = true
spring.jpa.hibernate.naming-strategy =
    org.hibernate.cfg.ImprovedNamingStrategy
spring.jpa.properties.hibernate.dialect =
    org.hibernate.dialect.PostgreSQLDialect
spring.database.driverClassName= org.postgresql.Driver
spring.datasource.testWhileIdle = true
spring.datasource.validationQuery = SELECT 1
management.endpoints.web.exposure.include=*
management.endpoints.enabled-by-default=true
```

在实施前想一想

　　我们建议不要在中大型云应用程序中使用基于文件系统的解决方案。使用文件系统方法，意味着你要为想要访问应用程序配置数据的所有 Config 服务器端实现共享文件挂载点。在云中创建共享文件系统服务器是可行的，但它将维护此环境的责任放在了你身上。

　　在介绍 Spring Cloud Config 时，我们以文件系统作为最简单示例进行介绍。在后面的一节中，我们将介绍如何配置 Config 服务器端以使用 GitHub 和 HashiCorp Vault 来存储你的应用程序配置。

接下来，让我们创建一个 licensing-service-dev.properties 文件，它仅包含开发环境的数据。这个开发环境的属性文件应该包含以下参数：

```
example.property= I AM DEV
spring.datasource.url = jdbc:postgresql://localhost:5432/ostock_dev
spring.datasource.username = postgres
spring.datasource.password = postgres
```

我们现在已经完成了足够多的工作来启动 Config 服务器端。接下来，让我们使用 mvn spring-boot:run 命令或 docker-compose up 命令来启动它。

注意　从现在开始，你会发现每一章的文件夹存储库中都有一个 README 文件。此文件包含一个名为 "How to Use" 的部分，这部分介绍了如何使用 docker-compose 命令一起运行所有服务。

服务器现在应该在命令行上出现一个 Spring Boot 启动画面。如果你用浏览器访问 http://localhost:8071/licensing-service/default，那么将会看到 JSON 净荷返回 licensing-service.properties 文件中包含的所有属性。图 5-6 展示了调用此端点的结果。

```
// 20200201214255
// http://localhost:8071/licensing-service/default

{
  "name": "licensing-service",
  "profiles": [
    "default"
  ],
  "label": null,
  "version": null,             包含配置存储库中的属性的源文件。
  "state": null,
  "propertySources": [
    {
      "name": "classpath:/config/licensing-service.properties",
      "source": {
        "example.property": "I AM THE DEFAULT",
        "spring.jpa.hibernate.ddl-auto": "none",
        "spring.jpa.database": "POSTGRESQL",
        "spring.datasource.platform": "postgres",
        "spring.jpa.show-sql": "true",
        "spring.jpa.hibernate.naming-strategy": "org.hibernate.cfg.ImprovedNamingStrategy",
        "spring.jpa.properties.hibernate.dialect": "org.hibernate.dialect.PostgreSQLDialect",
        "spring.database.driverClassName": "org.postgresql.Driver",
        "spring.datasource.testWhileIdle": "true",
        "spring.datasource.validationQuery": "SELECT 1",
        "management.endpoints.web.exposure.include": "*",
        "management.endpoints.enabled-by-default": "true"
      }
    }
  ]
}
```

图 5-6　Spring Cloud Config 将环境特定的属性公开为基于 HTTP 的端点

如果你想要查看基于开发的许可证服务环境的配置信息，可以对 `http://localhost:8071/licensing-service/dev` 端点发起 GET 请求。图 5-7 展示了调用此端点的结果。

注意　此端口是我们之前在 bootstrap.yml 文件中设置的。

```
// 20200201214259
// http://localhost:8071/licensing-service/dev

{
  "name": "licensing-service",
  "profiles": [
    "dev"
  ],
  "label": null,
  "version": null,
  "state": null,
  "propertySources": [
    {
      "name": "classpath:/config/licensing-service-dev.properties",
      "source": {
        "example.property": "I AM DEV",
        "spring.datasource.url": "jdbc:postgresql://localhost:5433/ostock_dev",
        "spring.datasource.username": "postgres",
        "spring.datasource.password": "postgres"
      }
    },
    {
      "name": "classpath:/config/licensing-service.properties",
      "source": {
        "example.property": "I AM THE DEFAULT",
        "spring.jpa.hibernate.ddl-auto": "none",
        "spring.jpa.database": "POSTGRESQL",
        "spring.datasource.platform": "postgres",
        "spring.jpa.show-sql": "true",
        "spring.jpa.hibernate.naming-strategy": "org.hibernate.cfg.ImprovedNamingStrategy",
        "spring.jpa.properties.hibernate.dialect": "org.hibernate.dialect.PostgreSQLDialect",
        "spring.database.driverClassName": "org.postgresql.Driver",
        "spring.datasource.testWhileIdle": "true",
        "spring.datasource.validationQuery": "SELECT 1",
        "management.endpoints.web.exposure.include": "*",
        "management.endpoints.enabled-by-default": "true"
      }
    }
  ]
}
```

当你请求特定环境的profile时，将同时返回所请求的profile和默认的profile。

图 5-7　使用开发 profile 检索许可证服务的配置信息

如果我们仔细观察，会看到在我们选择 dev 端点时，Spring Cloud Config 服务器端返回的是默认配置属性和开发环境下的许可证服务配置。Spring Cloud Config 返回两组配置信息的原因是，Spring 框架实现了一种用于解决问题的层次结构机制。当 Spring 框架解决问题时，它将先查找默认属性文件中定义的属性，然后用特定环境的值（如果存在）去覆盖默认值。具体来说，如果在 licensing-service.properties 文件中定义了一个属性，并且不在任何其他环境配置文件（如 licensing-service-dev.properties）中定义它，则 Spring 框架将使用这个默认值。

注意　这不是直接调用 Spring Cloud Config REST 端点时你所看到的行为。REST 端点将返回调用的默认值和环境特定值的所有配置值。

现在我们已经完成了 Spring Cloud Config 服务中的所有配置，接下来让我们将 Spring Cloud Config 与许可证微服务集成。

5.3 将 Spring Cloud Config 与 Spring Boot 客户端集成

在前面几章中，我们构建了一个简单的许可证服务骨架，这个骨架只是返回一个代表数据库中单个许可记录的硬编码 Java 对象。在本节中，我们将使用 PostgreSQL 数据库构建许可证服务来保存许可数据。

为什么使用 PostgreSQL

PostgreSQL，也称为 Postgres，被认为是企业级系统，是开源关系数据库管理系统（relational database management system，RDBMS）中最有趣和最先进的一种。与其他关系数据库相比，PostgreSQL 拥有诸多优点，但最主要的是它提供了一个完全免费的开放给任何人使用的许可证。第二个优点是，就其能力和功能而言，它允许我们在不增加查询复杂性的情况下处理更大量的数据。下面是 Postgres 的一些主要特性。

- Postgres 采用多版本并发控制，它将数据库状态的快照添加到每个事务中，从而产生具有更好性能优势的一致事务。
- Postgres 在执行事务时不使用读锁。
- Postgres 有一个叫作热备份的功能，它允许客户端在服务器处于恢复或备用模式时在服务器中进行搜索。换句话说，Postgres 在不完全锁定数据库的情况下执行维护。

下面是 PostgreSQL 的一些主要特点。

- 它支持 C、C++、Java、PHP、Python 等语言。
- 它能够为许多客户端提供服务，同时从其表中无阻塞地传递相同的信息。
- 它支持使用视图，因此用户可以以不同于数据被存储的方式查询数据。
- 它是对象关系数据库，允许我们像处理对象一样处理数据，从而提供面向对象的机制。
- 它允许我们将 JSON 作为数据类型存储和查询。

我们将使用 Spring Data 与数据库进行通信，并将数据从许可证表映射到保存数据的 POJO（Plain Old Java Object）。我们将使用 Spring Cloud Config 服务器端读取数据库连接和简单的属性。图 5-8 展示了许可证服务和 Spring Cloud Config 服务之间会发生什么。

当许可证服务首次启动时，我们将向其传递 3 条信息：Spring 的 profile、应用程序名称以及许可证服务应该用于与 Spring Cloud Config 服务通信的端点。Spring 的 profile 值映射到为 Spring 服务检索属性的环境。

当许可证服务启动时，它将通过从 Spring 的 profile 传入构建的端点与 Spring Cloud Config 服务进行联系。然后，Spring Cloud Config 服务将会根据 URI 上传递过来的特定 Spring profile，使用已配置的后端配置存储库（文件系统、Git、Consul 或 Eureka）来检索相应的配置信息，然后将适当的属性值传回许可证服务。接着，Spring Boot 框架将这些值注入应用程序的相应部分。

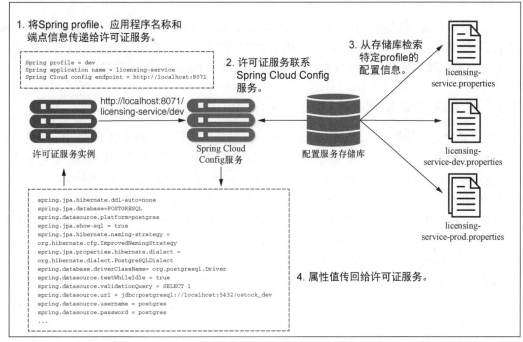

图 5-8 使用 dev profile 检索配置信息

5.3.1 建立许可证服务的 Spring Cloud Config 服务依赖项

让我们把焦点从 Spring Cloud Config 服务器端转移到许可证服务。我们需要做的第一件事，就是在许可证服务中为 Maven 文件添加更多的条目。代码清单 5-5 展示了需要添加的条目。

代码清单 5-5　向许可证服务添加 Maven 依赖项

```
//为了简洁，省略了一部分 pom.xml 的代码
<dependency>
    <groupId>org.springframework.cloud</groupId>
    <artifactId>
        spring-cloud-starter-config
    </artifactId>
</dependency>
<dependency>
    <groupId>org.springframework.boot</groupId>
    <artifactId>
        spring-boot-starter-data-jpa
    </artifactId>
</dependency>
<dependency>
```

告诉 Spring Boot 拉取 Spring Cloud Config 所需的依赖项

告诉 Spring Boot 在服务中使用 Java Persistence API（JPA）

```
        <groupId>org.postgresql</groupId>              告诉 Spring Boot 拉取
        <artifactId>postgresql</artifactId>            Postgres 驱动程序
</dependency>
```

第一个依赖项的 artifact ID 为 `spring-cloud-starter-config` 包含与 Spring Cloud Config 服务器端交互所需的所有类。第二、第三个依赖项 `spring-boot-starter-data-jpa` 和 `postgresql` 导入了 Spring Data Java Persistence API 和 Postgres JDBC 驱动程序。

5.3.2   配置许可证服务以使用 Spring Cloud Config

在定义了 Maven 依赖项后，我们需要告知许可证服务在哪里与 Spring Cloud Config 服务器端进行联系。在使用 Spring Cloud Config 的 Spring Boot 服务中，配置信息可以在以下任何一个文件中设置：bootstrap.yml、bootstrap.properties、application.yml 或 application.properties。

正如前面所述，bootstrap.yml 文件在读取其他配置信息之前，会先读取应用程序属性。一般来说，bootstrap.yml 文件包含服务的应用程序名称、应用程序 profile 和联系 Config 服务器端的 URI。任何想要保留在本地服务（而不是存储在 Spring Cloud Config 中）的其他配置信息，都可以在本地 application.yml 文件中进行设置。

通常情况下，存储在 application.yml 文件中的信息是你可能希望提供给服务的配置数据，即使 Spring Cloud Config 服务不可用。bootstrap.yml 和 application.yml 文件保存在项目的 src/main/resources 目录中。

要使许可证服务与 Spring Cloud Config 服务进行通信，可以在许可证服务的 bootstrap.yml 文件、docker-compose.yml 文件中定义这些参数，或者在启动服务时通过 JVM 参数定义这些参数。代码清单 5-6 展示了如果你选择了 bootstrap.yml 文件，应用程序中的 bootstrap.yml 文件应该包含哪些参数。

代码清单 5-6   配置许可证服务的 bootstrap.yml 文件

```
spring:                                      指定许可证服务的名称，以便 Spring Cloud
  application:                               Config 客户端知道正在查找哪个服务
      name: licensing-service  ◁
  profiles:
      active: dev  ◁                指定服务应该运行的默认 profile。
  cloud:                            profile 映射到某个环境
    config:
        uri: http://localhost:8071  ◁
                                        指定 Spring Cloud Config
                                        服务器端的位置
```

注意 Spring Boot 应用程序支持两种定义属性的机制：YAML（YAML Ain't Markup Language，YAML 不是标记语言）和点分隔的属性名称。我们选择 YAML 作为配置应用程序的方法。YAML 属性值的分层格式直接映射到 `spring.application.name`、`spring.profiles.active` 和 `spring.cloud.config.uri` 名称。

`spring.application.name` 是应用程序的名称（如 licensing-service）并且必须直接映射

到 Spring Cloud Config 服务器端中的配置目录的名称。第二个属性 `spring.profiles.active` 用于告诉 Spring Boot 应用程序应该运行哪个 profile。请记住，profile 是一种区分 Spring Boot 应用程序要使用哪份配置数据的机制。对于许可证服务的 profile，你将在云配置环境中支持该服务即将直接映射到的环境。例如，通过将 dev 作为 profile 传入，Config 服务器端将使用 dev 的属性。如果你没有设置 profile，许可证服务将使用默认的 profile。

第三个也是最后一个属性 `spring.cloud.config.uri` 是许可证服务查找 Config 服务器端端点的位置。在本例中，许可证服务将在 `http://localhost:8071` 上进行查找配置服务器端。

在本章的后面，你将看到如何在应用程序启动时覆盖在 bootstrap.yml 和 application.yml 中定义的不同属性。这允许你告诉许可证微服务应该在哪个环境中运行。现在，如果启动 Spring Cloud Config 服务，并在本地计算机上运行相应的 Postgres 数据库，那么你就可以使用 dev profile 启动许可证服务。这可以通过切换到许可证服务的目录并执行以下命令来完成：

```
mvn spring-boot:run
```

注意　首先你需要启动 Config 服务器端来检索许可证服务的配置数据。

通过运行此命令而不设置任何属性，许可证服务器将自动尝试使用端点（在本例中是 http://localhost:8071）和许可证服务的 bootstrap.yml 文件中定义的活跃的 profile（dev），连接到 Spring Cloud Config 服务器端。

如果要覆盖这些默认值并指向另一个环境，可以通过将许可证服务项目编译并打包到 JAR 文件，然后使用-D 系统属性来运行这个 JAR 文件来实现。下面的命令行演示了如何启动许可证服务，通过 JVM 参数传递所有命令：

```
java -Dspring.cloud.config.uri=http://localhost:8071 \
    -Dspring.profiles.active=dev \
    -jar target/licensing-service-0.0.1-SNAPSHOT.jar
```

这个例子演示了如何通过命令行覆盖 Spring 属性。通过这个命令行，我们覆盖了这两个参数：

```
spring.cloud.config.uri
spring.profiles.active
```

注意　如果你尝试从自己的台式机上使用上述的 Java 命令来运行从本章配套源代码中的许可证服务，将会运行失败，导致失败的原因有两个：第一个是你没有运行桌面 Postgres 服务器，第二个是本章配套源代码在 Config 服务器端上使用了加密。本章稍后将介绍加密。

在这些示例中，我们硬编码了要传递给-D 参数值的值。在云环境中，大部分应用程序配置数据都将位于配置服务器端中。

本书每章的所有代码示例都可以在 Docker 容器中完全运行。使用 Docker，你可以通过特定环境的 Docker Compose 文件模拟不同的环境，从而协调所有服务的启动。容器所需的特定环境值作为环境变量传递给容器。例如，要在开发环境中启动许可证服务，dev/docker-compose.yml 文件要包含代码清单 5-7 所示的用于许可证服务的条目。

代码清单 5-7   Dev docker-compose.yml

```
licensingservice:
    image: ostock/licensing-service:0.0.1-SNAPSHOT
    ports:
      - "8080:8080"          指定许可证服务容器          将 SPRING_PROFILES_ACTIVE 环境变
                             的环境变量的开始            量传递给 Spring Boot 服务命令行，告诉
    environment:                                       Spring Boot 应该运行哪个 profile
     SPRING_PROFILES_ACTIVE: "dev"

     SPRING_CLOUD_CONFIG_URI:
           http://configserver:8071        Config 服务的端点
```

YML 文件中的环境条目包含两个变量的值：SPRING_PROFILES_ACTIVE，指定了许可证服务运行的 Spring Boot profile；SPRING_CLOUD_CONFIG_URI，被传递给许可证服务，定义了 Spring Cloud Config 服务器端实例的地址，服务将在该 URI 读取其配置数据。一旦创建了 Docker Compose 文件，就可以在 Docker Compose 所在的位置执行以下命令来运行这些服务：

```
docker-compose up
```

因为我们是通过 Spring Boot Actuator 来增强服务的自我检查能力的，所以可以通过选择 http://localhost:8080/env 端点来确认正在运行的环境。/env 端点提供了有关服务的配置信息的完整列表，包括服务启动的属性和端点（见图 5-9）。

```
{
  "activeProfiles": [
      "dev"
  ],
  "propertySources": [
    {
      "name": "server.ports",
      "properties": {
        "local.server.port": {
          "value": 8080
        }
      }
    },
    {
      "name": "bootstrapProperties-classpath:/config/licensing-service-dev.properties",
      "properties": {
        "spring.datasource.username": {
          "value": "postgres"
        },
        "spring.datasource.url": {
          "value": "jdbc:postgresql://localhost:5433/ostock_dev"
        },
        "example.property": {
          "value": "I AM DEV"
        },
        "spring.datasource.password": {
          "value": "******"
        }
      }
    },
    {
      "name": "bootstrapProperties-classpath:/config/licensing-service.properties",
      "properties": {
        "management.endpoints.web.exposure.include": {
          "value": "*"
        },
        "spring.jpa.properties.hibernate.dialect": {
          "value": "org.hibernate.dialect.PostgreSQLDialect"
        },
```

图 5-9   通过调用/actuator/env 端点可以检查许可证配置服务。在这段代码中可以看到 licensing-service.properties 和 licensing-service-dev.properties 的内容是如何展示的

> **关于暴露太多的信息**
>
> 　　围绕如何为服务实现安全性，每个组织都会有不同的规则。许多组织认为，服务不应该广播任何有关自己的信息，也不允许像/env 端点这样的东西在服务上存在。他们的信念（这是理所当然的）是这样会为潜在的黑客提供太多的信息。
>
> 　　Spring Boot 为配置 Spring Actuator 端点返回的信息提供了丰富的功能。不过，这些知识超出了本书的范围。Craig Walls 的好书《Spring Boot 实战》（*Spring Boot in Action*）（Manning，2016）详细介绍了这个主题，我们强烈建议读者仔细研究一下贵公司的企业安全策略和 Walls 的书，以便能够提供想通过 Spring Actuator 公开的正确信息级别。

5.3.3　使用 Spring Cloud Config 服务器端连接数据源

　　至此，数据库配置信息已被直接注入微服务中。数据库配置设置完毕后，配置许可证微服务就变成使用标准 Spring 组件来构建和从 Postgres 数据库中检索数据的练习。为了继续这个示例，我们需要将许可证服务重构成不同的类，其中每个类都有各自独立的职责。这些类如表 5-2 所示。

表 5-2　许可证服务的类及其所在位置

类　　名	位　　置
License	com.optimagrowth.license.model
LicenseRepository	com.optimagrowth.license.repository
LicenseService	com.optimagrowth.license.service

　　License 类是模型类，它将持有从许可数据库检索的数据。代码清单 5-8 展示了 License 类的代码。

代码清单 5-8　单个许可证记录的 JPA 模型代码

```
package com.optimagrowth.license.model;

import javax.persistence.Column;
import javax.persistence.Entity;
import javax.persistence.Id;
import javax.persistence.Table;

import org.springframework.hateoas.RepresentationModel;

import lombok.Getter;
import lombok.Setter;
import lombok.ToString;

@Getter @Setter @ToString
@Entity                        ◄────────告诉 Spring 这是一个 JPA 类
@Table(name="licenses")        ◄──────── 映射到数据库表
public class License {
```

```
@Id              ◄────────── 将该字段标记为主键
@Column(name = "license_id", nullable = false) ◄───────┐
private String licenseId;                               将该字段映射到
private String description;                              特定数据库列
@Column(name = "organization_id", nullable = false)
private String organizationId;
@Column(name = "product_name", nullable = false)
private String productName;
@Column(name = "license_type", nullable = false)
private String licenseType;
@Column(name="comment")
private String comment;

public License withComment(String comment){
    this.setComment(comment);
    return this;
}
}
```

在代码清单 5-8 中，license 类使用了几个 JPA 注解帮助 Spring Data 框架将 Postgres 数据库中的许可证表中的数据映射到 Java 对象。@Entity 注解让 Spring 知道这个 Java POJO 将要映射保存数据的对象。@Table 注解告诉 Spring/JPA 应该映射哪个数据库表。@Id 注解标识数据库的主键。最后，数据库中的每一列将被映射到由 @Column 标记的各个属性。

提示　如果属性与数据库列具有相同的名称，则不需要添加 @Column 注解。

Spring Data 和 JPA 框架提供访问数据库的基本 CRUD（Create、Replace、Update、Delete）方法。表 5-3 展示了其中的一些方法。

表 5-3　Spring Data 和 JPA 框架的 CRUD 方法

方法	描述
count()	返回可获得的实体的数量
delete(entity)	删除给定的实体
deleteAll()	删除存储库管理的所有实体
deleteAll(entities)	删除给定的多个实体
deleteById(id)	删除具有给定 ID 的实体
existsById(id)	返回具有给定 ID 的实体是否存在
findAll()	返回该类型的所有实例
findAllById(ids)	返回具有给定 ID 的给定类型 T 的所有实例
findById(ID id)	根据实体的 ID 检索实体
save(entity)	保存给定的实体
saveAll(entities)	保存所有给定的实体

如果要构建除此以外的其他方法，可以使用 Spring Data 存储库（Repository）接口和基本命

名约定来进行构建。Spring 将在启动时从存储库接口解析方法的名称，并将它们转换为基于名称的 SQL 语句，然后（在幕后）生成一个动态代理类来完成这项工作。代码清单 5-9 展示了许可证服务的存储库。

代码清单 5-9　LicenseRepository 接口定义查询方法

```
package com.optimagrowth.license.repository;

import java.util.List;
import org.springframework.data.repository.CrudRepository;
import org.springframework.stereotype.Repository;
import com.optimagrowth.license.model.License;

@Repository    ←──  告诉 Spring Boot 这是一个 JPA 存储库类。如果存储库
                    类继承自 CrudRepository，则这个注解是可选的

public interface LicenseRepository
        extends CrudRepository<License,String> {  ←────  继承 Spring CrudRepository
    public List<License> findByOrganizationId
                        (String organizationId);   ←────  将查询方法解析为
    public License findByOrganizationIdAndLicenseId      SELECT...FROM 查询
                        (String organizationId,
                         String licenseId);
}
```

存储库接口 LicenseRepository 用 @Repository 注解标记，这个注解告诉 Spring 应该将这个接口视为存储库并为它生成动态代理。在本例中，该动态代理提供了一组功能齐全、随时可用的对象。

　　Spring 提供不同类型的数据访问存储库。在本例中，我们选择使用 Spring CrudRepository 基类来扩展出 LicenseRepository 类。CrudRepository 基类包含基本的 CRUD 方法。除了从 CrudRepository 扩展的 CRUD 方法外，我们还添加了两个用于从许可证表中检索数据的自定义查询方法。Spring Data 框架将拆开这些方法的名称以构建访问底层数据的查询。

　　注意　Spring Data 框架提供各种数据库平台上的抽象层，并不仅限于关系数据库。该框架还支持 NoSQL 数据库，如 MongoDB 和 Cassandra。

　　与第 3 章中的许可证服务不同，我们现在已将许可证服务的业务逻辑和数据访问逻辑从 LicenseController 中分离出来，并划分在名为 LicenseService 的独立 Service 类中。代码清单 5-10 展示了这个许可证服务。在这个 LicenseService 类和前面章节中看到的旧版本代码之间有很多变化，因为我们添加了数据库连接。

代码清单 5-10　用于执行数据库命令的 **LicenseService** 类

```
@Service
public class LicenseService {

    @Autowired
    MessageSource messages;
```

```
@Autowired
private LicenseRepository licenseRepository;
@Autowired
ServiceConfig config;

public License getLicense(String licenseId, String organizationId){
    License license = licenseRepository
      .findByOrganizationIdAndLicenseId(organizationId, licenseId);
    if (null == license) {
        throw new IllegalArgumentException(
            String.format(messages.getMessage(
                "license.search.error.message", null, null),
                licenseId, organizationId));
    }
    return license.withComment(config.getProperty());
}

public License createLicense(License license){
    license.setLicenseId(UUID.randomUUID().toString());
    licenseRepository.save(license);
    return license.withComment(config.getProperty());
}

public License updateLicense(License license){
    licenseRepository.save(license);
    return license.withComment(config.getProperty());
}

public String deleteLicense(String licenseId){
    String responseMessage = null;
    License license = new License();
    license.setLicenseId(licenseId);
    licenseRepository.delete(license);
    responseMessage = String.format(messages.getMessage(
            "license.delete.message", null, null),licenseId);
    return responseMessage;
}
}
```

控制器、服务和存储库类通过使用标准的 Spring @Autowired 注解连接到一起。接下来，让我们看看如何读取 LicenseService 类中的配置属性。

5.3.4　使用@ConfigurationProperties 直接读取属性

在 LicenseService 类中，你可能已经注意到，我们在 getLicense()方法中使用了来自 config.getProperty()类的值来设置 license.withComment()的值。所指的代码如下：

```
return license.withComment(config.getProperty());
```

如果查看 com.optimagrowth.license.config.ServiceConfig.java 类，你将看到这个类被以下注解标注。（代码清单 5-11 展示了我们将使用的@ConfigurationProperties

注解。）

```
@ConfigurationProperties(prefix= "example")
```

代码清单 5-11 使用 `ServiceConfig` 来集中应用程序属性

```
package com.optimagrowth.license.config;

import org.springframework.beans.factory.annotation.Value;
import org.springframework.stereotype.Component;

@ConfigurationProperties(prefix = "example")
public class ServiceConfig{

  private String property;

  public String getProperty(){
    return property;
  }
}
```

虽然 Spring Data "自动神奇地" 将数据库的配置数据注入数据库连接对象中，但所有其他自定义属性都可以使用 `@ConfigurationProperties` 注解进行注入。在上述示例中，`@ConfigurationProperties(prefix= "example")` 从 Spring Cloud Config 服务器端中提取所有 example 属性，并将它们注入 ServiceConfig 类的 property 属性中。

> **提示** 虽然可以将配置的值直接注入各个类的属性中，但我们发现将所有配置信息集中到一个配置类中，然后将配置类注入需要它的地方是很有用的。

5.3.5 使用 Spring Cloud Config 服务器端刷新属性

开发团队想要使用 Spring Cloud Config 服务器端时，遇到的第一个问题是，如何在属性变化时动态刷新应用程序。放心吧，Config 服务器端始终提供最新版本的属性，通过其底层存储库，对属性进行的更改将是最新的。

但是，Spring Boot 应用程序只会在启动时读取它们的属性，因此 Config 服务器端中进行的属性更改不会被 Spring Boot 应用程序自动获取。不过，Spring Boot Actuator 提供了一个 `@RefreshScope` 注解，允许开发团队访问 /refresh 端点，这会强制 Spring Boot 应用程序重新读取其应用程序配置。代码清单 5-12 展示了 `@RefreshScope` 注解的作用。

代码清单 5-12 `@RefreshScope` 注解

```
package com.optimagrowth.license;

import org.springframework.boot.SpringApplication;
import org.springframework.boot.autoconfigure.SpringBootApplication;
import org.springframework.cloud.context.config.annotation.RefreshScope;
```

```
@SpringBootApplication
@RefreshScope
public class LicenseServiceApplication {

    public static void main(String[] args) {
        SpringApplication.run(LicenseServiceApplication.class, args);
    }

}
```

我们需要注意一些有关@RefreshScope 注解的事情。注解只会重新加载应用程序配置中的自定义 Spring 属性。Spring Data 使用的数据库配置等不会被@RefreshScope 注解重新加载。

关于刷新微服务

将微服务与 Spring Cloud Config 服务一起使用时，在动态更改属性之前需要考虑的一件事是，可能会有同一服务的多个实例正在运行。需要使用新的应用程序配置刷新所有这些服务。有几种方法可以解决这个问题。

Spring Cloud Config 服务确实提供了一种称为 Spring Cloud Bus 的基于推送的机制，使 Spring Cloud Config 服务器端能够向所有使用服务的客户端发布哪里的配置发生了更改的消息。Spring Cloud Bus 需要一个额外的在运行的中间件：RabbitMQ。这是检测更改的非常有用的手段，但并不是所有的 Spring Cloud Config 后端都支持这种推送机制（例如，Consul 服务器）。在第 6 章中，你将使用 Spring Cloud 服务发现和 Eureka 来注册所有服务实例。

我们用过的用于处理应用程序配置刷新事件的一种技术是，刷新 Spring Cloud Config 中的应用程序属性，然后编写一个简单的脚本来查询服务发现引擎以查找服务的所有实例，并直接调用/refresh 端点。

你也可以重新启动所有服务器或容器来接收新的属性。这项工作很简单，特别是在 Docker 等容器服务中运行服务时。重新启动 Docker 容器差不多需要几秒，然后将强制重新读取应用程序配置。

记住，基于云的服务器是短暂的。不要害怕使用新配置启动服务的新实例，将流量导向新的服务并拆除旧的服务。

5.3.6 使用 Spring Cloud Config 服务器端和 Git

如前所述，使用文件系统作为 Spring Cloud Config 服务器端的后端存储库，对基于云的应用程序来说是不切实际的。这是因为开发团队必须搭建和管理所有挂载在 Config 服务器端实例上的共享文件系统。Config 服务器端能够与不同的后端存储库集成，这些存储库可以用于托管应用程序配置属性。

我们成功使用过的一种方法是使用 Spring Cloud Config 服务器端与 Git 源代码控制存储库集成。通过使用 Git，你可以获得将配置管理属性置于源代码控制下的所有好处，并提供一种简单的机制来将属性配置文件的部署集成到构建和部署管道中。要使用 Git，需要在 Spring Cloud Config 服务的 bootstrap.yml 文件中添加配置。代码清单 5-13 展示了如何添加配置。

代码清单 5-13　向 Spring Cloud bootstrap.yml 中添加 Git 支持

```
spring:
  application:
    name: config-server
  profiles:
    active:
      - native, git          映射所有 profile（这是
                              一个逗号分隔的列表）
  cloud:
    config:
      server:
        native:                       告诉 Spring Cloud Config 使
          search-locations: classpath:/config   用 Git 作为后端存储库
        git:
          uri: https://github.com/ihuaylupo/
                      config.git
          searchPaths: licensingservice
server:                                 告诉 Spring Cloud Config
  port: 8071                            使用 Git 中的哪个路径来
告诉 Spring Cloud Config 到 Git 存储库的 URL    查找配置文件
```

代码清单 5-13 中的 4 个关键配置属性是：

- `spring.profiles.active`
- `spring.cloud.config.server.git`
- `spring.cloud.config.server.git.uri`
- `spring.cloud.config.server.git.searchPaths`

`spring.profiles.active` 属性设置 Spring Config 服务的所有活动 profile。这个逗号分隔的列表使用的优先规则与 Spring Boot 应用程序相同：活动 profile 优先于默认 profile，最后一个 profile 优先级最高。`spring.cloud.config.server.git` 属性告诉 Spring Cloud Config 服务器端使用非基于文件系统的后端存储库。在代码清单 5-13 中，我们连接到了基于云的 Git 存储库 GitHub。

注意　如果你被授权使用 GitHub，则需要在配置服务器的 bootstrap.yml 上的 Git 配置中设置用户名和密码（个人令牌或 SSH 配置）。

`spring.cloud.config.server.git.uri` 属性提供要连接的存储库 URL。最后，`spring.cloud.config.server.git.searchPaths` 属性告诉 Config 服务器端在 Config 服务器端启动时将要在 Git 存储库中搜索的相对路径。与配置的文件系统版本一样，`spring.cloud.config.server.git.searchPaths` 属性中的值将是以逗号分隔的由配置服务托管的每个服务的列表。

注意　Spring Cloud Config 中环境存储库的默认实现是 Git 后端。

5.3.7　使用 Spring Cloud Config 服务集成 Vault

如前所述，我们将使用另一个后端存储库：HashiCorp Vault。Vault 是一个让我们可以安全地访问机密信息的工具。我们可以将机密信息定义为想要限制或控制访问的任何信息，如密码、证书、API 密钥等。

要在我们的 Spring Config 服务中配置 Vault，必须添加一个 Vault profile。这个 profile 支持与 Vault 集成，并允许我们安全地存储微服务的应用程序属性。为了实现这一集成，我们将使用 Docker 创建一个 Vault 容器，命令如下：

```
docker run -d -p 8200:8200 --name vault -e 'VAULT_DEV_ROOT_TOKEN_ID=myroot'
➥ -e 'VAULT_DEV_LISTEN_ADDRESS=0.0.0.0:8200' vault
```

这个 `docker run` 命令包含这些参数：

- `VAULT_DEV_ROOT_TOKEN_ID`——该参数设置生成的根令牌（root token）的 ID。根令牌是开始配置 Vault 的初始访问令牌。该参数将初始生成的根令牌的 ID 设置为给定的值。
- `VAULT_DEV_LISTEN_ADDRESS`——该参数设置开发服务器监听器的 IP 地址和端口，默认值是 0.0.0.0:8200。

注意　在本例中，我们将在本地运行 Vault。如果你需要了解如何在服务器模式下运行 Vault 的额外信息，我们强烈建议你访问官方的 Vault Docker 镜像信息。

一旦最新的 Vault 镜像被拉到 Docker 中，我们就可以开始创建机密信息了。为了使这个示例更简单，我们将使用 Vault UI，但是如果你更喜欢使用 CLI 命令，那么你可以使用 CLI 命令。

5.3.8　Vault UI

Vault 提供了一个统一的接口，方便了创建机密信息的过程。要访问这个 UI，我们需要输入以下 URL：`http://0.0.0.0:8200/ui/vault/auth`。这个 URL 是由 `docker run` 命令设置的 `VAULT_DEV_LISTEN_ADDRESS` 参数定义的。图 5-10 展示了 Vault UI 的登录页面。

下一步是创建一份机密信息。要在登录后创建机密信息，请点击 Vault UI 仪表板中的 Secrets 选项卡。对于本例，我们将创建一个名为 `secret/licensingservice`、其属性名为 `license.vault.property` 的机密信息，并将其值设置为 `Welcome to vault`。请记住，对这条信息的访问将受到限制并将被加密。为了实现这一点，首先我们需要创建一个新的机密信息引擎，然后将特定的机密信息添加到该引擎中。图 5-11 展示了如何使用 Vault UI 来创建它。

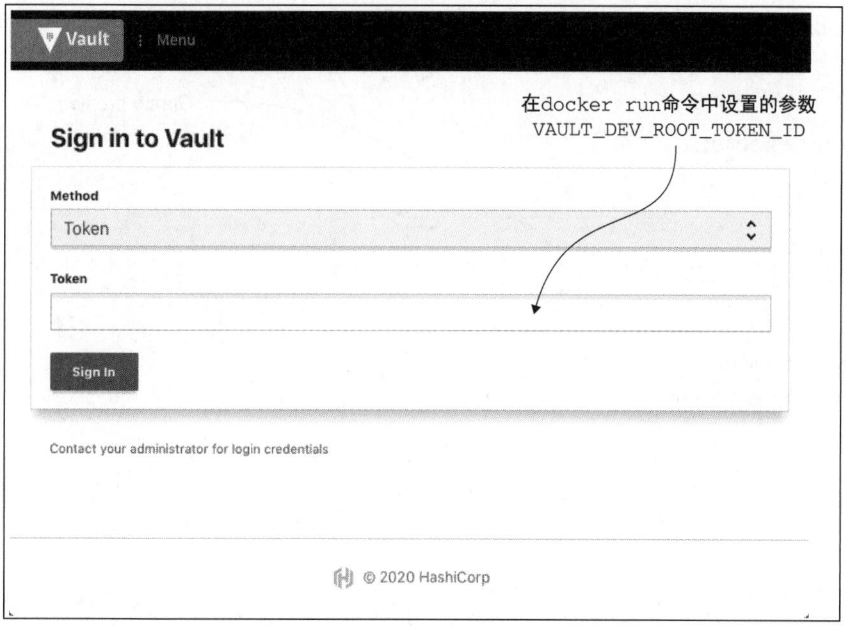

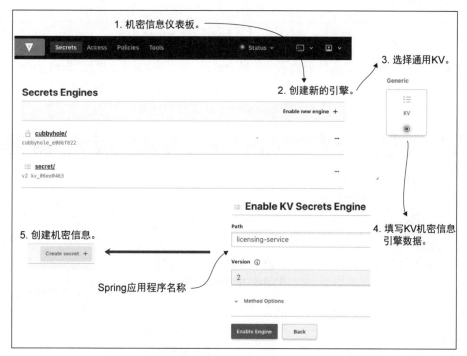

图 5-10　Vault UI 中的登录页面。在 Token 字段中输入以下 URL 进行登录：`http://0.0.0.0:8200/ui/vault/auth`

图 5-11　在 Vault UI 中创建一个新的机密信息引擎

现在，我们有了新的机密信息引擎，让我们来创建机密信息。图 5-12 展示了如何创建。

图 5-12　在 Vault UI 中创建一份新的机密信息

现在我们已经配置了 Vault 并创建了一份机密信息，接下来，让我们配置 Spring Cloud Config 服务器端以与 Vault 通信。为此，我们将把 Vault profile 添加到 Config 服务器端的 bootstrap.yml 文件中。代码清单 5-14 展示了修改后的 bootstrap.yml 文件的外观。

代码清单 5-14　向 Spring Cloud bootstrap.yml 中添加 Vault

```
spring:
  application:`
    name: config-server
  profiles:
    active:
    - vault
  cloud:
    config:
      server:
        vault:                    ← 告诉 Spring Cloud Config 使
          port: 8200                用 Vault 作为后端存储库
          host: 127.0.0.1         ← 将 Vault 主机告知 Spring
          kvVersion: 2              Cloud Config
server:                           ← 设置 KV 机密信
  port: 8071                        息引擎的版本
```

将 Vault 端口告知 Spring Cloud Config

注意　这里的一个重点是 KV 机密信息引擎的版本。`spring.cloud.config.server.kv-version` 的默认值是 1。但当我们使用 Vault 0.10.0 或更高版本时，建议使用版本 2。

现在我们全设置好了，下面通过一个 HTTP 请求来测试我们的 Config 服务器端。这里你可以使用 cURL 命令或某个 REST 客户端（如 Postman）：

```
$ curl -X "GET" "http://localhost:8071/licensing-service/default" -H
➥ "X-Config-Token: myroot"
```

如果一切都配置成功，该命令应该返回如下所示的响应：

```
{
    "name": "licensing-service",
    "profiles": [
        "default"
    ],
    "label": null,
    "version": null,
    "state": null,
    "propertySources": [
        {
            "name": "vault:licensing-service",
            "source": {
                "license.vault.property": "Welcome to vault"
            }
        }
    ]
}
```

5.4　保护敏感配置信息

在默认情况下，Spring Cloud Config 服务器端在应用程序配置文件中以纯文本格式存储所有属性，包括像数据库凭据这样的敏感信息。将敏感凭据作为纯文本保存在源代码存储库中是一种非常糟糕的做法。遗憾的是，它发生的频率远比你想象的高。

Spring Cloud Config 可以让我们轻松加密敏感属性。Spring Cloud Config 支持使用对称加密（共享秘密）密钥和非对称加密密钥（公钥/私钥）。非对称加密比对称加密更安全，因为它使用更现代和更复杂的算法。然而，有时使用对称密钥更方便，因为我们只需要在 Config 服务器端的 bootstrap.yml 文件中定义一个属性值。

5.4.1　创建对称加密密钥

对称加密密钥只不过是加密器用来加密值和解密器用来解密值的共享秘密。对于 Spring Cloud Config 服务器端，对称加密密钥是一个由字母组成的字符串，你可以选择在 Config 服务器端的 bootstrap.yml 文件中设置它，也可以选择通过操作系统环境变量 ENCRYPT_KEY 将它传递给服务。你可以选择最符合你需要的那种方式。

注意　对称密钥的长度应该是 12 个或更多个字符，最好是一个随机的字符集。

让我们先看一个示例，看看如何在 Spring Cloud Config 服务器端的 bootstrap 文件中配置对称密钥。代码清单 5-15 展示了如何配置对称密钥。

代码清单 5-15　在 bootstrap.yml 文件中设置一个对称密钥

```
cloud:
    config:
      server:
        native:
          search-locations: classpath:/config
        git:
            uri: https://github.com/ihuaylupo/config.git
            searchPaths: licensingservice

server:
  port: 8071

encrypt:                            告诉 Config 服务器端使用
  key: secretkey      ◁─────────    这个值作为对称密钥
```

在本书中，我们总是将 ENCRYPT_KEY 环境变量设置为 export ENCRYPT_KEY=IMSYMMETRIC。如果你需要本地测试而不使用 Docker，请随意使用 bootstrap.yml 文件属性。

> **管理加密密钥**
>
> 在本书中，我们做了两件在生产部署中通常不会推荐的事情。
>
> ■ 我们将加密密钥设置为一个短语。因为我们想保持密钥简单，以便我们能记住它，它也很适合我们阅读。在真实的部署中，我们会为部署的每个环境使用单独的加密密钥，并使用随机字符作为密钥。
>
> ■ 在本书中使用的 Docker 文件中，我们直接硬编码了 ENCRYPT_KEY 环境变量。这样做的目的是让读者可以下载文件并启动它们而无须记得设置环境变量。
>
> 在真实的运行时环境中，我们将引用 ENCRYPT_KEY 作为 Dockerfile 中的一个操作系统环境变量。注意这一点，并且不要在你的 Dockerfile 内硬编码加密密钥。记住，Dockerfile 应该处于源代码控制下。

5.4.2　加密和解密属性

现在，可以开始加密在 Spring Cloud Config 中使用的属性了。我们将加密用于访问 O-stock 数据的许可证服务 Postgres 数据库密码。这个属性名为 spring.datasource.password，当前设置的纯文本值为 postgres。

在启动 Spring Cloud Config 实例时，Spring Cloud Config 将检测到，环境变量 ENCRYPT_KEY 或 bootstrap 文件中的属性已设置，并自动将两个新端点/encrypt 和/decrypt 添加到 Spring Cloud Config 服务。我们将使用/encrypt 端点加密 postgres 值。图 5-13 展示了如何使用

/encrypt 端点和 Postman 加密 postgres 值。

注意　在调用/encrypt 或/decrypt 端点时,需要确保对这些端点进行 POST 请求。

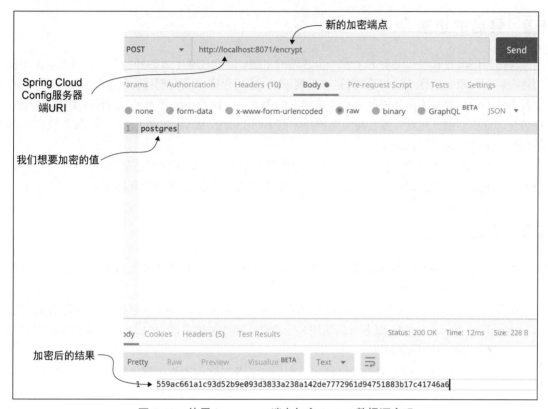

图 5-13　使用/encrypt 端点加密 Spring 数据源密码

现在,可以开始加密在 Spring Cloud Config 中使用的属性了。我们将加密用于访问 O-stock 数据的许可证服务 Postgres 数据库密码。要加密的属性 spring.datasource.password 当前设置的纯文本值为 postgres。

如果要解密这个值,可以使用/decrypt 端点,传入已加密的字符串。现在可以使用代码清单 5-16 中的语法将已加密的属性添加到我们的 GitHub 或基于文件系统的许可证服务的配置文件中。

代码清单 5-16　向许可证服务属性文件中添加加密值

```
spring.datasource.url = jdbc:postgresql://localhost:5432/ostock_dev
spring.datasource.username = postgres
spring.datasource.password = {cipher}
➥ 559ac661a1c93d52b9e093d3833a238a142de7772961d94751883b17c41746a6
```

Spring Cloud Config 服务器端要求所有已加密的属性前面加上 {cipher} 值。{cipher} 值告诉 Config 服务器端它正在处理已加密的值。

5.5　最后的想法

应用程序配置管理可能看起来像一个普通的主题，但它在基于云的环境中至关重要。正如我们将在后面几章中更详细地讨论的，至关重要的是，应用程序以及它们运行的服务器是不可变的，并且不会手动更改在不同环境间进行部署提升的服务器。这与传统部署模型的情况是不一样的，在传统部署模型中，开发人员会将应用程序制品（如 JAR 或 WAR 文件）连同它的属性文件一起部署到一个"固定的"环境中。

然而，在使用基于云的模型时，应用程序配置数据应该与应用程序完全分离。然后在运行时注入相应的配置数据，以便在所有环境中一致地提升相同的服务器/应用程序制品。

5.6　小结

- Spring Cloud 配置服务器端（又称 Spring Cloud Config 服务器端，或者简称 Config 服务器端）允许使用环境特定值设置应用程序属性。
- Spring 使用 profile 来启动服务，以确定要从 Spring Cloud Config 服务检索哪些环境属性。
- Spring Cloud Config 服务可以使用基于文件、基于 Git 或基于 Vault 的应用程序配置存储库来存储应用程序属性。
- Spring Cloud Config 服务允许使用对称加密和非对称加密对敏感属性文件进行加密。

第6章 关于服务发现

本章主要内容
- 为什么服务发现对基于云的应用程序很重要
- 服务发现与负载均衡器的优缺点
- 建立一个 Spring Netflix Eureka 服务器端
- 通过 Eureka 注册一个基于 Spring Boot 的微服务
- 使用 Spring Cloud LoadBalancer 库来完成客户端负载均衡

在任何分布式架构中，我们都需要找到机器所在的位置的主机名和 IP 地址。这个概念自分布式计算开始出现就已经存在，并且被正式称为"服务发现"。服务发现可以非常简单，只需要维护一个属性文件，这个属性文件包含应用程序使用的所有远程服务的地址，也可以很正式，像通用描述、发现与集成服务（Universal Description, Discovery, and Integration，UDDI）存储库一样。服务发现对于微服务和基于云的应用程序至关重要，主要原因有两个。

- 水平扩展或横向扩展——此模式通常需要在应用程序架构中进行调整，例如，在云服务中添加更多服务实例和更多容器。
- 弹性——此模式指的是在不影响业务的情况下吸收架构或服务中问题的影响的能力。微服务架构需要非常敏感，以防止单个服务（或服务实例）中的问题向上或向外级联影响到服务的使用者。

首先，服务团队允许应用团队快速地对在环境中运行的服务实例数量进行水平伸缩。服务消费者不用考虑服务的物理位置。由于服务消费者不知道实际服务实例的物理位置，因此服务实例可以从可用服务池中添加或移除。

这种在不影响服务消费者的情况下快速伸缩服务的能力是一个吸引人的概念。它可以驱使习惯于构建单体、单一租户（如一个客户）的应用程序的开发团队，远离仅考虑通过增加更大型、更好的硬件（垂直伸缩）的方法来扩大服务，而是考虑通过更强大的方法——添加具有更多服务的更多服务器（水平伸缩）来实现扩大。

单体方法通常会驱使开发团队在过度购买处理能力的道路上越走越远。处理能力的增长以跳跃式和峰值的形式体现出来，很少按照平稳路径的形式增长。例如，在某些假期之前考虑电子商务网站将迎来请求数量的增长。微服务允许我们按需对新服务实例进行伸缩。服务发现有助于抽象出这些服务部署，使它们远离服务消费者。

　　服务发现的第二个好处是，它有助于提高应用程序的弹性。当微服务实例变得不健康或不可用时，大多数服务发现引擎将从其内部可用服务列表中移除该实例。由于服务发现引擎会在路由服务时绕过不可用服务，因此能够使不可用服务造成的损害最小。

　　这些听起来可能有些复杂，你可能会感到困惑，为什么我们不能使用诸如域名服务（Domain Name Service，DNS）或负载均衡器这样的可靠方法来帮助促进服务发现。接下来我们就来讨论一下，为什么这些方法不适用于基于微服务的应用程序，特别是在云中运行的应用程序。然后，我们将学习如何在我们的架构中实现 Eureka Discovery。

6.1　我的服务在哪里

　　如果你有一个应用程序，它调用分布在多个服务器上的资源，那么它就需要找到这些资源的物理位置。在非云的世界中，服务位置解析通常由 DNS 和网络负载均衡器的组合来解决（见图 6-1）。在这个传统场景中，当应用程序需要调用位于组织另一部分的服务时，它会尝试通过使用通用 DNS 名称以及唯一表示需要调用的服务的路径来调用该服务。DNS 名称会被解析到一个商用负载均衡器（如流行的 F5 负载均衡器）或开源负载均衡器（如 HAProxy）。

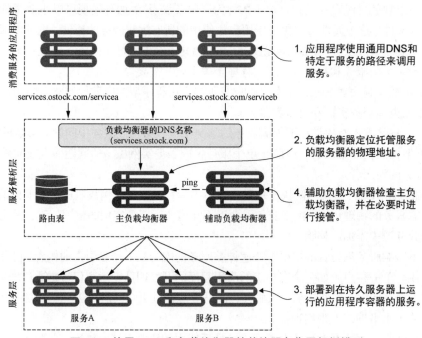

图 6-1　使用 DNS 和负载均衡器的传统服务位置解析模型

在传统场景中，负载均衡器一旦收到来自服务消费者的请求，就会根据服务消费者尝试访问的路径，在路由表中定位物理地址条目。此路由表条目包含托管该服务的一个或多个服务器的列表。接着，负载均衡器选择列表中的一个服务器，并将请求转发到该服务器上。

在这种遗留模型中，服务的每个实例被部署到一个或多个应用程序服务器。这些应用程序服务器的数量往往是静态的（托管服务的应用程序服务器的数量并没有增加和减少）和持久的（如果运行应用程序的服务器崩溃，它将恢复到崩溃时的状态，并将具有与之前相同的 IP 地址和配置）。为了实现高可用性，辅助的空闲负载均衡器会 ping 主负载均衡器以查看它是否处于存活（alive）状态。如果主负载均衡器未处于存活状态，那么辅助负载均衡器将变为存活状态，接管主负载均衡器的 IP 地址并开始为请求提供服务。

虽然这种模型适用于在企业数据中心的四面墙内部运行的应用程序，以及在一组静态服务器上运行相对较少的服务的情况，但对基于云的微服务应用程序来说，这种模型并不适用。原因有以下几个。

- 虽然负载均衡器可以实现高可用，但这是整个基础设施的单点故障。如果负载均衡器出现故障，那么依赖它的每个应用程序也会出现故障。尽管可以使负载平衡器高度可用，但负载均衡器往往是应用程序基础设施中的集中式阻塞点。
- 在服务集中到单个负载均衡器集群的情况下，跨多个服务器水平伸缩负载均衡基础设施的能力有限。许多商业负载均衡器受两件事情的限制：它们的冗余模型和它们的许可证成本。

  大多数商业负载均衡器使用热插拔模型实现冗余，因此只能使用单个服务器来处理负载，而辅助负载均衡器仅在主负载均衡器中断的情况下，才能进行故障切换。这种架构本质上是受硬件的限制。商业负载均衡器具有有限数量的许可证，它面向的是固定容量模型而不是更可变的模型。
- 大多数传统负载均衡器都是静态管理的。它们不是为服务的快速注册和注销设计的。传统负载均衡器使用集中式数据库来存储规则的路由，添加新路由的唯一方法通常是通过供应商的专有 API 来进行添加。
- 由于负载均衡器充当服务的代理，它需要将服务消费者的请求映射到物理服务。这个转换层通常会为服务基础设施增加一层复杂度，因为服务的映射规则必须手动定义和部署。此外，在传统的负载均衡器场景中，新服务实例启动时不会完成新服务实例的注册。

这 4 个原因并不是对负载均衡器的刻意指摘。负载均衡器在企业级环境中工作良好，在这种环境中，大多数应用程序的大小和规模可以通过集中式网络基础设施来处理。但是，负载均衡器仍然可以在集中化 SSL 终端和管理服务端口安全性方面发挥作用。负载均衡器可以锁定位于它后面的所有服务器的入站（入口）端口和出站（出口）端口访问。在需要满足行业标准的认证要求，如 PCI（Payment Card Industry，支付卡行业）合规时，这种"最小网络访问"概念经常是关键组成部分。

然而，在云环境中，必须处理大量的事务和冗余，集中的网络基础设施并不能最终发挥作用，因为它不能有效地伸缩，并且成本效益也不高。现在我们来看一下，如何为基于云的应用程序实现一个健壮的服务发现机制。

6.2　云中的服务发现

基于云的微服务环境的解决方案是使用服务发现机制，这一机制具有以下特点。

- 高可用——服务发现需要能够支持"热"集群环境，在这种环境中，服务查找可以在服务发现集群中跨多个节点共享。如果一个节点变得不可用，集群中的其他节点应该能够接管工作。

  集群可以定义为一组多服务器实例。此环境的所有实例都具有相同的配置，并协同工作，以提供高可用性、可靠性和可伸缩性。与负载均衡器相结合的集群可以提供故障切换以防止服务中断，还可以提供会话复制以存储会话数据。
- 点对点——服务发现集群中的每个节点共享一个服务实例的状态。
- 负载均衡——服务发现需要在所有服务实例之间动态地对请求进行负载均衡，这能确保服务调用分布在由它管理的所有服务实例上。在许多方面，服务发现取代了许多早期 Web 应用程序实现中使用的更静态的、手动管理的负载均衡器。
- 有弹性——服务发现的客户端应该在本地缓存服务信息。本地缓存允许服务发现功能逐步降级，这样，如果服务发现服务变得不可用，应用程序仍然可以基于其本地缓存中维护的信息来运行和定位服务。
- 容错——服务发现需要检测出服务实例什么时候是不健康的，并从可以接收客户端请求的可用服务列表中移除该实例。服务发现应该在没有人为干预的情况下，对这些故障进行检测，并采取行动。

在接下来的几节中，我们将：

- 了解基于云的服务发现代理的工作方式的概念架构；
- 展示即使在服务发现代理不可用时，客户端缓存和负载均衡如何使服务能够继续发挥作用；
- 了解如何使用 Spring Cloud 和 Netflix 的 Eureka 服务发现代理实现服务发现功能。

6.2.1　服务发现架构

为了开始讨论服务发现架构，我们需要了解 4 个概念。这些一般概念在所有服务发现实现中是共通的。

- 服务注册——服务如何使用服务发现代理进行注册。
- 客户端查找服务地址——服务客户端如何查找服务信息。
- 信息共享——节点如何共享服务信息。
- 健康监测——服务如何将它们的健康信息传回服务发现代理。

服务发现的主要目标是建立一个架构，在这个架构中，服务可以指示它们的物理位置，而不必手动配置它们的位置。图 6-2 展示了如何添加和删除服务实例，以及服务实例如何更新服务发现代理，使这个服务实例可用来处理用户请求。

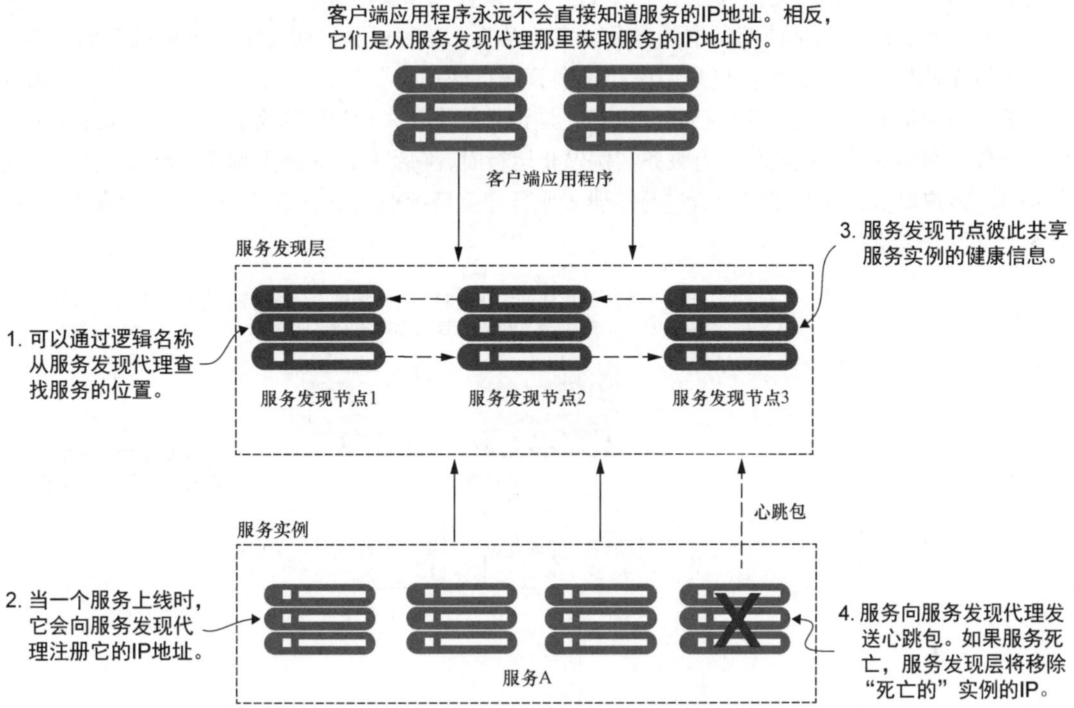

客户端应用程序永远不会直接知道服务的IP地址。相反，
它们是从服务发现代理那里获取服务的IP地址的。

客户端应用程序

服务发现层

3. 服务发现节点彼此共享
服务实例的健康信息。

1. 可以通过逻辑名称
从服务发现代理查
找服务的位置。

服务发现节点1　　服务发现节点2　　服务发现节点3

服务实例

心跳包

2. 当一个服务上线时，
它会向服务发现代
理注册它的IP地址。

服务A

4. 服务向服务发现代理发
送心跳包。如果服务死
亡，服务发现层将移除
"死亡的"实例的IP。

图 6-2　在添加或删除服务实例时，服务发现节点将被更新，并可用于处理用户请求

图 6-2 展示了这 4 个要点的流程（服务注册、服务发现查找、信息共享，健康监测）以及我们在实现服务发现模式时通常会发生的情况。在该图中，启动了一个或多个服务发现节点。这些服务发现实例的前面一般不会有负载均衡器。

当服务实例启动时，它们将注册一个或多个服务发现实例可以用来访问这些服务实例的物理位置、路径和端口。虽然每个服务实例都具有唯一的 IP 地址和端口，但是每个出现的服务实例都将以相同的服务 ID 进行注册。服务 ID 只不过是唯一标识一组相同服务实例的键。

服务通常只在一个服务发现实例中进行注册。大多数服务发现的实现使用数据传播的点对点模型，其中每个服务实例的数据都被传递到服务发现集群中的所有其他节点。根据服务发现实现的不同，传播机制可能会使用硬编码的服务列表来进行传播，也可能会使用像 gossip 或 infection-style 协议这样的多点广播协议，以允许其他节点在集群中"发现"变更。

最后，每个服务实例将通过服务发现服务推送或拉取服务实例的状态。任何未能返回良好的健康检查信息的服务都将从可用服务实例池中删除。服务在向服务发现服务进行注册之后，这个服务就可以被需要使用这项服务功能的应用程序或其他服务使用。客户端可以使用不同的模型来

发现服务。

作为第一种方法，在每次调用服务时，客户端可以只依赖于服务发现引擎来解析服务位置。使用这种方法，每次调用注册的微服务实例时，服务发现引擎就会被调用。遗憾的是，这种方法很脆弱，因为服务客户端完全依赖于服务发现引擎来查找和调用服务。

一种更健壮的方法是使用所谓的客户端负载均衡。这种机制使用特定于区域或轮循之类的算法来触发调用服务的实例。当我们说"轮询算法负载均衡"时，我们指的是一种跨多个服务器分发客户端请求的方法。这包括将一个客户端请求依次转发给每个服务器。使用 Eureka 的客户端负载均衡器的一个优点是，当服务实例停止运行时，它将从注册表中删除。当服务实例启动完成时，客户端负载均衡器就会通过与注册表服务建立持续通信来更新自身，而无须人工干预。图 6-3 说明了这种方法。

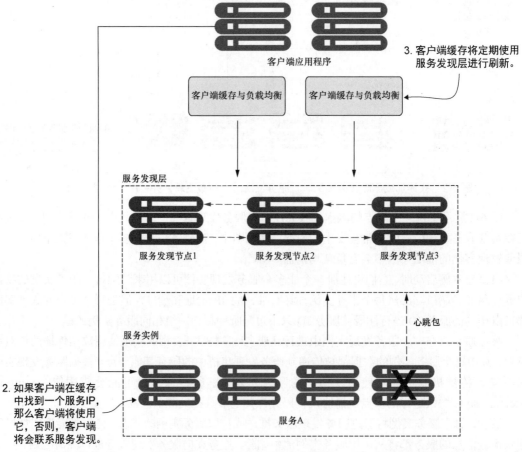

图 6-3　客户端负载均衡缓存服务的位置，以便服务客户端不必在每次调用时都联系服务发现

在这个模型中，当一个服务消费者需要调用一个服务时，会经过以下步骤。

（1）它将联系发现服务，获取服务消费者（客户端）请求的所有实例，然后在服务消费者的机器上本地缓存数据。

（2）每当客户端需要调用该服务时，服务消费者将从缓存中查找该服务的位置信息。通常，客户端缓存将使用简单的负载均衡算法，如"轮询"负载均衡算法，以确保服务调用分布在多个服务实例之间。

（3）然后，客户端将定期与发现服务进行联系，并刷新其服务实例的缓存。客户端缓存最终是一致的，但是始终存在这样的风险：在客户端联系服务发现实例进行刷新和调用时，调用可能会被定向到不健康的服务实例上。

如果在调用服务的过程中，服务调用失败，那么本地的服务发现缓存会失效，服务发现客户端将尝试从服务发现代理刷新它的数据。现在，让我们使用通用服务发现模式，并将它应用到我们的 O-stock 问题域。

6.2.2 使用 Spring 和 Netflix Eureka 进行服务发现实战

在本节中，我们将通过创建一个服务发现代理来实现服务发现，然后通过这个代理注册两个服务。通过这个实现，我们将使用服务发现检索到的信息，从一个服务调用另一个服务。Spring Cloud 提供了多种从服务发现代理查找信息的方法。我们将介绍每种方法的优点和缺点。

同样，Spring Cloud 项目再一次让这种创建变得极其简单。我们将使用 Spring Cloud 和 Netflix 的 Eureka 服务发现引擎来实现服务发现模式。对于客户端负载均衡，我们将使用 Spring Cloud LoadBalancer。

> **注意** 在本章中，我们不打算使用 Ribbon。Ribbon 是事实上的客户端负载均衡器，用于使用 Spring Cloud 的应用程序之间基于 REST 的通信。虽然 Netflix Ribbon 客户端负载均衡是一个稳定的解决方案，但它现在已经进入了维护模式，所以很遗憾，它将不再被开发。

在本节中，我们将解释如何使用 Spring Cloud LoadBalancer，它是 Ribbon 的替代品。目前，Spring Cloud LoadBalancer 仍处于活跃开发中，所以预计很快就会有新的功能。在前两章中，我们保持了许可证服务的简单性，并在许可数据中包含了许可证的组织名称。在本章中，我们将把组织信息分解为它自己的服务中。图 6-4 展示了 O-stock 微服务使用 Eureka 实现的客户端缓存。

当许可证服务被调用时，它将调用组织服务以检索与指定的组织 ID 相关联的组织信息。组织服务的位置的实际解析存储在服务发现注册表中。在本例中，我们将使用服务发现注册表注册两个组织服务实例，然后使用客户端负载均衡来查找服务，并在每个服务实例中缓存注册表。图 6-4 展示了这个过程。

（1）随着服务的启动，许可证和组织服务将通过 Eureka 服务进行注册。这个注册过程将告诉 Eureka 每个服务实例的物理位置和端口号，以及正在启动的服务的服务 ID。

（2）当许可证服务调用组织服务时，它将使用 Spring Cloud LoadBalancer 来提供客户端负载均衡。Load Balancer 将联系 Eureka 服务去检索服务位置信息，然后在本地进行缓存。

（3）Spring Cloud LoadBalancer 库将定期对 Eureka 服务进行 ping 操作，并刷新服务位置的本地缓存。

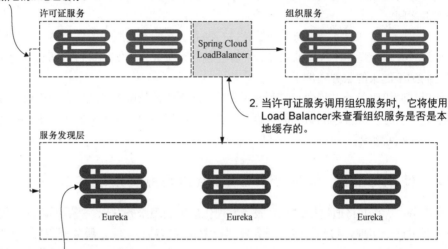

图 6-4　通过 O-stock 的许可证服务和组织服务实现客户端缓存和 Eureka，可以减轻 Eureka 服务器端的负载，并提高 Eureka 不可用时的客户端稳定性

任何新的组织服务实例现在都将在本地对许可证服务可见，而任何不健康实例都将从本地缓存中移除。我们将通过建立我们的 Spring Cloud Eureka 服务来实现这个设计。

6.3　构建 Spring Eureka 服务

在本节中，我们将通过 Spring Boot 建立我们的 Eureka 服务。与 Spring Cloud Config 服务一样，我们将从构建新的 Spring Boot 项目开始，并应用注解和配置来建立 Spring Cloud Eureka 服务。首先，让我们使用 Spring Initializr 创建这个项目。为此，我们将在 Spring Initializr 中遵循以下步骤。

（1）选择 Maven 作为项目类型。

（2）选择 Java 作为开发语言。

（3）选择最新的 2.2.x 或更稳定的 Spring 版本。

（4）group 和 artifact 分别填入 com.optimagrowth 和 eurekaserver。

（5）展开选项列表并填入 `Eureka Server` 作为名称，`Eureka Server` 作为描述，

com.optimagrowth.eureka 作为其包名。

（6）选择 JAR 打包。

（7）选择 Java 11 作为 Java 版本。

（8）如图 6-5 所示，选择 Eureka Server、Config Client 和 Spring Boot Actuator 依赖项。代码清单 6-1 展示了 Eureka Server 的 pom.xml 文件。

图 6-5　Spring Initializr 中的 Eureka Server 依赖项

代码清单 6-1　用于 Eureka Server 的 Maven pom 文件

```xml
<?xml version="1.0" encoding="UTF-8"?>
<project xmlns="http://maven.apache.org/POM/4.0.0"
  xmlns:xsi="http://www.w3.org/2001/XMLSchema-instance"
  xsi:schemaLocation="http://maven.apache.org/POM/4.0.0
  https://maven.apache.org/xsd/maven-4.0.0.xsd">
    <modelVersion>4.0.0</modelVersion>
    <parent>
        <groupId>org.springframework.boot</groupId>
        <artifactId>spring-boot-starter-parent</artifactId>
        <version>2.2.5.RELEASE</version>
        <relativePath/> <!-- 从仓库中查找父依赖 -->
    </parent>
    <groupId>com.optimagrowth</groupId>
    <artifactId>eurekaserver</artifactId>
    <version>0.0.1-SNAPSHOT</version>
    <name>Eureka Server</name>
    <description>Eureka Server</description>

    <properties>
        <java.version>11</java.version>
        <spring-cloud.version>Hoxton.SR1</spring-cloud.version>
    </properties>
```

```
    <dependencies>
      <dependency>
        <groupId>org.springframework.boot</groupId>
        <artifactId>spring-boot-starter-actuator</artifactId>
      </dependency>
      <dependency>
        <groupId>org.springframework.cloud
        </groupId>
        <artifactId>spring-cloud-starter-config</artifactId>
      </dependency>
      <dependency>
        <groupId>org.springframework.cloud</groupId>
        <artifactId>spring-cloud-starter-netflix-eureka-server
        </artifactId>
        <exclusions>
          <exclusion>
            <groupId>org.springframework.cloud</groupId>
            <artifactId>spring-cloud-starter-ribbon</artifactId>
          </exclusion>
          <exclusion>
            <groupId>com.netflix.ribbon</groupId>
            <artifactId>ribbon-eureka</artifactId>
          </exclusion>
        </exclusions>
      </dependency>
      <dependency>
        <groupId>org.springframework.cloud</groupId>
        <artifactId>spring-cloud-starter-loadbalancer
        </artifactId>
      </dependency>
      <dependency>
        <groupId>org.springframework.boot</groupId>
        <artifactId>spring-boot-starter-test</artifactId>
        <scope>test</scope>
        <exclusions>
          <exclusion>
            <groupId>org.junit.vintage</groupId>
            <artifactId>junit-vintage-engine</artifactId>
          </exclusion>
        </exclusions>
      </dependency>
    </dependencies>

  <!-- 为了简洁，省略了 pom.xml 的其余部分 -->
  ...
  </project>
```

告诉 Maven 包含连接到 Spring Config 服务器端的客户端，以检索应用程序的配置

告诉 Maven 包含 Eureka 库

排除 Netflix Ribbon 库

告诉 Maven 包含 Spring Cloud LoadBalancer 库

下一步是创建 src/main/resources/bootstrap.yml 文件，使用我们需要从前面第 5 章创建的 Spring Config 服务器端中检索配置的设置。我们还需要添加配置来禁用 Ribbon 作为默认的客户端负载均衡器。代码清单 6-2 展示了 bootstrap.yml 的内容。

代码清单 6-2　创建 Eureka 的 bootstrap.yml 文件

```
spring:
  application:
    name: eureka-server          ◁──── 对 Eureka 服务进行命名，这样 Spring Cloud
  cloud:                                Config 客户端就知道它在查找哪个服务
    config:
      uri: http://localhost:8071 ◁──── 指定 Spring Cloud Config
                                        服务器端的位置
  loadbalancer:
    ribbon:            ◁────── 因为 Ribbon 仍然是默认的客户端负载均衡
      enabled: false            器，所以我们使用 loadbalancer.ribbon.enabled
                                配置禁用它
```

　　一旦在 Eureka 服务器上的 bootstrap 文件中添加了 Spring Config 服务器端信息，并且禁用了作为负载均衡器的 Ribbon 之后，我们就可以继续下一步了。下一步添加了在 Spring Config 服务器端中设置以独立模式（集群中没有其他节点）运行 Eureka 服务所需的配置。

　　为了实现这一点，我们必须在 Spring Config 服务中设置的存储库中创建 Eureka Server 配置文件。（请记住，我们可以将存储库指定为类路径、文件系统、Git 存储库或 Vault。）配置文件的名称应该与 Eureka 服务的 bootstrap.yml 中定义的 `spring.application.name` 属性一致。在本例中，我们将在 classpath/configserver/src/main/resources/config/eureka-server.yml 中创建 eureka-server.yml 文件。代码清单 6-3 展示了这个文件的内容。

　　注意　如果你没有遵循第 5 章的代码清单，可以查看第 5 章的源代码。

代码清单 6-3　在 Spring Config 服务器端中设置 Eureka 配置

设置 Eureka 实例主机名

```
    server:
      port: 8070      ◁─────── 设置 Eureka 服务器端的监听端口
    eureka:
      instance:
 ┌──▷   hostname: localhost
 │     client:                    告诉 Eureka 服务器端不要
 │       registerWithEureka: false  ◁── 向 Eureka 服务注册……
 │       fetchRegistry: false
 │       serviceUrl:                    ……并且不在本地
 │         defaultZone:                 缓存注册信息
 │           http://${eureka.instance.hostname}:${server.port}/eureka/
 │       server:
 │         waitTimeInMsWhenSyncEmpty: 5  ◁── 设置 Eureka 服务器端接收
 │                                           请求之前等待的初始时间
 └─ 提供 Eureka 服务 URL
```

　　代码清单 6-3 中设置的关键属性如下所示。

- `server.port`——设置默认端口。
- `eureka.instance.hostname`——设置 Eureka 服务的 Eureka 实例主机名。
- `eureka.client.registerWithEureka`——告诉 Eureka 服务器端别在 Spring Boot

Eureka 应用程序启动时注册到 Eureka。

- eureka.client.fetchRegistry——当设置为 false 时，告诉 Eureka 服务，当它启动时，不需要在本地缓存其注册表信息。当运行 Eureka 客户端时，你需要为将要向 Eureka 注册的 Spring Boot 服务更改这个值。

- eureka.client.serviceUrl.defaultZone——为任何客户端提供服务 URL。它是 eureka.instance.hostname 和 server.port 属性的组合。

- eureka.server.waitTimeInMsWhenSyncEmpty——设置服务器端接受请求之前的等待时间。

请注意代码清单 6-3 中的属性 eureka.server.waitTimeInMsWhenSyncEmpty，它表示在开始接受请求之前等待的时间（以毫秒为单位）。当你本地测试服务时，应该使用这一行属性，因为 Eureka 不会马上通告任何通过它注册的服务。默认情况下，它会等待 5 分钟，让所有的服务都有机会在通告它们之前通过它来注册。进行本地测试时使用这行属性，将有助于加快 Eureka 服务启动和显示通过它注册服务所需的时间。

> **注意** 每次服务注册需要 30 秒的时间才能显示在 Eureka 服务中，这是因为 Eureka 需要从服务接收 3 次连续心跳包 ping，每次心跳包 ping 间隔 10 秒，然后才能使用这个服务。在部署和测试服务时，要牢记这一点。

在建立 Eureka 服务时，需要进行的最后一项工作就是在用于启动 Eureka 服务的应用程序引导类中添加注解。对于 Eureka 服务，应用程序引导类 EurekaServerApplication 可以在 src/main/java/com/optimagrowth/eureka/EurekaServerApplication.java 类文件中找到。代码清单 6-4 展示了添加注解的位置。

代码清单 6-4　标注引导类以启用 Eureka 服务器端

```
package com.optimagrowth.eureka;

import org.springframework.boot.SpringApplication;
import org.springframework.boot.autoconfigure.SpringBootApplication;
import org.springframework.cloud.netflix.eureka.server.EnableEurekaServer;

@SpringBootApplication
@EnableEurekaServer          ◄───┤ 在 Spring 服务中启用
public class EurekaServerApplication {          Eureka 服务器端

    public static void main(String[] args) {
        SpringApplication.run(EurekaServerApplication.class, args);
    }

}
```

此时，我们只使用一个新的注解@EnableEurekaServer，就可以让我们的服务成为一个 Eureka 服务。现在我们可以通过运行 mvn spring-boot:run 或运行 docker-compose 命令来启动 Eureka 服务了。一旦执行这个启动命令，我们就会有一个正在运行的 Eureka 服务，其中没有注册任何服务。我们首先需要运行 Spring Config 服务，因为它包含 Eureka 应用程序配置。如果不先运行配置服务，会得到以下错误：

```
Connect Timeout Exception on Url - http://localhost:8071.
Will be trying the next url if available.
      com.sun.jersey.api.client.ClientHandlerException:
      java.net.ConnectException: Connection refused (Connection refused)
```

为了避免前面的问题，请尝试使用 Docker Compose 运行服务。现在，让我们继续构建组织服务，然后我们将使用 Eureka 服务注册许可证服务和组织服务。

6.4 通过 Spring Eureka 注册服务

现在，我们有一个基于 Spring 的 Eureka 服务器端正在运行。在本节中，我们将配置组织服务和许可证服务，以通过我们的 Eureka 服务器端来注册它们自身。这项工作是为了让服务客户端从 Eureka 注册表中查找服务做好准备。在本节结束时，你应该会对如何通过 Eureka 注册 Spring Boot 微服务有一个明确的认识。

通过 Eureka 注册一个基于 Spring Boot 的微服务是非常简单的。出于本章的目的，我们不会详细介绍编写服务所涉及的所有 Java 代码（我们故意将代码量保持得很少），而是专注于使用上一节创建的 Eureka 服务注册表来注册服务。

在本节中，我们将引入一个名为组织服务的新服务。该服务将包含 CRUD 端点。你可以从本书配套源代码中找到许可证服务和组织服务的代码。

注意　此时，你可以使用你可能拥有的其他微服务。只需要在向服务发现注册服务时注意服务 ID 名称。

首先需要做的是将 Spring Eureka 依赖项添加到组织服务和许可证服务的 pom.xml 文件中。代码清单 6-5 展示了如何添加。

代码清单 6-5　将 Spring Eureka 依赖项添加到组织服务的 pom.xml

```
<dependency>
    <groupId>org.springframework.cloud</groupId>        引入 Eureka 库，以便服务
    <artifactId>                                  ◁─────  可以使用 Eureka 进行注册
       spring-cloud-starter-netflix-eureka-client
    </artifactId>
</dependency>
```

spring-cloud-starter-netflix-eureka-client 制品包含了 Spring Cloud 用于与 Eureka 服务进行交互的 JAR 文件。在创建好 pom.xml 文件后，需要确保在我们想要注册的服务的 bootstrap.yml 文件中设置了 spring.application.name。代码清单 6-6 和代码清单 6-7 说明了如何做到这一点。

代码清单 6-6　向组织服务添加 spring.application.name

```
spring:
  application:
    name: organization-service
    profiles:
      active: dev
  cloud:
    config:
      uri: http://localhost:8071
```

将在 Eureka 注册的
服务的逻辑名称

代码清单 6-7　向许可证服务添加 spring.application.name

```
spring:
  application:
    name: licensing-service
    profiles:
      active: dev
  cloud:
    config:
      uri: http://localhost:8071
```

将在 Eureka 注册的
服务的逻辑名称

每个通过 Eureka 注册的服务都会有两个与之相关的组件：应用程序 ID 和实例 ID。应用程序 ID 用于表示一组服务实例。在 Spring Boot 微服务中，应用程序 ID 始终是由 `spring.application.name` 属性设置的值。对于我们的组织服务，这个属性值被创造性地命名为 `organization-service`；对于我们的许可证服务，这个属性被命名为 `licensing-service`。实例 ID 是一个随机自动生成的数字，用于代表单个服务实例。

接下来，我们需要告诉 Spring Boot 向 Eureka 注册组织服务和许可证服务。这个注册是通过 Spring Config 服务管理的服务配置文件中的额外配置来完成的。对于本例，这些文件位于 Spring Config 服务器端项目的以下两个文件中：

■ src/main/resources/config/organization-service.properties；

■ src/main/resources/config/licensing-service.properties。

注意　请记住，配置文件可以是 YAML 文件或属性文件，它可以位于类路径、文件系统、Git 存储库或 Vault 中。这取决于你在 Spring Config 服务器端中设置的配置。对于本例，我们选择了类路径和属性文件，但是你可以根据需要随意进行更改。

代码清单 6-8 展示了如何向 Eureka 注册服务。

代码清单 6-8　为 Eureka 修改服务的 application.properties 文件

```
eureka.instance.preferIpAddress = true
```
注册服务的 IP，而不是服务器名称

```
eureka.client.registerWithEureka = true
```
向 Eureka 注册服务

```
eureka.client.fetchRegistry = true
```
拉取注册表的本地副本

```
eureka.client.serviceUrl.defaultZone =
    http://localhost:8070/eureka/    ◁──────────设置 Eureka 服务的位置
```

如果你有一个 application.yml 文件，那么该文件的内容应该像下面的代码那样，使用 Eureka 来注册服务。eureka.instance.preferIpAddress 属性告诉 Eureka，你想将服务的 IP 地址而不是服务的主机名注册到 Eureka：

```
eureka:
  instance:
    preferIpAddress: true
  client:
    registerWithEureka: true
    fetchRegistry: true
    serviceUrl: defaultZone: http://localhost:8070/eureka/
```

为什么偏向于 IP 地址

在默认情况下，Eureka 注册通过主机名联系它的服务。这种方式在基于服务器的环境中运行良好，在这样的环境中，服务会被分配一个 DNS 支持的主机名。但是，在基于容器的部署（如 Docker）中，容器将以随机生成的主机名启动，并且该容器没有 DNS 条目。如果你没有将 eureka.instance. preferIpAddress 设置为 true，那么你的客户端应用程序将无法正确地解析主机名的位置，因为该容器不存在 DNS 条目。设置 preferIpAddress 属性将通知 Eureka 服务，客户端想要通过 IP 地址进行通告。

就本书而言，我们始终将这个属性设置为 true。基于云的微服务应该是短暂的和无状态的。它们可以随意启动和关闭，所以 IP 地址更适合这些类型的服务。

eureka.client.registerWithEureka 属性是一个触发器，告诉组织和许可证服务通过 Eureka 注册。eureka.client.fetchRegistry 属性用于告知 Spring Eureka 客户端以获取注册表的本地副本。将此属性设置为 true 将在本地缓存注册表，而不是每次查找服务都调用 Eureka 服务。每隔 30 秒，客户端软件就会重新联系 Eureka 服务，以便查看注册表是否有任何变化。

注意　默认情况下，这两个属性被设置为 true，但我们在应用程序配置文件中包含这两个属性只是为了便于说明。如果没有将这些属性设置为 true，该代码亦可运作。

最后一个属性 eureka.client.serviceUrl.defaultZone 包含了客户端用于解析服务位置的 Eureka 服务的列表，该列表以逗号进行分隔。对本书而言，只有一个 Eureka 服务。我们还可以对之前每个服务的 bootstrap 文件中定义的所有键值属性进行声明。但我们主张将配置委托给 Spring Config 服务。这就是为什么我们在 Spring Config 服务存储库的服务配置文件中注册所有配置。到目前为止，这些服务的 bootstrap 文件应该只包含应用程序名、profile（如果需要）和 Spring Cloud 配置 URI。

Eureka 和高可用性

建立多个 URL 服务并不足以实现高可用性。eureka.serviceUrl.defaultZone 属性仅为客户端提供一个进行通信的 Eureka 服务列表。除此之外，还需要对多个 Eureka 服务进行设置，以便相互复制注册表的内容。一组 Eureka 注册表相互之间使用点对点通信模型进行通信，在这种模型中，必须对每个 Eureka 服务进行配置，以了解集群中的其他节点。

建立 Eureka 集群的内容超出了本书的范围。如果你有兴趣建立 Eureka 集群，可以访问 Spring Cloud 项目的网站以获取更多信息。

到目前为止，已经有两个通过 Eureka 服务注册的服务。我们可以使用 Eureka 的 REST API 或 Eureka 仪表板来查看注册表的内容。我们将在接下来的两节中逐一解释它们。

6.4.1　Eureka 的 REST API

要通过 REST API 查看服务的所有实例，可以选择 GET 方法访问端点：

```
http://<eureka service>:8070/eureka/apps/<APPID>
```

例如，要查看注册表中的组织服务，可以调用端点 `http://localhost:8070/eureka/apps/organization-service`。图 6-6 展示了响应结果。

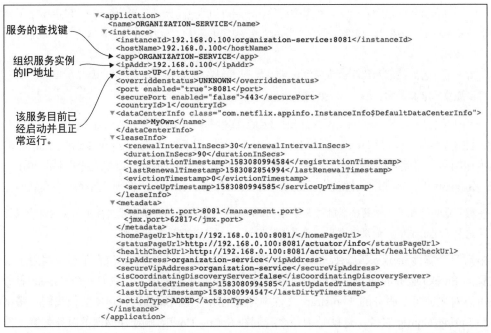

图 6-6　展示组织服务的 Eureka REST API。返回结果展示了在 Eureka 中注册的服务实例的 IP 地址以及服务状态

Eureka 服务返回的默认格式是 XML。Eureka 还可以将图 6-6 中的数据作为 JSON 净荷返回，但是必须将 HTTP 首部 `Accept` 设置为 `application/json`。图 6-7 展示了一个 JSON 净荷的例子。

图 6-7 调用 Eureka REST API，以 JSON 格式返回调用结果

6.4.2 Eureka 仪表板

一旦 Eureka 服务启动完毕，我们就可以用浏览器访问 http://localhost:8070 来查看 Eureka 仪表板。Eureka 仪表板允许我们查看服务的注册状态。图 6-8 展示了一个 Eureka 仪表板的示例。

现在，我们已经注册了组织服务和许可证服务，让我们看看如何使用服务发现来查找服务。

在 Eureka 和服务启动时不要急躁

当服务通过 Eureka 注册时，Eureka 将在 30 秒内等待 3 次连续的健康检查，然后服务才能变得可用。这个热身过程让一些开发人员感到疑惑。他们会假定，如果他们在服务启动后立即调用他们的服务，Eureka 还没有注册他们的服务。

> 这一点在我们在 Docker 环境中运行的代码示例中很明显，因为 Eureka 服务和应用程序服务（许可证服务和组织服务）都是在同一时间启动的。请注意，在启动应用程序后，尽管服务本身已经启动，但你可能会收到关于未找到服务的 404 错误。在这种情况下，请等待 30 秒，然后再尝试调用服务。
>
> 在生产环境中，你的 Eureka 服务已经在运行。如果你正在部署现有的服务，那么旧服务仍然可以用于接收请求。

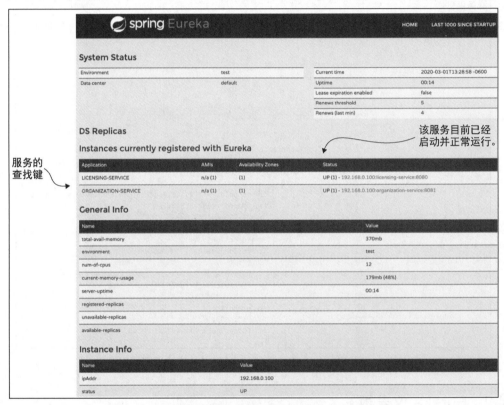

图 6-8　带有组织服务和许可证服务实例的 Eureka 仪表板

6.5　使用服务发现来查找服务

在这节中，我们将解释如何让许可证服务在不必直接知晓任何组织服务的位置的情况下，调用该组织服务。许可证服务将通过 Eureka 来查找组织服务的物理位置。

为了达成我们的目的，我们将研究 3 个不同的 Spring/Netflix 客户端库，服务消费者可以使用它们来和 Spring Cloud LoadBalancer 进行交互。从最低级别到最高级别，这些库包含了不同的与 Load Balancer 进行交互的抽象层次。这里将要探讨的库包括：

- Spring Discovery Client;
- 启用了 Discovery Client 的 REST 模板;
- Netflix Feign 客户端。

我们将浏览一下这些客户端,看看它们在许可证服务上下文中的用法。在开始介绍客户端的细节之前,我们在代码中编写了一些便利的类和方法。你可以使用相同的服务端点来处理不同的客户端类型。

首先,我们修改了 src/main/java/com/optimagrowth/license/controller/LicenseController.java 类以包含许可证服务的新路由。这个新路由允许指定要用于调用服务的客户端的类型。这是一个辅助路由,因此,当我们探索通过 Load Balancer 调用组织服务的每种不同方法时,可以通过单个路由来尝试每种机制。LicenseServiceController 类中新路由的代码如代码清单 6-9 所示。

代码清单 6-9　使用不同的 REST 客户端调用许可证服务

```
@RequestMapping(value="/{licenseId}/{clientType}",          clientType 参数确定要使用的
                method = RequestMethod.GET)        ◄       Spring REST 客户端的类型
public License getLicensesWithClient(
        @PathVariable("organizationId") String organizationId,
        @PathVariable("licenseId") String licenseId,
        @PathVariable("clientType") String clientType) {
            return licenseService.getLicense(organizationId,
                licenseId, clientType);
}
```

在代码清单 6-9 中,该路由上传递的 clientType 参数决定了我们将在代码示例中使用的客户端类型。可以在此路由上传递的具体类型包括:

- Discovery——使用 Discovery Client 和标准的 Spring RestTemplate 类来调用组织服务;
- Rest——使用增强的 Spring RestTemplate 来调用 Load Balancer 服务;
- Feign——使用 Netflix 的 Feign 客户端库通过 Load Balancer 调用服务。

注意　因为我们对这 3 种类型的客户端使用同一份代码,所以你可能会看到代码中出现某些客户端的注解,即使在某些情况下并不需要这些注解。例如,你将在代码中同时看到 @EnableDiscoveryClient 和 @EnableFeignClients 注解,尽管文本只解释了其中一种客户端类型。通过这种方式,我们就可以为示例共用一份代码。我们会在遇到这些冗余和代码的时候指出它们。我们的想法是,像往常一样,你选择那个最适合你需求的。

在类 src/main/java/com/optimagrowth/license/service/LicenseService. java 中,我们添加了一个简单的 retrieveOrganizationInfo()方法,该方法将根据传递到路由的 clientType 类型进行解析。这个客户端类型用于查找一个组织服务实例。LicenseService 类上的 getLicense()方法将使用 retrieveOrganizationInfo()方法从 Postgres 数据库中检索组织数据。代码清单 6-10 展示了 LicenseService 类中的 getLicense()服务的代码。

代码清单 6-10　**getLicense()**方法将使用多个方法来执行 REST 调用

```
public License getLicense(String licenseId, String organizationId, String
    clientType){
  License license = licenseRepository.findByOrganizationIdAndLicenseId
                 (organizationId, licenseId);
  if (null == license) {
    throw new IllegalArgumentException(String.format(
      messages.getMessage("license.search.error.message", null, null),
      licenseId, organizationId));
  }
  Organization organization = retrieveOrganizationInfo(organizationId,
                 clientType);
  if (null != organization) {
    license.setOrganizationName(organization.getName());
    license.setContactName(organization.getContactName());
    license.setContactEmail(organization.getContactEmail());
    license.setContactPhone(organization.getContactPhone());
  }
  return license.withComment(config.getExampleProperty());
}
```

你可以在许可证服务的 `src/main/java/com/optimagrowth/license/service/` `client` 包中找到我们使用 Spring Discovery Client、Spring `RestTemplate` 类或 Feign 库构建的每个客户端。要使用不同的客户端调用 `getLicense()`服务，必须调用以下 GET 端点：

`http://<许可证服务主机名/IP>:<许可证服务端口>/v1/organization/<organizationID>/license/` `<licenseID>/<客户端类型（feign、discovery 或 rest）>`

6.5.1　使用 Spring Discovery Client 查找服务实例

Spring Discovery Client 提供了对 Load Balancer 及其注册服务的最低层次访问。使用 Discovery Client，可以查询通过 Spring Cloud LoadBalancer 注册的所有服务以及这些服务对应的 URL。

接下来，我们将创建一个简单的示例，使用 Discovery Client 从 Load Balancer 中检索其中一个组织服务 URL，然后使用标准的 `RestTemplate` 类调用该服务。要使用 Discovery Client，需要先使用@EnableDiscoveryClient 注解来标注 src/main/java/com/optimagrowth/license/ LicenseServiceApplication.java 类文件中的 LicenseServiceApplication 类，如代码清单 6-11 所示。

代码清单 6-11　创建引导类以使用 Eureka Discovery 客户端

```
package com.optimagrowth.license;
@SpringBootApplication
@RefreshScope
@EnableDiscoveryClient            ◁──── 激活 Eureka Discovery
public class LicenseServiceApplication {              客户端
```

```
public static void main(String[] args) {
    SpringApplication.run(LicenseServiceApplication.class, args);
    }
}
```

@EnableDiscoveryClient 注解是 Spring Cloud 的触发器，其作用是使应用程序能够使用 Discovery Client 和 Spring Cloud LoadBalancer 库。我们现在来看看通过 Spring Discovery Client 调用组织服务的代码的实现。代码清单 6-12 展示了这段代码的实现。你可以在 src/main/java/com/optimagrowth/license/service/client/OrganizationDiscoveryClient.java 类文件中找到这段代码。

代码清单 6-12 使用 Discovery Client 查找信息

```
@Component
public class OrganizationDiscoveryClient {

    @Autowired                                      ◄——  将 Discovery Client
    private DiscoveryClient discoveryClient;              注入这个类

    public Organization getOrganization(String organizationId) {
        RestTemplate restTemplate = new RestTemplate();
        List<ServiceInstance> instances =                     ◄——┐
            discoveryClient.getInstances("organization-service");  │
                                                               获取组织服务的
        if (instances.size()==0) return null;                  所有实例的列表
        String serviceUri = String.format
            ("%s/v1/organization/%s",instances.get(0)
            .getUri().toString(),
            organizationId);              ◄————————— 检索服务端点
        ResponseEntity<Organization> restExchange =     ◄——┐
            restTemplate.exchange(                           使用标准的 Spring
            serviceUri, HttpMethod.GET,                      RestTemplate 类去
            null, Organization.class, organizationId);       调用服务

        return restExchange.getBody();
    }
}
```

在这段代码中，我们首先感兴趣的是 DiscoveryClient 类。你使用这个类与 Spring Cloud LoadBalancer 进行交互。然后，要检索通过 Eureka 注册的组织服务的所有实例，你可以使用 getInstances() 方法，传入要查找的服务的关键字，以检索 ServiceInstance 对象的列表。ServiceInstance 类用于保存关于服务特定实例的信息，包括它的主机名、端口和 URI。

在代码清单 6-12 中，你使用列表中的第一个 ServiceInstance 类去构建目标 URL，然后此 URL 可用于调用你的服务。一旦获得一个目标 URL，就可以使用标准的 Spring RestTemplate 来调用组织服务并检索数据。

Discovery Client 与实际运用

在服务需要查询 Load Balancer 以了解哪些服务和服务实例已经通过它注册时，应该只使用 Discovery Client。代码清单 6-12 中的代码存在以下几个问题。

■ 没有利用 Spring Cloud 客户端负载均衡。尽管通过直接调用 Discovery Client 可以获得服务列表，但是选择要调用哪个返回服务实例就成了开发人员的责任。

■ 开发人员做了太多的工作。在代码中，开发人员必须构建一个用来调用服务的 URL。尽管这是一件小事，但是编写的代码越少意味着需要调试的代码就越少。

善于观察的 Spring 开发人员可能也注意到了，我们直接实例化了上述代码中的 `RestTemplate` 类。这与正常的 Spring REST 调用相反，因为在通常情况下，开发人员会让 Spring 框架通过 `@Autowired` 注解注入 `RestTemplate` 类。

代码清单6-12实例化了 `RestTemplate` 类。一旦在应用程序类中通过`@EnableDiscoveryClient`启用了 Spring Discovery Client，由 Spring 框架管理的所有 Rest 模板都将向这些实例注入一个启用了 Load Balancer 的拦截器。这个拦截器将改变使用 `RestTemplate` 类创建 URL 的行为。直接实例化 `RestTemplate` 类可以避免这种行为。

6.5.2　使用带有 Load Balancer 功能的 Spring Rest 模板调用服务

接下来，我们将看到如何使用带有 Load Balancer 功能的 Rest 模板的示例。这是通过 Spring 与 Load Balancer 进行交互的更为常见的机制之一。要使用带有 Load Balancer 功能的 `RestTemplate` 类，需要使用 Spring Cloud 注解`@LoadBalanced` 来定义一个 `RestTemplate` bean。

对于许可证服务，可以在 src/main/java/com/optimagrowth/license/LicenseServiceApplication.java 的 `LicenseServiceApplication` 类中找到用于创建 `RestTemplate` bean 的方法。代码清单 6-13 展示了使用 `getRestTemplate()` 方法来创建支持 Load Balancer 的 Spring `RestTemplate` bean。

代码清单 6-13　标注和定义 **RestTemplate** 构造方法

```
//为了简洁，省略了大部分 import 语句
import org.springframework.cloud.client.loadbalancer.LoadBalanced;
import org.springframework.context.annotation.Bean;
import org.springframework.web.client.RestTemplate;


@SpringBootApplication
@RefreshScope
public class LicenseServiceApplication {
    public static void main(String[] args) {
        SpringApplication.run(LicenseServiceApplication.class, args);
    }
                                    获取组织服务的
                                    所有实例的列表
    @LoadBalanced  ←───
    @Bean
    public RestTemplate getRestTemplate(){
        return new RestTemplate();
    }
}
```

　　既然已经定义了支持 Load Balancer 的 `RestTemplate` 类的 bean，任何时候想要使用 `RestTemplate` bean 来调用服务，就只需要将它自动装配到使用它的类中。

　　除了在定义目标服务的 URL 上有一点小小的差异，使用支持 Load Balancer 的 `RestTemplate` 类几乎和使用标准的 Spring `RestTemplate` 类一样。你需要使用要调用的服务的 Eureka 服务 ID 来构建目标 URL，而不是在 `RestTemplate` 调用中使用服务的物理位置。代码清单 6-14 展示了这个调用。代码清单 6-14 中的代码可以在 src/main/java/com/optimagrowth/license/service/client/ OrganizationRestTemplateClient.java 类文件中找到。

代码清单 6-14　使用支持 Load Balancer 的 `RestTemplate` 来调用服务

```
//为了简洁，省略了 package 和 impoot 部分
@Component
public class OrganizationRestTemplateClient {

    @Autowired
    RestTemplate restTemplate;

    public Organization getOrganization(String organizationId){
        ResponseEntity<Organization> restExchange =
            restTemplate.exchange(
                "http://organization-service/v1/
                    organization/{organizationId}",      在使用 Load Balancer 支持的
                HttpMethod.GET, null,                    RestTemplate 时，使用 Eureka
                Organization.class, organizationId);     服务 ID 来构建目标 URL

        return restExchange.getBody();
    }
}
```

　　这段代码看起来和前面的例子有些类似，但是它们有两个关键的区别。首先，Spring Cloud Discovery Client 不见了；其次，你可能会对 `restTemplate.exchange()` 调用中使用的 URL 感到奇怪。下面是那个调用：

```
restTemplate.exchange(
    "http://organization-service/v1/organization/{organizationId}",
    HttpMethod.GET, null, Organization.class, organizationId);
```

　　URL 中的服务器名称与用于通过 Eureka 注册组织服务的应用程序 ID 相匹配：

```
http://{applicationid}/v1/organization/{organizationId}
```

　　启用 Load Balancer 的 `RestTemplate` 类将解析传递给它的 URL，并使用传递的内容作为服务器名称，该服务器名称作为从 Load Balancer 查询服务实例的键。实际的服务位置和端口与开发人员完全抽象隔离。此外，通过使用 `RestTemplate` 类，Spring Cloud LoadBalancer 将在所有服务实例之间轮询负载均衡所有请求。

6.5.3　使用 Netflix Feign 客户端调用服务

Netflix 的 Feign 客户端库是启用 Load Balancer 的 `RestTemplate` 类的替代方案。Feign 库采用不同的方法来调用 REST 服务。使用这种方法，开发人员首先定义一个 Java 接口，然后添加 Spring Cloud 注解，以映射 Spring Cloud LoadBalancer 将要调用的基于 Eureka 的服务。Spring Cloud 框架将动态生成一个代理类，用于调用目标 REST 服务。除了接口定义，开发人员不需要编写其他调用服务的代码。

要在我们的许可证服务中启用 Feign 客户端，需要向许可证服务的 src/main/java/com/optimagrowth/license/LicenseServiceApplication.java 类文件中添加一个新注解 `@EnableFeign-Clients`。代码清单 6-15 展示了这段代码。

代码清单 6-15　在许可证服务中启用 Spring Cloud/Netflix Feign 客户端

```
@SpringBootApplication
@EnableFeignClients
public class LicenseServiceApplication {                需要使用这个注解，以在
                                                         代码中使用 Feign 客户端
    public static void main(String[] args) {
        SpringApplication.run(LicenseServiceApplication.class, args);
    }
}
```

既然已经在许可证服务中启用了 Feign 客户端，我们就来看一个 Feign 客户端接口定义，它可以用来调用组织服务上的端点。代码清单 6-16 展示了一个示例。这段代码可以在 src/main/java/com/optimagrowth/license/service/client/OrganizationFeignClient.java 类文件中找到。

代码清单 6-16　定义用于调用组织服务的 Feign 接口

```
//为了简洁，省略了 package 和 import 部分
@FeignClient("organization-service")          向 Feign 标识服务
public interface OrganizationFeignClient {
    @RequestMapping(                          定义端点的路径和动作
        method= RequestMethod.GET,
        value="/v1/organization/{organizationId}",
        consumes="application/json")
    Organization getOrganization
        (@PathVariable("organizationId")       定义传入端点的参数
            String organizationId);
}
```

在代码清单 6-16 中，我们使用了 `@FeignClient` 注解，并将我们想让这个接口代表的服务的应用程序 ID 传递给它。接下来，在这个接口中定义一个 `getOrganization()` 方法，客户端可以调用该方法来调用组织服务。

我们定义 `getOrganization()` 方法的方式看起来就像在 Spring 控制器类中公开一个端点

的方式一样。首先，为getOrganization()方法定义一个@RequestMapping注解，该注解映射HTTP动词以及将在组织服务调用中公开的端点。其次，使用@PathVariable注解将URL传入的组织ID映射到方法调用上的organizationId参数。调用组织服务的返回值将被自动映射到Organization类，这个类被定义为getOrganization()方法的返回值。要使用OrganizationFeignClient类，我们需要做的只是自动装配并使用它。Feign客户端代码将为我们处理所有编码。

关于错误处理

在使用标准的Spring RestTemplate类时，所有服务调用的HTTP状态码都将通过ResponseEntity类的getStatusCode()方法返回。通过Feign客户端，任何被调用的服务返回的HTTP状态码4xx～5xx都将映射为FeignException。FeignException包含可以被解析为特定错误消息的JSON体。

Feign提供了编写错误解码器类的功能，该类可以将错误映射回自定义的Exception类。有关编写错误解码器的内容超出了本书的范围，但你可以在Feign GitHub存储库中找到与此相关的示例。

6.6 小结

- 我们使用服务发现模式来抽象服务的物理位置。
- 诸如Eureka这样的服务发现引擎可以在不影响服务客户端的情况下，无缝地向环境中添加和从环境中移除服务实例。
- 通过在进行服务调用的客户端中缓存服务的物理位置，客户端负载均衡可以提供额外的性能和弹性。
- Eureka是Netflix项目，在与Spring Cloud一起使用时，很容易建立和配置。
- 你可以使用Spring Cloud和Netflix Eureka中的这3种不同机制调用服务：Spring Cloud Discovery Client、Spring Cloud支持Load Balancer的RestTemplate以及Netflix的Feign客户端。

第7章 当糟糕的事情发生时：使用 Spring Cloud 和 Resilience4j 的弹性模式

本章主要内容

- 实现断路器模式、后备模式和舱壁模式
- 使用断路器模式来保护客户端资源
- 当远程服务失败时使用 Resilience4j
- 实现 Resilience4j 的舱壁模式来隔离远程资源调用
- 调节 Resilience4j 的断路器和舱壁的实现
- 定制 Resilience4j 的并发策略

所有的系统，特别是分布式系统，都会遇到故障。如何构建应用程序来应对这种故障，是每个软件开发人员工作的关键部分。然而，当涉及构建弹性系统时，大多数软件工程师只考虑一部分基础设施或关键服务的彻底故障。他们专注于在应用程序的每一层构建冗余，使用诸如集群关键服务器、服务间负载均衡以及将基础设施分离到多个位置等技术。

尽管这些方法考虑了系统组件的彻底（通常是惊人的）损失，但它们只解决了构建弹性系统的一小部分问题。当服务崩溃时，很容易检测到该服务已经不在了，因此应用程序可以绕过它。然而，当服务运行缓慢时，检测到这个服务性能不佳并绕过它是非常困难的。让我们看看为什么会这样。

- 服务降级可能起初是间歇性的，然后形成势头。服务降级也可能只发生在很小的爆发中。故障的第一个迹象可能是一小部分用户抱怨某个问题，直到突然间应用程序容器耗尽了线程池并彻底崩溃。

- 对远程服务的调用通常是同步的，并且不会缩短长时间运行的服务的调用时间。应用程序开发人员通常调用一个服务来执行一个操作并等待服务返回。服务的调用者没有超时的概念来阻止服务调用挂起。

- 应用程序经常被设计为处理远程资源的彻底故障，而不是部分降级。通常，只要服务没有彻底失败，应用程序就会继续调用一个表现不佳的服务，并且不会快速失败。在这种情况下，该调用应用程序或服务可能会优雅地降级，但更有可能因为资源耗尽而崩溃。

资源耗尽是指有限的资源（如线程池或数据库连接）消耗殆尽，而调用客户端必须等待该资源再次变得可用。

性能不佳的远程服务所导致的潜在问题是，它们不仅难以检测，还会触发连锁效应，从而影响整个应用程序生态系统。如果没有适当的保护措施，单个性能不佳的服务可以迅速拖垮多个应用程序。基于云、基于微服务的应用程序特别容易受到这些类型的中断的影响，因为这些应用程序由大量细粒度的分布式服务组成，这些服务在完成用户的事务时涉及不同的基础设施。

弹性模式是微服务架构中最关键的方面之一。本章将解释 4 种弹性模式，以及如何使用 Spring Cloud 和 Resilience4j 在许可证服务中实现它们，以便在需要时快速失败。

7.1　什么是客户端弹性模式

客户端弹性软件模式的重点是，在远程资源由于错误或表现不佳而失败时，保护远程资源（另一个微服务调用或数据库查询）的客户端免于崩溃。这些模式允许客户端快速失败，而不消耗诸如数据库连接和线程池之类的宝贵资源。它们还可以防止远程服务表现不佳的问题向客户端的消费者进行"上游"传播。在本章中，我们将查看 4 种客户端弹性模式。图 7-1 演示了如何将这些模式用于微服务消费者和微服务之间。

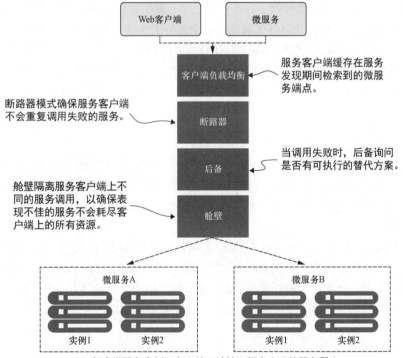

图 7-1　这 4 种客户端弹性模式充当服务消费者和服务之间的保护缓冲区

这些模式（客户端负载均衡、断路器、后备和舱壁）是在调用远程资源的客户端（微服务）中实现的。这些模式的实现在逻辑上位于消费远程资源的客户端和资源本身之间。让我们花点时间来研究这些模式。

7.1.1　客户端负载均衡模式

我们在第 6 章讨论服务发现时介绍了客户端负载均衡模式。客户端负载均衡涉及让客户端从服务发现代理（如 Netflix Eureka）中查找服务的所有单个实例，然后缓存服务实例的物理位置。

当服务消费者需要调用服务实例时，客户端负载均衡器将从它维护的服务位置池返回一个位置。因为客户端负载均衡器位于服务客户端和服务消费者之间，所以负载均衡器可以检测服务实例是否抛出错误或表现不佳。如果客户端负载均衡器检测到问题，它可以从可用服务位置池中移除该服务实例，并防止将来的服务调用访问该服务实例。

这正是 Spring Cloud LoadBalancer 库提供的开箱即用的行为（不需要额外的配置）。因为第 6 章介绍了 Spring Cloud LoadBalancer 的客户端负载均衡，所以本章就不再赘述了。

7.1.2　断路器模式

断路器模式以电路断路器为模型。在电气系统中，断路器检测是否有过多电流流过电线。如果断路器检测到问题，它将断开与电气系统的其余部分的连接，并保护下游部件不被烧毁。

有了软件断路器，当远程服务被调用时，断路器将监控这个调用。如果调用时间太长，断路器将会介入并中断调用。此外，断路器模式将监控所有对远程资源的调用，如果调用失败次数足够多，那么断路器实现就会"出现"并采取快速失败，阻止将来调用失败的远程资源。

7.1.3　后备模式

有了后备模式，当远程服务调用失败时，服务消费者将执行替代代码路径，并尝试通过其他方式执行操作，而不是生成一个异常。这通常涉及从另一数据源查找数据或将用户的请求进行排队以供将来处理。用户的调用不会显示指示问题的异常，但用户可能会被告知，必须晚些时候再尝试他们的请求。

例如，让我们假设你有一个电子商务网站，它可以监控你的用户的行为，并向用户推荐他们可能想买的其他产品。通常来说，你将调用微服务来对用户过去的行为进行分析，并返回针对特定用户的推荐列表。但是，如果这个偏好服务失败，那么你的后备可能是检索一个更通用的偏好列表，该列表基于所有用户购买，这是更普遍的。而且，这个数据可能来自完全不同的服务和数据源。

7.1.4　舱壁模式

舱壁模式是建立在造船的概念基础上的。一艘船被划分为完全隔离和防水的隔间，这称为舱壁。即使船的船体被击穿,舱壁也会将水限制在被击穿的船的区域内,防止整艘船灌满水并沉没。

同样的概念可以应用于必须与多个远程资源交互的服务。通过使用舱壁模式,可以把远程资源的调用分到它们自己的线程池中,从而降低一个缓慢的远程资源调用拖垮整个应用程序的风险。

线程池充当了服务的舱壁。每个远程资源都是隔离的,并分配给一个线程池。如果一个服务响应缓慢,那么这种服务调用的线程池就会饱和并停止处理请求。将服务分配给线程池有助于绕过这种类型的瓶颈,从而使其他服务不会饱和。

7.2　为什么客户端弹性很重要

虽然我们已经抽象地介绍了这些客户端弹性的不同模式,但让我们来深入了解一些可以应用这些模式的更具体的例子。我们来看一个典型场景,看看为什么客户端弹性模式对于实现在云中运行的基于微服务的架构至关重要。

图 7-2 展示了一个典型的场景,它涉及使用远程资源,如数据库和远程服务。此场景不包含我们之前看到的任何弹性模式,因此它说明了单个服务失败会如何导致整个架构(生态系统)崩溃。让我们来看一看。

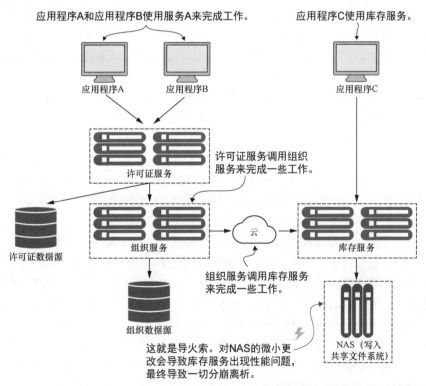

图 7-2　应用程序可以看作是一张相互关联的依赖图。如果不管理这些依赖之间的远程调用,那么一个表现不佳的远程资源可能会拖垮图中的所有服务

在图 7-2 所示的场景中，3 个应用程序分别以这样或那样的方式与 3 个不同的服务进行通信。应用程序 A 和应用程序 B 直接与许可证服务通信。许可证服务从数据库检索数据，并调用组织服务来为它做一些工作。组织服务从一个完全不同的数据库平台中检索数据，并从第三方云服务提供商调用另一个服务——库存服务，该服务严重依赖于内部网络附接存储（Network Attached Storage，NAS）设备将数据写入共享文件系统。应用程序 C 直接调用库存服务。

在某个周末，一个网络管理员对 NAS 配置做了一个他认为是很小的调整。这个调整似乎可以正常工作，但是在周一早上，所有对特定磁盘子系统的读取都开始执行得非常慢。

编写组织服务的开发人员从来没有预料到会发生调用库存服务缓慢的事情。他们所编写的代码中，在同一个事务中写入数据库和从库存服务读取数据。当库存服务开始运行缓慢时，不仅请求库存服务的线程池开始堵塞，服务容器的连接池中的数据库连接也会耗尽。这些连接一直保持打开状态，原因是对库存服务的调用从来没有完成。

现在，许可证服务逐渐耗尽资源，因为它调用了组织服务，而组织服务因库存服务而运行缓慢。最后，所有 3 个应用程序都停止响应了，因为它们在等待请求完成时耗尽了资源。如果在调用分布式资源（无论是调用数据库还是调用服务）的每一个点上都实现了断路器模式，则可以避免这种情况。

在图 7-2 中，如果使用断路器实现对库存服务的调用，那么当库存服务开始表现不佳时，该调用的断路器就会跳闸，并且快速失败，而不会消耗掉一个线程。如果组织服务有多个端点，则只有与库存服务特定调用交互的端点才会受到影响。组织服务的其余功能仍然是完整的，可以满足用户要求。

请记住，断路器充当了应用程序和远程服务之间的中间人。在图 7-2 所示的场景中，断路器实现可以保护应用程序 A、应用程序 B 和应用程序 C 免于完全崩溃。

在图 7-3 中，许可证服务永远不会直接调用组织服务。相反，在进行调用时，许可证服务把服务的实际调用委托给断路器，断路器将接管这个调用，并将它包装在独立于原始调用者的线程（通常由线程池管理）中。通过将调用包装在一个线程中，客户端不再直接等待调用完成。相反，断路器会监控线程，如果线程运行时间太长，断路器就会终止该调用。

图 7-3 展示了 3 个场景。第一个场景，"愉快路径"，断路器维护一个定时器，如果在定时器的时间用完之前完成对远程服务的调用，那么一切都好；许可证服务可以继续工作。

第二个场景，部分降级，许可证服务通过断路器调用组织服务。但是，如果这一次组织服务运行缓慢，在断路器维护的线程上的定时器超时之前无法完成对远程服务的调用，断路器就会切断对远程服务的连接。然后，许可证服务会从调用中返回一个错误。许可证服务不会占用自己的资源（自己的线程池或连接池）来等待组织服务完成调用。

如果对组织服务的调用超时，断路器将开始跟踪已发生故障的数量。如果在一定时间内在组织服务上发生了足够多的错误，那么断路器就会使电路"跳闸"，并且在不调用组织服务的情况下，就判定所有对组织服务的调用将会失败。

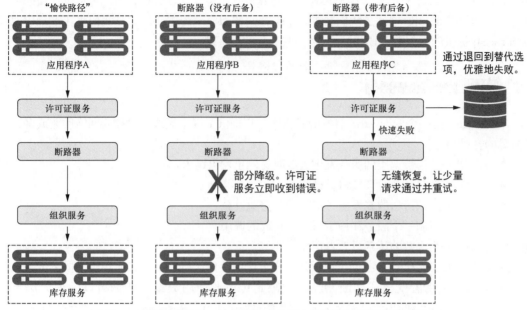

图 7-3 断路器跳闸，让表现不佳的服务调用迅速而优雅地失败

第三个场景，无缝恢复，许可证服务立即知道组织服务有问题，而不必等待断路器超时。许可证服务现在可以选择要么彻底失败，要么使用替代代码（后备）来采取行动。组织服务将获得一个恢复的机会，因为在断路器跳闸后，许可证服务不会调用它。这使得组织服务有了喘息的空间，并有助于防止出现服务降级时发生的级联停机。

断路器会偶尔让调用直达一个降级的服务。如果这些调用连续成功次数足够多，断路器就会自动复位。以下是断路器模式为远程调用提供的主要好处。

（1）快速失败——当远程服务处于降级状态时，应用程序将会快速失败，并防止通常会拖垮整个应用程序的资源耗尽问题的出现。在大多数中断情况下，最好是部分服务关闭而不是完全关闭。

（2）优雅地失败——通过超时和快速失败，断路器模式使我们能够优雅地失败，或寻求替代机制来执行用户的意图。如果用户正尝试从一个数据源检索数据，并且该数据源正在经历服务降级，那么我们的服务可以尝试从其他地方检索该数据。

（3）无缝恢复——有了断路器模式作为中介，断路器可以定期检查所请求的资源是否重新上线，并在没有人为干预的情况下重新允许对该资源进行访问。

在具有数百个服务的大型的基于云的应用程序中，这种优雅的恢复能力至关重要，因为它可以显著减少恢复服务所需的时间，并大大减少因"疲劳的"运维人员或应用工程师直接干预恢复服务（重新启动失败的服务）而造成更严重问题的风险。

在使用 Resilience4j 之前，我们使用的是 Hystrix，这是在微服务中实现弹性模式的最常见的

Java 库之一。Hystrix 目前处于维护模式，这意味着它不再包含新特性，因此最推荐使用的替代库之一是 Resilience4j。这就是我们在本章中选择它作为演示的主要原因。我们将在本章中看到 Resilience4j 提供的类似 Hystrix 的（以及一些额外的）好处。

7.3　实现 Resilience4j

Resilience4j 是一个受 Hystrix 启发的容错库。它提供了以下模式，以提高网络问题或多个服务故障的容错能力。

- 断路器——当被调用的服务发生失败时，停止发出请求。
- 重试——在服务暂时失败时重试服务。
- 舱壁——限制传出的并发服务请求数以避免过载。
- 限流——限制一个服务在一定时间内接收的调用数。
- 后备——为失败的请求设置备用路径。

通过使用 Resilience4j，我们可以通过定义方法的注解，将几种模式应用到相同的方法调用中。如果我们想用舱壁模式和断路器模式限制传出调用的数量，我们可以为该方法定义 @CircuitBreaker 和 @Bulkhead 注解。重要的是要注意，Resilience4j 的重试顺序如下：

```
Retry ( CircuitBreaker ( RateLimiter ( TimeLimiter ( Bulkhead ( Function ) )
➡) ) )
```

Retry 被应用于调用结束时（如果需要）。在尝试组合模式时，记住这一点很有用，但我们也可以将模式作为单独的特性使用。

构建断路器、重试、限流器、后备和舱壁模式的实现需要非常熟悉线程和线程管理知识。为这些模式应用一组高质量的实现需要大量的工作。幸运的是，我们可以使用 Spring Boot 和 Resilience4j 库为我们提供一个日常在几个微服务架构中使用的久经检验的工具。在接下来的几节中，我们将介绍：

- 如何配置许可证服务的 Maven 构建文件（pom.xml）以包含 Spring Boot/Resilience4j 包装器；
- 如何使用 Spring Boot/Resilience4j 注解以使用断路器、重试、限流器和舱壁模式包装远程调用；
- 如何自定义远程资源上的各个断路器，以便为每个调用使用自定义超时；
- 如何在断路器必须中断调用或调用失败的情况下，执行后备策略；
- 如何在服务中使用单独的线程池来隔离服务调用，并在不同的远程资源之间构建舱壁。

7.4　设置许可证服务以使用 Spring Cloud 和 Resilience4j

要开始对 Resilience4j 的探索，需要设置我们项目的 pom.xml 文件来导入依赖项。为实现这一点，我们将使用正在构建的许可证服务，并通过添加 Resilience4j 的 Maven 依赖项来修改 pom.xml 文件。代码清单 7-1 说明了如何做到这一点。

代码清单 7-1　向许可证服务的 pom.xml 添加 Resilience4j 依赖项

```xml
<properties>
    ...
    <resilience4j.version>1.5.0</resilience4j.version>
</properties>
<dependencies>
    //为了简洁，省略了 pom.xml 的一部分代码
    ...
    <dependency>
        <groupId>io.github.resilience4j</groupId>
        <artifactId>resilience4j-spring-boot2</artifactId>
        <version>${resilience4j.version}</version>
    </dependency>

    <dependency>
        <groupId>io.github.resilience4j</groupId>
        <artifactId>resilience4j-circuitbreaker</artifactId>
        <version>${resilience4j.version}</version>
    </dependency>
    <dependency>
        <groupId>io.github.resilience4j</groupId>
        <artifactId>resilience4j-timelimiter</artifactId>
        <version>${resilience4j.version}</version>
    </dependency>
    <dependency>
        <groupId>org.springframework.boot</groupId>
        <artifactId>spring-boot-starter-aop</artifactId>
    </dependency>
//为了简洁，省略了 pom.xml 的一部分代码
...
</dependencies>
```

带有 `resilience4j-spring-boot2` 制品的`<dependency>`标签告诉 Maven 去拉取 Resilience4j 的 Spring Boot 库，它可以让我们使用自定义模式注解。带有 `resilience4j-circuitbreaker` 和 `resilience4j-timelimiter` 制品的依赖项包含了实现断路器和限流器的所有逻辑。最后一个依赖项是 `spring-boot-starter-aop`。需要在我们的项目包含这个库是因为它可以运行 Spring AOP 切面。

面向切面编程（Aspect-oriented programming，AOP）是一种编程范式，它旨在通过允许我们分离影响系统其他部分的程序部分来提高模块化。换句话说，就是横切关注点（cross-cutting concerns）。AOP 在不修改代码本身的情况下向现有代码添加新的行为。现在我们已经添加了 Maven 依赖项，可以继续使用在前几章中构建的许可证服务和组织服务来开始我们的 Resilience4j 实现。

注意　如果你没有遵循第 6 章的代码清单，可以查看第 6 章的源代码。

7.5　实现断路器

为了理解断路器，我们可以参考电气系统。当有太多电流通过电气系统的导线时会发生什么？正如你所记得的，如果断路器检测到问题，它会断开与系统其他部分的连接，从而避免对其他组件造成进一步的损坏。同样的情况也发生在我们的代码架构中。

我们希望在代码中使用断路器实现远程调用监控，避免服务的长时间等待。在这些场景下，断路器负责断开这些连接，并监控是否有更多的失败或表现不好的调用。然后，此模式实现快速失败，并防止将来对失败的远程资源进行请求。在 Resilience4j 中，断路器是通过有 3 个一般状态的有限状态机实现的。图 7-4 展示了不同的状态以及它们之间的交互。

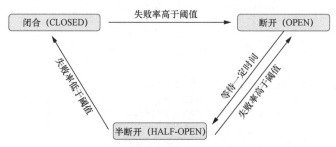

图 7-4　Resilience4j 断路器的状态：闭合、断开和半断开

最初，Resilience4j 断路器以闭合状态启动并等待客户端请求。闭合状态使用一个环形比特缓冲区来存储请求的成功或失败状态。当请求成功时，断路器在环形比特缓冲区中保存一个 0 比特；如果它无法从被调用的服务接收响应，那么断路器在环形比特缓冲区中保存一个 1 比特。图 7-5 展示了一个包含 12 个结果的环形缓冲区。

图 7-5　有 12 个结果的 Resilience4j 断路器环形比特缓冲区。

要计算失败率，这个环必须是满的。例如，在前面的场景中，至少需要评估 12 次调用才能计算出失败率。如果只评估 11 次调用，即使所有 11 个调用都失败，断路器也不会变为断开状态。注意，只有当失败率高于可配置阈值时，断路器才会断开。

当断路器处于断开状态时，在可配置的时间内，所有的调用都将被拒绝，并且断路器抛出一个 `CallNotPermittedException` 异常。一旦配置时间到期，断路器就会变为半断开状态，并允许一些请求通过以查看服务是否仍然不可用。

在半断开状态下，断路器使用另一个可配置的环形比特缓冲区来评估失败率。如果这个新的失败率大于配置的阈值，则断路器变回断开状态；如果小于或等于配置的阈值，则断路器变回闭合状态。这可能有些混乱，但请记住，在断开状态下断路器拒绝请求，而在闭合状态下，断路器接受所有请求。

此外，在 Resilience4j 断路器模式中，你可以定义以下额外状态。需要注意的是，退出以下状态的唯一方法是重置断路器或触发状态转换。

- 无效（DISABLED）——始终允许访问。
- 强制断开（FORCED_OPEN）——始终拒绝访问。

注意 对这两种额外状态的详细描述超出了本书的范围。如果你想了解更多关于这些状态的信息，我们建议你阅读官方的 Resilience4j 文档。

在本节中，我们将从两个大类来研究如何实现 Resilience4j。在第一个类别中，我们将使用 Resilience4j 断路器包装许可证服务和组织服务中所有对我们的数据库的调用。然后，我们将使用 Resilience4j 包装许可证服务和组织服务之间的服务间调用。虽然这是两种不同类别的调用，但我们将看到，使用了 Resilience4j 后，这些调用是完全相同的。图 7-6 展示了使用 Resilience4j 断路器来包装的远程资源。

我们通过展示如何使用同步断路器包装从许可数据库中检索的许可证服务数据，开始讨论 Resilience4j。许可证服务将通过同步调用来检索其数据，但在继续处理之前会等待 SQL 语句完成或断路器超时。

Resilience4j 和 Spring Cloud 使用 `@CircuitBreaker` 注解来将 Java 类方法标注为由 Resilience4j 断路器进行管理。当 Spring 框架看到这个注解时，它将动态生成一个代理，该代理包装该方法，并通过专门用于处理远程调用的线程池来管理对该方法的所有调用。让我们将 `@CircuitBreaker` 添加到 src/main/java/com/optimagrowth/license/service/LicenseService.java 类文件中的 `getLicensesByOrganization` 方法中，如代码清单 7-2 所示。

代码清单 7-2 用断路器包装远程资源调用

```
//为了简洁，省略了 LicenseService.java 的部分代码

@CircuitBreaker(name = "licenseService")          ◀── @CircuitBreaker 使用 Resilience4j 断路
                                                      器对 getLicensesByOrganization() 进行
                                                      了包装
public List<License> getLicensesByOrganization(String organizationId) {
    return licenseRepository.findByOrganizationId(organizationId);
}
```

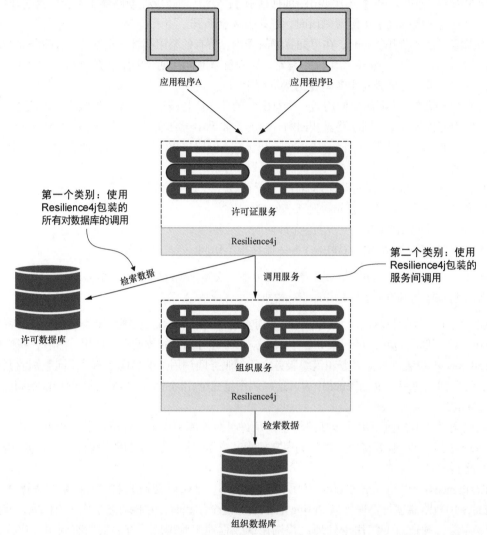

图 7-6　Resilience4j 位于各个远程资源调用之间并保护客户端。远程资源调用是数据库调用还是基于 REST 的服务调用无关紧要

注意　如果你在源代码中查看代码清单 7-2 中的代码，会在@CircuitBreaker 注解上看到更多的参数。本章稍后将介绍这些参数，而代码清单 7-2 中的代码使用@CircuitBreaker 及其所有默认值。

这看起来代码并不多，但在这个注解中却有很多功能。使用@CircuitBreaker 注解，在任何时候调用 getLicensesByOrganization()方法时，Resilience4j 断路器都将包装这个调用。断路器会中断所有调用 getLicensesByOrganization()方法的失败尝试。

如果数据库正常工作，这个代码示例就显得很无聊。让我们模拟 getLicenses-ByOrganization()方法遇到缓慢或超时的数据库查询。代码清单 7-3 演示了上述讨论的内容。

代码清单 7-3　故意让许可证服务数据库的调用超时

```java
//为了简洁，省略了 LicenseService.java 的部分代码

private void randomlyRunLong(){          ◁────  有三分之一的概率数据库
    Random rand = new Random();                   调用会持续很长时间
    int randomNum = rand.nextInt(3) + 1;
    if (randomNum==3) sleep();
}

private void sleep(){                            睡眠 5000 毫秒（5 秒），然后
    try {                                        抛出一个 TimeoutException
        Thread.sleep(5000);
        throw new java.util.concurrent.TimeoutException();
    } catch (InterruptedException e) {
        logger.error(e.getMessage());
    }
}

@CircuitBreaker(name = "licenseService")
public List<License> getLicensesByOrganization(String organizationId) {
    randomlyRunLong();
    return licenseRepository.findByOrganizationId(organizationId);
}
```

如果在Postman中访问http://localhost:8080/v1/organization/e6a625cc-718b-48c2-ac76-1dfdff9a531e/license/端点的次数足够多，那么将会看到许可证服务返回的以下错误消息。

```
{
    "timestamp": 1595178498383,
    "status": 500,
    "error": "Internal Server Error",
    "message": "No message available",
    "path": "/v1/organization/e6a625cc-718b-48c2-ac76-1dfdff9a531e/
            license/"
}
```

如果我们继续执行失败的服务，环形比特缓冲区最终会填满，我们应该会收到图 7-7 所示的错误。

现在我们已经为许可证服务设置了断路器，让我们继续为组织微服务设置断路器。

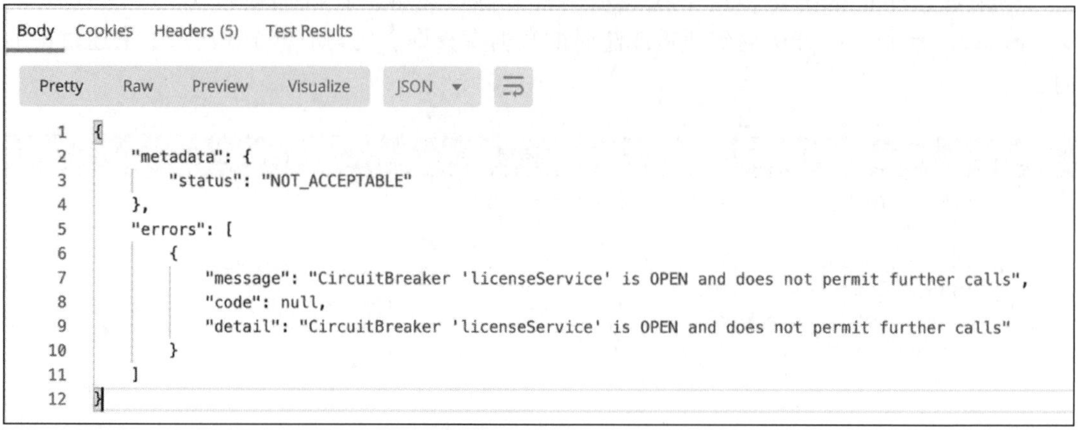

图 7-7　断路器错误指示断路器目前处于断开状态

7.5.1　向组织服务添加断路器

使用方法级注解来标记具有断路器行为的调用的好处在于，无论是访问数据库还是调用微服务，它都是相同的注解。例如，在我们的许可证服务中，我们需要查找与许可证相关联的组织的名称。如果想用断路器来包装对组织服务的调用的话，一个简单的方法就是将 RestTemplate 调用分解成一个方法，并使用@CircuitBreaker 注解来进行标注，像下面这样。

```
@CircuitBreaker(name = "organizationService")
private Organization getOrganization(String organizationId) {
    return organizationRestClient.getOrganization(organizationId);
}
```

注意　虽然使用@CircuitBreaker 很容易实现，但我们确实需要小心使用这个注解的默认值。强烈建议你总是分析并设置最适合你需求的配置。

若想要查看你的断路器的默认值，可以在 Postman 中访问 URL http://localhost:<服务端口>/actuator/health。默认情况下，断路器在 Spring Boot Actuator 健康信息服务中公开配置。

7.5.2　定制断路器

在本节中，我们将回答开发人员在使用 Resilience4j 时最常见的一个问题：如何定制 Resilience4j 断路器？这很容易实现，只需要向 application.yml、bootstrap.yml 或位于 Spring Config 服务器端存储库中的服务配置文件中添加一些参数。代码清单 7-4 演示了如何在 bootstrap.yml 中为许可证服务和组织服务定制断路器模式。

代码清单 7-4 定制断路器

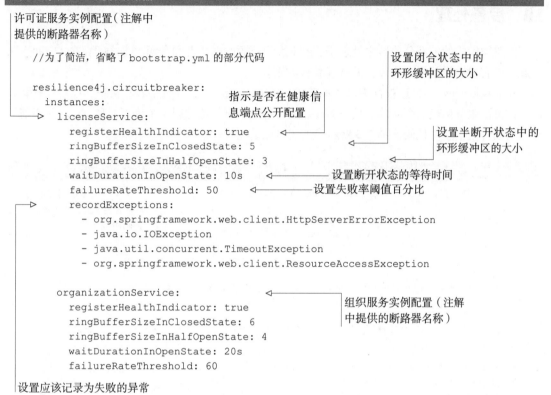

许可证服务实例配置（注解中
提供的断路器名称）

```
//为了简洁，省略了bootstrap.yml的部分代码

resilience4j.circuitbreaker:
  instances:
    licenseService:
      registerHealthIndicator: true
      ringBufferSizeInClosedState: 5
      ringBufferSizeInHalfOpenState: 3
      waitDurationInOpenState: 10s
      failureRateThreshold: 50
      recordExceptions:
        - org.springframework.web.client.HttpServerErrorException
        - java.io.IOException
        - java.util.concurrent.TimeoutException
        - org.springframework.web.client.ResourceAccessException

    organizationService:
      registerHealthIndicator: true
      ringBufferSizeInClosedState: 6
      ringBufferSizeInHalfOpenState: 4
      waitDurationInOpenState: 20s
      failureRateThreshold: 60
```

设置闭合状态中的
环形缓冲区的大小

指示是否在健康信
息端点公开配置

设置半断开状态中的
环形缓冲区的大小

设置断开状态的等待时间

设置失败率阈值百分比

组织服务实例配置（注解
中提供的断路器名称）

设置应该记录为失败的异常

Resilience4j 让我们可以通过应用程序的属性来定制断路器的行为。我们可以根据需要配置任意多的实例，每个实例都可以有不同的配置。代码清单 7-4 包含以下配置设置：

- ringBufferSizeInClosedState——设置断路器处于闭合状态时环形比特缓冲区的大小。默认值为 100。
- ringBufferSizeInHalfOpenState——设置断路器处于半断开状态时环形比特缓冲区的大小。默认值为 10。
- waitDurationInOpenState——设置断路器在将状态由断开状态变为半断开状态之前应该等待的时间。默认值为 60 000 毫秒。
- failureRateThreshold——配置失败率阈值的百分比。请记住，当失败率大于或等于这个阈值时，断路器变为断开状态并开始短路调用。默认值为 50。
- recordExceptions——列出将被视为失败的异常。默认情况下，所有异常都记录为失败。

本书不会讲解所有的 Resilience4j 断路器参数。如果你想了解更多有关其可能的配置参数，建议阅读 Resilience4j 的官方文档。

7.6 后备处理

断路器模式的一部分美妙之处在于，由于远程资源的消费者和资源本身之间存在"中间人"，因此我们有机会拦截服务故障，并选择替代方案。

在 Resilience4j 中，这被称为后备策略（fallback strategy），并且很容易实现。让我们看看如何为许可证服务构建一个简单的后备策略，该后备策略简单地返回一个许可对象，它表示当前没有可用的许可信息。代码清单 7-5 展示了上述讨论的内容。

代码清单 7-5   在 Resilience4j 中实现一个后备

```
//为了简洁，省略了 LicenseService.java 的部分代码

@CircuitBreaker(name= "licenseService",              定义了一个方法,如果
        fallbackMethod= "buildFallbackLicenseList")  ◁─  调用服务失败,那么就
public List<License> getLicensesByOrganization(      会调用该方法
                    String organizationId) throws TimeoutException {

    logger.debug("getLicensesByOrganization Correlation id: {}",
        UserContextHolder.getContext().getCorrelationId());
    randomlyRunLong();
    return licenseRepository.findByOrganizationId(organizationId);
}

private List<License> buildFallbackLicenseList(String organizationId,
➥   Throwable t){                              ◁────
    List<License> fallbackList = new ArrayList<>();        在这个后备方法中,返回
    License license = new License();                       了一个硬编码的值
    license.setLicenseId("0000000-00-00000");
    license.setOrganizationId(organizationId);
    license.setProductName(
        "Sorry no licensing information currently available");
    fallbackList.add(license);
    return fallbackList;
}
```

要使用 Resilience4j 实现一个后备策略，我们需要做两件事情。第一件是，在@Circuit-Breaker 注解中添加一个 fallbackMethod 的属性，或是使用其他注解（稍后将对此进行解释）。该属性必须包含一个方法的名称，当发生调用失败时，Resilience4j 中断该调用，该方法将会被调用。

第二件事，定义一个后备方法。此后备方法必须与由@CircuitBreaker 保护的原始方法位于同一个类中。要在 Resilience4j 中创建后备方法，我们需要创建一个方法，该方法包含与原始方法相同的签名，外加一个额外参数，即目标异常参数。使用相同的签名，我们可以将所有参数从原始方法传递给后备方法。

在代码清单 7-5 所示的示例中，后备方法 buildFallbackLicenseList() 只是简单构建一个包含虚拟信息的单个 License 对象。我们可以使用我们的后备方法从备用数据源读取这个数据，但出于演示的目的，我们将构建一个列表，该列表由我们原始的方法调用返回。

> **关于后备**
>
> 在确定是否要实施后备策略时，请记住以下两点。
>
> ■ 后备是在资源超时或失败时提供的一个行动方案。如果发现自己使用后备来捕获超时异常，然后只做日志记录错误，就应该在服务调用周围使用标准的 try...catch 块：捕获异常，并将日志记录逻辑放在 try...catch 块中。
>
> ■ 注意使用后备方法所执行的操作。如果在后备服务中调用另一个分布式服务，就可能需要使用 @CircuitBreaker 注解来包装后备方法。记住，在主要行动方案中经历的相同的失败有可能也会影响次要的后备方案。要进行防御性编码。

现在我们拥有了后备方法，接下来再次调用我们的端点。这一次，当我们在 Postman 中选择它并遇到一个超时错误（有三分之一的机会）时，我们不会从服务调用中得到一个返回的异常，而是得到虚拟的许可证值，如图 7-8 所示。

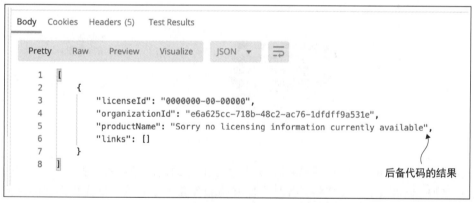

图 7-8　使用 Resilience4j 后备的服务调用

7.7　实现舱壁模式

在基于微服务的应用程序中，我们通常需要调用多个微服务来完成一个特定的任务。在不使用舱壁模式的情况下，这些调用的默认行为是使用同一批线程来执行调用，这些线程是为了处理整个 Java 容器的请求而预留的。在存在大量请求的情况下，一个服务出现性能问题会导致 Java 容器的所有线程被刷爆并等待处理工作，同时堵塞新的工作请求。Java 容器最终会崩溃。

舱壁模式将远程资源调用隔离在它们自己的线程池中，以便可以控制单个表现不佳的服务，而不会使该容器崩溃。Resilience4j 提供了舱壁模式的两种不同实现。你可以使用这些实现来限制并发执行的数目。

- 信号量舱壁——使用信号量隔离方法，限制服务的并发请求数量。一旦达到限制，它就开始拒绝请求。
- 线程池舱壁——使用有界队列和固定线程池。这种方法只在线程池和队列都满时才会拒绝请求。

默认情况下，Resilience4j 使用信号量舱壁类型。图 7-9 演示了这种类型。

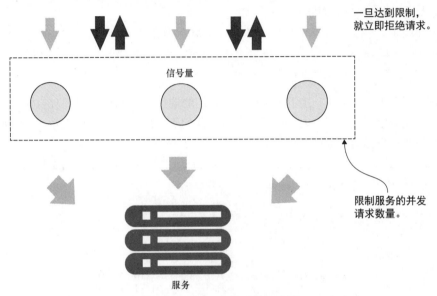

图 7-9　默认 Resilience4j 舱壁类型是信号量方法

在应用程序中访问少量的远程资源，并且各个服务的调用量分布（相对）均匀时，这种模型运行良好。问题是，如果某些服务具有比其他服务高得多的请求量或长得多的完成时间，那么最终可能会导致线程池中的线程耗尽，因为一个服务最终会占据默认线程池中的所有线程。

幸好，Resilience4j 提供了一种易于使用的机制，在不同的远程资源调用之间创建舱壁。图 7-10 展示了 Resilience4j 管理的资源被隔离到它们自己的舱壁时的情况。

要在 Resilience4j 中实现舱壁模式，我们需要使用一个额外的配置来将它与 `@CircuitBreaker` 结合起来。接下来的代码将完成以下操作。

- 为 `getLicensesByOrganization()` 调用建立一个单独的线程池。
- 在 bootstrap.yml 文件中添加舱壁配置。
- 如果使用信号量方法，则设置 `maxConcurrentCalls` 和 `maxWaitDuration`。
- 如果使用线程池方法，则设置 `maxThreadPoolSize`、`coreThreadPoolSize`、

queueCapacity 和 keepAliveDuration。

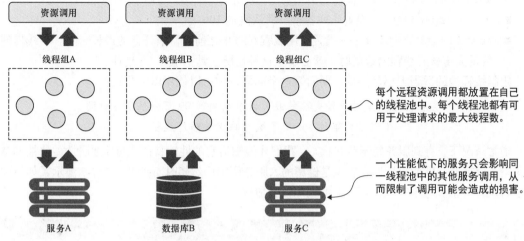

图 7-10　Resilience4j 命令绑定到隔离的线程池

代码清单 7-6 展示了使用这些舱壁配置参数的许可证服务的 bootstrap.yml 文件。

代码清单 7-6　为许可证服务配置舱壁模式

```
//为了简洁，省略了bootstrap.yml的部分代码

resilience4j.bulkhead:
  instances:
    bulkheadLicenseService:
      maxWaitDuration: 10ms      ◁────── 阻塞一个线程的最长时间
      maxConcurrentCalls: 20        ◁────── 最大并发调用数

resilience4j.thread-pool-bulkhead:
  instances:
    bulkheadLicenseService:
      maxThreadPoolSize: 1      ◁────── 线程池中的最大线程数
      coreThreadPoolSize: 1     ◁────── 核心线程池大小
      queueCapacity: 1          ◁────── 队列容量
      keepAliveDuration: 20ms   ◁──┐
                                    └─ 空闲线程在终止前等待
                                       新任务的最长时间
```

Resilience4j 还允许我们通过应用程序的属性定制舱壁模式的行为。像断路器一样，我们可以根据需要创建任意多的实例，每个实例可以有不同的配置。代码清单 7-6 包含以下属性。

- maxWaitDuration——设置进入一个舱壁时阻塞一个线程的最长时间。默认值为 0。
- maxConcurrentCalls——设置这个舱壁允许的最大并发调用数。默认值为 25。
- maxThreadPoolSize——设置最大线程池大小。默认值是 Runtime.getRuntime(). availableProcessors()。

- coreThreadPoolSize——设置核心线程池大小。默认值是 Runtime.getRuntime().availableProcessors()。
- queueCapacity——设置队列容量。默认值是 100。
- KeepAliveDuration——设置空闲线程在终止之前等待新任务的最长时间。当线程的数量大于核心线程的数量时，就会发生这种情况。默认值是 20 毫秒。

定制线程池的适当大小是多少？要回答这个问题，你可以使用以下公式：

$$服务在健康状态时每秒支撑的最大请求数 \times 第 99 百分位延迟时间$$
$$（以秒为单位）+ 用于缓冲的少量额外线程$$

通常情况下，直到服务处于负载状态，我们才能知道它的性能特征。线程池属性需要被调整的关键指标就是，即使目标远程资源是健康的，服务调用仍然超时。代码清单 7-7 演示了如何围绕所有从许可证服务中查找许可数据的调用设置舱壁。

代码清单 7-7　围绕 getLicensesByOrganization() 方法创建舱壁

```
//为了简洁，省略了 LicenseService.java 的部分代码

@CircuitBreaker(name= "licenseService",
        fallbackMethod= "buildFallbackLicenseList")
@Bulkhead(name= "bulkheadLicenseService",
        fallbackMethod= "buildFallbackLicenseList")        为舱壁模式设置实
                                                            例名称和后备方法
public List<License> getLicensesByOrganization(
                    String organizationId) throws TimeoutException {
    logger.debug("getLicensesByOrganization Correlation id: {}",
        UserContextHolder.getContext().getCorrelationId());
    randomlyRunLong();
    return licenseRepository.findByOrganizationId(organizationId);
}
```

我们需要注意的第一件事是，我们引入了一个新的注解：@Bulkhead。这个注解表示我们正在设置舱壁模式。如果我们没有在应用程序属性中进一步设置值，那么 Resilience4j 将为信号量舱壁类型使用前面提到的默认值。

在代码清单 7-7 中需要注意的第二件事是，我们没有设置舱壁类型。在这种情况下，舱壁模式使用信号量方法。为了将其改为线程池方法，我们需要将线程池类型添加到 @Bulkhead 注解中，如下所示：

```
@Bulkhead(name = "bulkheadLicenseService", type = Bulkhead.Type.THREADPOOL,
➥ fallbackMethod = "buildFallbackLicenseList")
```

7.8　实现重试模式

顾名思义，重试模式负责在服务最初失败时重新尝试与服务通信。此模式背后的关键

概念是提供一种获得预期响应的方法，即尽管出现故障（如网络中断），仍然尝试调用相同服务一次或多次。对于此模式，必须指定给定服务实例的重试次数以及每次重试之间的时间间隔。

与断路器一样，Resilience4j 允许我们指定哪些异常需要重试，哪些不需要重试。代码清单 7-8 用于许可证服务的包含重试配置参数的 bootstrap.yml。

代码清单 7-8　在 bootstrap.yml 中配置重试模式

```
//为了简洁，省略了 bootstrap.yml 的部分代码

resilience4j.retry:
  instances:
    retryLicenseService:
      maxRetryAttempts: 5        ◁——————重试的最大次数
      waitDuration: 10000        ◁——————两次重试之间的等待时间
      retry-exceptions:          ◁——————
        - java.util.concurrent.TimeoutException    想要重试的异常列表
```

第一个参数 maxRetryAttempts 允许我们定义服务的最大重试次数，其默认值为 3。第二个参数 waitDuration 定义重试时间间隔，其默认值是 500 毫秒。第三个参数 retryexceptions 设置将触发重试的错误类列表，其默认值为空。本书只使用这 3 个参数，但你也可以设置以下参数。

- intervalFunction——设置在失败后更新等待间隔的方法。
- retryOnResultPredicate——配置一个结果是否应该重试的断言。如果我们想重试，这个断言应该返回 true。
- retryOnExceptionPredicate——配置一个异常是否应该重试的断言。与上一个断言相同，如果我们想重试，我们必须返回 true。
- ignoreExceptions——设置一个被忽略且不会被重试的错误类列表。默认值为空。

代码清单 7-9 演示了如何围绕所有从许可证服务中查找许可数据的调用设置重试模式。

代码清单 7-9　围绕 getLicensesByOrganization() 方法创建舱壁

```
//为了简洁，省略了 LicenseService.java 的部分代码

@CircuitBreaker(name= "licenseService",
                fallbackMethod="buildFallbackLicenseList")
@Retry(name = "retryLicenseService",
                fallbackMethod=                        设置重试模式的实例
                    "buildFallbackLicenseList")  ◁——  名和回退方法
@Bulkhead(name= "bulkheadLicenseService",
                fallbackMethod="buildFallbackLicenseList")

public List<License> getLicensesByOrganization(String organizationId)
        throws TimeoutException {
  logger.debug("getLicensesByOrganization Correlation id: {}",
```

```
UserContextHolder.getContext().getCorrelationId());
        randomlyRunLong();
return licenseRepository.findByOrganizationId(organizationId);
}
```

现在我们知道了如何实现断路器和重试模式，让我们继续讨论限流器。请记住，Resilience4j 允许我们在相同的方法调用中组合不同的模式。

7.9　实现限流器模式

限流器模式将阻止服务过载，防止在给定的时间范围内涌入服务无法消费的过多调用。这是为 API 预备高可用性和可靠性所必需的技术。

注意　在最新的云架构中，拥有自动缩放的能力是一个不错的选择，但本书没有涵盖这个主题。

Resilience4j 为限流器模式提供了两个实现：AtomicRateLimiter 和 SemaphoreBased-RateLimiter。RateLimiter 的默认实现是 AtomicRateLimiter。

SemaphoreBasedRateLimiter 是最简单的，它基于让一个 java.util.concurrent.Semaphore 存储当前许可。在此场景中，所有用户线程都将调用 semaphore.tryAcquire 方法，在新的 limitRefreshPeriod 开始时，一个额外的内部线程执行 semaphore.release 方法，从而触发用户线程的调用。

与 SemaphoreBasedRateLimiter 不同，AtomicRateLimiter 不需要线程管理，因为用户线程本身执行所有许可逻辑。AtomicRateLimiter 将从纪元开始的所有纳秒划分为若干个循环（cycle），每个循环的持续时间就是刷新周期（以纳秒为单位）。在每个循环的开始，我们应该设置可用许可来限制周期。为了更好地理解这种方法，让我们看看以下设置。

- ActiveCycle——最后一次调用使用的循环号。
- ActivePermissions——最后一次调用后的可用许可计数。
- NanosToWait——最后一次调用等待许可所需的纳秒数。

Resilience4j 的限流器实现包含一些复杂的逻辑。为了更好地理解它，我们可以考虑以下 Resilience4j 对此模式的一些说明。

- 将时间分成相等的部分，称为循环。
- 如果可用许可不够，可以通过减少当前许可并计算我们等待这个许可出现所需的时间来保留许可。Resilience4j 通过以下方式来实现这一点：定义一段时间内允许调用的数量（limitForPeriod），定义许可多久刷新一次（limitRefreshPeriod），定义线程可以等待多长时间来获取许可（timeoutDuration）。

对于此模式，我们必须指定线程等待获取许可的超时时间、限流刷新周期和限流刷新周期期间可用的许可数。代码清单 7-10 展示了用于许可证服务的 bootstrap.yml，其中包含限流配置参数。

代码清单 7-10 在 bootstrap.yml 中配置限流器模式

```
//为了简洁，省略了 bootstrap.yml 的部分代码

resilience4j.ratelimiter:
  instances:
    licenseService:
      timeoutDuration: 1000ms       ← 定义线程等待获
      limitRefreshPeriod: 5000         取许可的时间
      limitForPeriod: 5

定义限流刷新周期                    定义在限流刷新周期
                                    期间可用的许可数
```

第一个参数 timeoutDuration 让我们定义一个线程等待许可的时间，这个参数的默认值为 5 秒。第二个参数 limitRefreshPeriod 使我们能够设置限流刷新的周期。在每个周期之后，限流器将许可计数重置回 limitForPeriod 值。limitRefreshPeriod 的默认值是 500 纳秒。

最后一个参数 limitForPeriod 让我们设置在一个刷新周期期间可用的许可数量，其默认值是 50。代码清单 7-11 演示了如何围绕所有从许可证服务中查找许可数据的调用设置限流器模式。

代码清单 7-11 围绕 **getLicensesByOrganization()**方法创建限流器

```
//为了简洁，省略了 LicenseService.java 的部分代码

@CircuitBreaker(name= "licenseService",
    fallbackMethod= "buildFallbackLicenseList")
@RateLimiter(name = "licenseService",
    fallbackMethod = "buildFallbackLicenseList")  ←  为限流器模式设置实例
@Retry(name = "retryLicenseService",                 名称和后备方法
    fallbackMethod = "buildFallbackLicenseList")
@Bulkhead(name= "bulkheadLicenseService",
    fallbackMethod= "buildFallbackLicenseList")
public List<License> getLicensesByOrganization(String organizationId)
        throws TimeoutException {
  logger.debug("getLicensesByOrganization Correlation id: {}",
  UserContextHolder.getContext().getCorrelationId());
  randomlyRunLong();
  return licenseRepository.findByOrganizationId(organizationId);
}
```

舱壁模式和限流器模式之间的主要区别在于，舱壁模式负责限制并发调用的数量（例如，它一次只允许 X 个并发调用)，而限流器模式负责限制给定时帧内的总调用数（例如，每 Y 秒允许 X 个调用数）。

为了选择适合你的模式，请仔细检查你的需求是什么。如果你想阻塞并发时间，那么最佳选择是舱壁模式，但如果你想限制特定时间段内的总调用数，那么最佳选择是限流器模式。如果你同时考虑这两种场景，还可以将它们组合起来。

7.10 ThreadLocal 和 Resilience4j

在本节中，我们将在 ThreadLocal 中定义一些值，看看它们是否在使用 Resilience4j 注解的方法中传播。请记住，Java ThreadLocal 允许我们创建只能由相同线程读写的变量。当我们处理线程时，特定对象的所有线程共享其变量，这使得这些线程不安全。在 Java 中，使它们线程安全的最常见方法是使用同步。但是如果我们想避免同步，也可以使用 ThreadLocal 变量。

让我们看一个具体的例子。在基于 REST 的环境中，我们通常希望将上下文信息传递给服务调用，这将有助于在运维上管理该服务。例如，可以在 REST 调用的 HTTP 首部中传递关联 ID（correlation ID）或验证令牌，然后将其传播到下游服务调用。关联 ID 允许我们有一个唯一的标识符，该标识符可用于在单个事务中跨多个服务调用进行跟踪。

为了让关联 ID 在服务调用中的任何地方都可用，我们可以使用 Spring Filter 类来拦截 REST 服务中的每个调用，并从传入的 HTTP 请求中检索关联 ID，然后将此上下文信息存储在自定义的 UserContext 对象中。之后，每当我们的代码需要在我们的 REST 服务调用中访问这个关联 ID 时，就可以从 ThreadLocal 存储变量中检索 UserContext 并读取该值。代码清单 7-12 展示了一个 Spring 过滤器示例，我们可以在许可证服务中使用它。

> **注意** 你可以在第 7 章的源代码的 /licensing-service/src/main/java/com/optimagrowth/license/utils/UserContextFilter.java 中找到这段代码。

代码清单 7-12　UserContextFilter 解析 HTTP 首部并检索数据

```
package com.optimagrowth.license.utils;
...
//为了简洁，省略了 import 语句

@Component
public class UserContextFilter implements Filter {
    private static final Logger logger =
            LoggerFactory.getLogger(UserContextFilter.class);
    @Override
    public void doFilter(ServletRequest servletRequest, ServletResponse
            servletResponse, FilterChain filterChain) throws IOException,
            ServletException {

    HttpServletRequest httpServletRequest =
                        (HttpServletRequest) servletRequest;

    UserContextHolder.getContext().setCorrelationId(
            httpServletRequest.getHeader(
```

```
                    UserContext.CORRELATION_ID));
UserContextHolder.getContext().setUserId(
        httpServletRequest.getHeader(
            UserContext.USER_ID));
UserContextHolder.getContext().setAuthToken(
        httpServletRequest.getHeader(
            UserContext.AUTH_TOKEN));
UserContextHolder.getContext().setOrganizationId(
        httpServletRequest.getHeader(
            UserContext.ORGANIZATION_ID));

filterChain.doFilter(httpServletRequest, servletResponse);
}
...
//为了简洁，省略了 UserContextFilter.java
}
```

检索调用的 HTTP 首部中设置的值，将这些值赋给存储在 UserContextHolder 中的 UserContext

UserContextHolder 类用于将 UserContext 存储在 ThreadLocal 类中。一旦存储在 ThreadLocal 中，任何为请求执行的代码都将使用存储在 UserContextHolder 中的 UserContext 对象。

代码清单 7-13 展示了 UserContextHolder 类。这个类可以在 /licensing-service/src/main/java/com/optimagrowth/license/utils/UserContextHolder.java 类文件中找到。

代码清单 7-13 所有 UserContext 数据都是由 UserContextHolder 管理的

```
...
//为了简洁，省略了 import 语句
public class UserContextHolder {
    private static final ThreadLocal<UserContext> userContext
        = new ThreadLocal<UserContext>();

    public static final UserContext getContext(){
        UserContext context = userContext.get();

        if (context == null) {
            context = createEmptyContext();
            userContext.set(context);

        }
        return userContext.get();
    }

    public static final void setContext(UserContext context) {
        userContext.set(context);
    }

    public static final UserContext createEmptyContext(){
        return new UserContext();
    }
}
```

UserContext 存储在一个静态 ThreadLocal 变量中

检索 UserContext 对象以供使用

注意 当我们直接使用 `ThreadLocal` 时，必须小心。对 `ThreadLocal` 的错误开发可能会导致应用程序中的内存泄漏。

`UserContext` 是一个 POJO 类，它包含我们想要存储在 `UserContextHolder` 中的所有特定数据。代码清单 7-14 展示了这个类的内容。你可以在/licensing-service/src/main/java/com/optimagrowth/license/utils/UserContext.java 中找到这个类。

代码清单 7-14 创建一个 `UserContext`

```
...
//为了简洁，省略了 import 语句

@Component
public class UserContext {
    public static final String CORRELATION_ID = "tmx-correlation-id";
    public static final String AUTH_TOKEN = "tmx-auth-token";
    public static final String USER_ID = "tmx-user-id";
    public static final String ORGANIZATION_ID = "tmx-organization-id";

    private String correlationId= new String();
    private String authToken= new String();
    private String userId = new String();
    private String organizationId = new String();

    public String getCorrelationId() { return correlationId;}
    public void setCorrelationId(String correlationId) {
        this.correlationId = correlationId;
    }

    public String getAuthToken() {
        return authToken;
    }

    public void setAuthToken(String authToken) {
        this.authToken = authToken;
    }

    public String getUserId() {
        return userId;
    }

    public void setUserId(String userId) {
        this.userId = userId;
    }

    public String getOrganizationId() {
        return organizationId;
    }

    public void setOrganizationId(String organizationId) {
        this.organizationId = organizationId;
    }
}
```

为了完成示例，我们需要做的最后一步是将日志记录指令添加到 LicenseController.java 类中，这个类位于 com/optimagrowth/license/controller/LicenseController.java 中。代码清单 7-15 展示了如何添加。

代码清单 7-15　将 `logger` 添加到 `LicenseController` 的 `getLicenses()` 方法

```
//为了简洁，省略了部分代码
import org.slf4j.Logger;
import org.slf4j.LoggerFactory;

@RestController
@RequestMapping(value="v1/organization/{organizationId}/license")
public class LicenseController {
    private static final Logger logger =
                    LoggerFactory.getLogger(LicenseController.class);

    //为了简洁，省略了部分代码
    @RequestMapping(value="/",method = RequestMethod.GET)
    public List<License> getLicenses( @PathVariable("organizationId")
                    String organizationId) {
        logger.debug("LicenseServiceController Correlation id: {}",
                UserContextHolder.getContext().getCorrelationId());
        return licenseService.getLicensesByOrganization(organizationId);
    }
}
```

此时，在许可证服务中应该有一些日志语句了。我们已经将日志记录添加到以下许可证服务的类和方法。

- com/optimagrowth/license/utils/UserContextFilter.java 中的 doFilter() 方法。
- com/optimagrowth/license/controller/LicenseController.Java 中的 getLicenses() 方法。
- com/optimagrowth/license/service/LicenseService.java 中的 getLicensesByOrganization() 方法。此方法由 @CircuitBreaker、@Retry、@Bulkhead 和 @RateLimiter 标注。

为了执行我们的示例，我们将使用名为 tmx-correlation-id 和值为 TEST-CORRELATION-ID 的 HTTP 首部来传递关联 ID 以调用服务。图 7-11 展示了在 Postman 中发出一个 HTTP GET 调用。

一旦提交了这个调用，当它流经 UserContext、LicenseController 和 License-Service 类时，我们在控制台中就会看到 3 条日志消息，记录了传入的关联 ID：

```
UserContextFilter Correlation id: TEST-CORRELATION-ID
LicenseServiceController Correlation id: TEST-CORRELATION-ID
LicenseService:getLicensesByOrganization Correlation id:
```

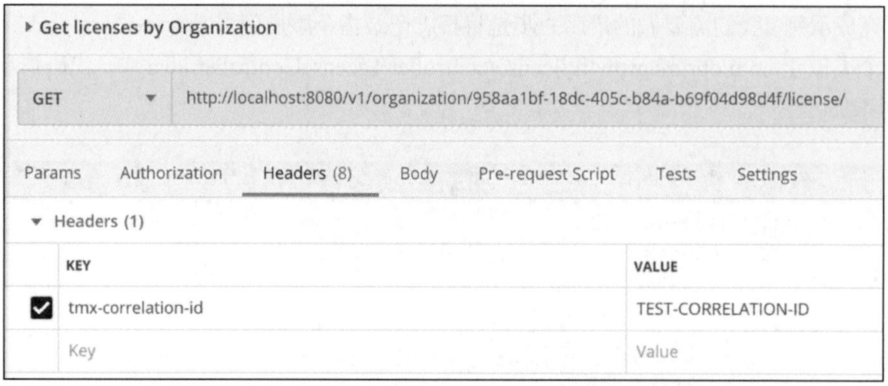

图 7-11　向许可证服务调用的 HTTP 首部添加关联 ID

如果在控制台上没有看到这些日志消息，请将代码清单 7-16 所示的代码行添加到许可证服务的 application.yml 或 application.properties 文件中。

代码清单 7-16　许可证服务的 application.yml 文件的 Logger 配置

```
//为了简洁，省略了部分代码
logging:
  level:
    org.springframework.web: WARN
    com.optimagrowth: DEBUG
```

接着再次构建并执行微服务。如果你正在使用 Docker，你可以在父 pom.xml 所在的根目录执行以下命令：

```
mvn clean package dockerfile:build
docker-compose -f docker/docker-compose.yml up
```

你将看到，一旦这个调用使用了由 Resilience4j 保护的方法，关联 ID 仍然可以打印出来。这意味着父线程值可以在使用 Resilience4j 标注的方法上使用。

Resilience4j 是在我们的应用程序中实现弹性模式的一个很好的选择。随着 Hystrix 进入维护模式，Resilience4j 已成为 Java 生态系统中的首选。现在我们已经看到了 Resilience4j 可以实现什么，我们可以继续下一个主题——Spring Cloud Gateway。

7.11　小结

- 在设计高度分布式的应用程序（如微服务）时，必须考虑客户端弹性。
- 服务的彻底故障（如服务器崩溃）是很容易检测和处理的。
- 一个性能不佳的服务可能会引起资源耗尽的连锁效应，因为调用客户端中的线程会在等待服务完成时被阻塞。

- 3 种核心客户端弹性模式分别是断路器模式、后备模式和舱壁模式。
- 断路器模式试图杀死运行缓慢和降级的系统调用，这样调用就会快速失败，并防止资源耗尽。
- 后备模式让我们可以在远程服务调用失败或调用的断路器失败的情况下，定义替代代码路径。
- 舱壁模式通过将对远程服务的调用隔离到它们自己的线程池中，使远程资源调用彼此分离。就算一组服务调用失败，这些失败也不会导致应用程序容器中的所有资源耗尽。
- 限流器模式限制给定时间段内的总调用数。
- Resilience4j 允许我们同时堆叠和使用多个模式。
- 重试模式负责在服务暂时失败时进行尝试。
- 舱壁模式和限流器模式之间的主要区别在于，舱壁模式负责限制一次并发调用的数量，而限流器模式负责限制给定时间内的总调用数。
- Spring Cloud 和 Resilience4j 库提供断路器模式、后备模式、舱壁模式、重试模式、限流器模式的实现。
- Resilience4j 库是高度可配置的，可以在全局、类和线程池级别设置。

第8章 使用 Spring Cloud Gateway 进行服务路由

本章主要内容

■ 结合微服务使用服务网关
■ 使用 Spring Cloud Gateway 实现服务网关
■ 在网关中映射微服务路由
■ 构建过滤器以使用关联 ID 并进行跟踪

在像微服务这样的分布式架构中，需要确保跨多个服务调用的关键行为（如安全、日志记录和用户跟踪）的正常运行。要实现此功能，我们需要在所有服务中始终如一地强制这些特性，而不需要每个开发团队都构建自己的解决方案。虽然可以使用公共库或框架来帮助在单个服务中直接构建这些功能，但这样做会造成 3 个影响。

■ 在每个服务中很难一致地实现这些功能。开发人员专注于交付功能，除非工作在需要受监管的行业，否则在每日的快速开发工作中，开发人员很容易忘记实现服务日志记录或跟踪。

■ 将实现横切关注点（如安全性和日志记录）的责任推给各个开发团队，会大大增加有人没有正确实现或忘记实现这些功能的可能性。横切关注点是指程序设计中用于整个应用程序并可能影响应用程序的其他部分的部分或功能。

■ 可能会在所有服务中创建一个顽固的依赖。在所有服务中共享的公共框架中构建的功能越多，在通用代码中无须重新编译和重新部署所有服务就能更改或添加功能就越困难。突然间，共享库中内置的核心功能的升级就变成了一个漫长的迁移过程。

为了解决这个问题，需要将这些横切关注点抽象成一个服务，该服务可以独立存在并充当我们的架构中所有微服务调用的过滤器和路由器。我们把这个服务称为网关（gateway）。我们的服务客户端不再直接调用微服务。取而代之的是，服务网关作为单个策略执行点（Policy Enforcement Point，PEP），所有调用都通过服务网关进行路由，然后被路由到最终目的地。

在本章中，我们将看看如何使用 Spring Cloud Gateway 来实现一个服务网关。具体来说，我们来看一下如何使用 Spring Cloud Gateway 完成以下操作。

- 将所有服务调用放在一个 URL 后面，并使用服务发现将这些调用映射到它们实际的服务实例。
- 将关联 ID 注入流经服务网关的每个服务调用中。
- 注入从 HTTP 响应返回的关联 ID 并将关联 ID 发送回客户端。

让我们深入了解服务网关是如何与本书中构建的整体微服务相适应的。

8.1 什么是服务网关

到目前为止，通过前面几章中构建的微服务，我们可以通过 Web 客户端直接调用各个服务，也可以通过诸如 Eureka 这样的服务发现引擎以编程方式调用它们。图 8-1 说明了这种方法。

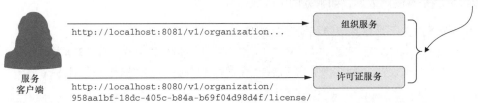

图 8-1 如果没有服务网关，服务客户端将为每个服务调用不同的端点

服务网关充当服务客户端和被调用的服务之间的中介。服务客户端仅与服务网关管理的单个 URL 进行对话。服务网关从服务客户端调用中分离出路径，并确定服务客户端正在尝试调用什么服务。图 8-2 说明了服务网关如何将用户引导到目标微服务和相应的实例，就像交通警察引导交通流量一样。

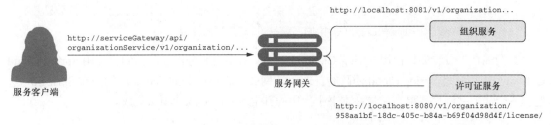

图 8-2 服务网关位于服务客户端和相应的服务实例之间。所有服务调用（面向内部的和外部的）都应流经服务网关

服务网关充当应用程序内所有微服务调用的入站流量的守门人。有了服务网关，服务客户端永远不会直接调用单个服务的 URL，而是将所有调用都放到服务网关上。

由于服务网关位于客户端到各个服务的所有调用之间，因此它还充当服务调用的中央策略执行点。使用集中式策略执行点意味着横切服务关注点可以在一个地方实现，而无须各个开发团队来实现这些关注点。举例来说，可以在服务网关中实现的横切关注点包括以下几个。

- 静态路由——服务网关将所有的服务调用放置在单个 URL 和 API 路由的后面。这简化了开发，因为我们只需要知道所有服务的一个服务端点就可以了。
- 动态路由——服务网关可以检查传入的服务请求，根据来自传入请求的数据，为服务调用者执行智能路由。例如，参与测试版程序的客户可能会将所有对服务的调用路由到一个特定的服务集群，这些服务集群运行的代码版本与其他人使用的代码版本不同。
- 验证和授权——由于所有服务调用都经过服务网关进行路由，因此服务网关是检查服务调用者是否已经对自己进行了验证的自然场所。
- 度量数据收集和日志记录——当服务调用通过服务网关时，可以使用服务网关来收集度量数据和日志信息，还可以使用服务网关确保在用户请求上提供关键信息以确保日志统一。这并不意味着你不应该从单个服务中收集度量数据。相反，通过服务网关你可以集中收集许多基本度量数据，如服务调用次数和服务响应时间。

等等——难道服务网关不是单点故障和潜在瓶颈吗

在第 6 章中介绍 Eureka 时，我们讨论了集中式负载均衡器是如何成为服务的单点故障和服务瓶颈的。如果一个服务网关没有正确地实现，它可能会带来同样的风险。在构建服务网关实现时，要牢记以下几点。

- 在单独的服务组前面，负载均衡器很有用。在这种情况下，将负载均衡器放到多个服务网关实例的前面是一个恰当的设计，可确保服务网关实现可以根据需要伸缩。但是，将负载均衡器置于所有服务实例的前面并不是一个好主意，因为它会成为瓶颈。
- 要保持为服务网关编写的代码是无状态的。不要在内存中为服务网关存储任何信息。如果你不小心，就有可能限制网关的可伸缩性。然后，你需要确保数据在所有服务网关实例中被复制。
- 要保持为服务网关编写的代码是轻量的。服务网关是服务调用的"阻塞点"。具有多个数据库调用的复杂代码可能是服务网关中难以追踪的性能问题的根源。

我们现在来看看如何使用 Spring Cloud Gateway 来实现服务网关。我们将使用 Spring Cloud Gateway，因为它是 Spring Cloud 团队的首选 API 网关。Spring Cloud Gateway 构建在 Spring 5 上，它是一个非阻塞网关，更容易与在本书中使用的其他 Spring Cloud 项目集成。

8.2　Spring Cloud Gateway 简介

Spring Cloud Gateway 是建立在 Spring 5、Project Reactor 和 Spring Boot 2.0 上的 API 网关实现。这个网关是一个非阻塞网关。何为非阻塞？非阻塞应用程序的编写方式使得主线程永远不会被阻塞。相反，这些线程始终可用于服务请求，并在后台异步处理它们，以便在处理完成后返回响应。Spring Cloud Gateway 提供了一些功能，具体包括以下几个。

- 将应用程序中的所有服务的路由映射到单个 URL。但是，Spring Cloud Gateway 不局限于单个 URL。实际上，我们可以使用 Spring Cloud Gateway 定义多个路由入口点，使路由映射非常细粒度（每个服务端点都有自己的路由映射）。然而，第一个也是最常见的用例是构建一个单一的入口点，所有服务客户端调用都将经过这个入口点。
- 构建可以对通过网关的请求和响应进行检查和操作的过滤器。这些过滤器允许我们在代码中注入策略执行点，以一致的方式对所有服务调用执行大量操作。换句话说，这些过滤器允许我们修改传入的 HTTP 请求和传出的 HTTP 响应。
- 构建断言（predicate），断言是让我们可以在执行或处理请求之前检查请求是否满足一组给定条件的对象。Spring Cloud Gateway 包括一组内置的路由断言工厂（Route Predicate Factory）。

要开始使用 Spring Cloud Gateway，需要完成下面两件事。

（1）建立一个 Spring Cloud Gateway 项目，并配置适当的 Maven 依赖项。

（2）配置网关以便与 Eureka 进行通信。

8.2.1　建立 Spring Cloud Gateway 项目

在本节中，我们将使用 Spring Boot 创建 Spring Cloud Gateway 服务。与前几章创建的 Spring Cloud Config 服务和 Eureka 服务一样，创建 Spring Cloud Gateway 服务首先要构建一个新的 Spring Boot 项目，然后应用注解和配置。让我们用 Spring Initializr 来开始创建这个新项目，如图 8-3 所示。

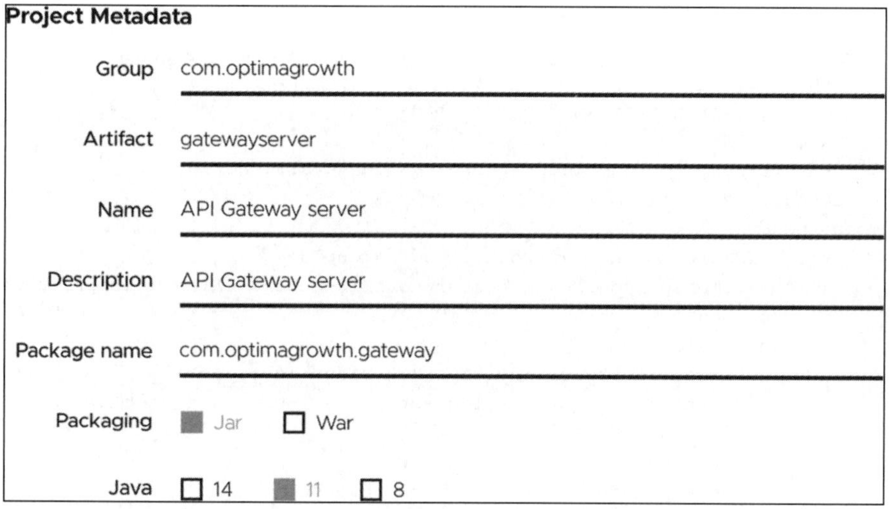

Project Metadata	
Group	com.optimagrowth
Artifact	gatewayserver
Name	API Gateway server
Description	API Gateway server
Package name	com.optimagrowth.gateway
Packaging	■ Jar　□ War
Java	□ 14　■ 11　□ 8

图 8-3　Spring Initializr 和我们的 Spring Cloud Gateway 信息

要完成这个创建，需要遵循以下步骤。代码清单 8-1 展示了 Gateway 服务器的 pom.xml 文件的外观。

（1）选择 Maven 作为项目类型。

（2）选择 Java 作为开发语言。

（3）选择最新或更稳定的 Spring 2.x.x 版本。

（4）group 和 artifact 分别填入 com.optimagrowth 和 gatewayserver。

（5）分别将 API Gateway Server、API Gateway Server 和 com.optimagrowth.gateway 作为名称、描述和包名填入。

（6）选择 JAR 打包。

（7）选择 Java 11 作为 Java 版本。

（8）如图 8-4 所示，添加 Eureka Client、Config Client、Gateway 和 Spring Boot Actuator 依赖项。

代码清单 8-1　用于 Gateway 服务器的 Maven pom 文件

```
//为了简洁，省略了 pom.xml 的一部分代码
...
<dependencies>
    <dependency>
        <groupId>org.springframework.boot</groupId>
        <artifactId>spring-boot-starter-actuator</artifactId>
    </dependency>
    <dependency>
        <groupId>org.springframework.cloud</groupId>
        <artifactId>spring-cloud-starter-config</artifactId>
    </dependency>
    <dependency>
        <groupId>
            org.springframework.cloud           ◄──  告诉 Maven 包含 Spring
        </groupId>                                    Cloud Gateway 库
        <artifactId>spring-cloud-starter-gateway</artifactId>
    </dependency>
    <dependency>
        <groupId>org.springframework.cloud</groupId>
        <artifactId>spring-cloud-starter-netflix-eureka-client</artifactId>
        <exclusions>
            <exclusion>
                <groupId>org.springframework.cloud</groupId>
                <artifactId>spring-cloud-starter-ribbon</artifactId>
            </exclusion>
            <exclusion>
                <groupId>com.netflix.ribbon</groupId>
                <artifactId>ribbon-eureka</artifactId>
            </exclusion>
        </exclusions>
```

```
                    </exclusions>
            </dependency>
            <dependency>
                    <groupId>org.springframework.boot</groupId>
                    <artifactId>spring-boot-starter-test</artifactId>
                    <scope>test</scope>
                    <exclusions>
                            <exclusion>
                                    <groupId>org.junit.vintage</groupId>
                                    <artifactId>junit-vintage-engine</artifactId>
                            </exclusion>
                    </exclusions>
            </dependency>
    </dependencies>
</dependencies>
```

//为了简洁，省略了 pom.xml 的一部分代码
...

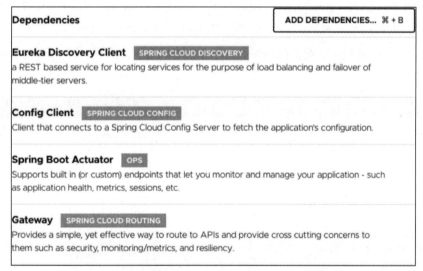

图 8-4　Spring Initializr 中我们的 Gateway 服务器依赖项

　　下一步是创建 src/main/resources/bootstrap.yml 文件，填入所需的配置，以从第 5 章中创建的 Spring Config 服务器端检索配置。代码清单 8-2 展示了这个 bootstrap.yml 文件的外观。

代码清单 8-2　创建 Gateway 的 bootstrap.yml 文件

```
spring:
    application:
        name: gateway-server        ◁──── 对网关服务进行命名以便让 Spring Cloud
    cloud:                                  Config 客户端知道哪个服务正在被查找
        config:
            uri: http://localhost:8071  ◁── 指定 Spring Cloud Config
                                            服务器端的位置
```

注意　如果你没有遵循第 7 章的代码清单，可以查看第 7 章的源代码。

8.2.2   配置 Spring Cloud Gateway 与 Eureka 进行通信

Spring Cloud Gateway 可以与第 6 章中创建的 Netflix Eureka Discovery 服务集成。要实现此集成，我们必须在配置服务器端时为刚刚创建的 Gateway 服务添加 Eureka 配置。这听起来可能有点复杂，但不要担心，我们在第 6 章中已经实现过了。

要添加新的 Gateway 服务，第一步是在 Spring Cloud Config 服务器端存储库中为该服务创建配置文件。（请记住，可以使用 Vault、Git，或者文件系统或类路径。）对于本例，我们已经在项目的类路径中创建了 gateway-server.yml 文件，它位于/configserver/src/main/resources/config/gateway-server.yml。

注意　文件名使用的是服务的bootstrap.yml 中定义的 spring.application.name 属性。例如，对于网关服务，我们将 spring.application.name 定义为 gateway-server，因此配置文件也必须命名为 gateway-server。至于扩展名，你可以选择.properties 或.yml。

接下来，我们将把 Eureka 配置数据添加到刚才创建的配置文件中。代码清单 8-3 展示了如何添加。

代码清单 8-3　在 Spring Cloud Config 服务器端设置 Eureka 配置

```
server:
  port: 8072

eureka:
  instance:
    preferIpAddress: true
  client:
    registerWithEureka: true
    fetchRegistry: true
    serviceUrl:
      defaultZone: http://eurekaserver:8070/eureka/
```

最后，在 ApiGatewayServerApplication 类中添加@EnableEurekaClient。该类位于/gatewayserver/src/main/java/com/optimagrowth/gateway/ApiGatewayServerApplication.java 类文件中。代码清单 8-4 展示了这个类。

代码清单 8-4　向 ApiGatewayServerApplication 中添加@EnableEurekaClient

```
package com.optimagrowth.gateway;

import org.springframework.boot.SpringApplication;
import org.springframework.boot.autoconfigure.SpringBootApplication;
import org.springframework.cloud.netflix.eureka.EnableEurekaClient;
```

```
@SpringBootApplication
@EnableEurekaClient
public class ApiGatewayServerApplication {

    public static void main(String[] args) {
        SpringApplication.run(ApiGatewayServerApplication.class, args);
    }
}
```

现在，我们已经为 Spring Cloud Gateway 创建了基本配置，接下来让我们开始路由服务。

8.3 在 Spring Cloud Gateway 中配置路由

本质上，Spring Cloud Gateway 是一个反向代理。反向代理是一个中间服务器，它位于尝试访问资源的客户端和资源本身之间。客户端甚至不知道它正与服务器进行通信。反向代理负责捕获客户端的请求，然后代表客户端调用远程资源。

在微服务架构的情况下，Spring Cloud Gateway（反向代理）从客户端接收微服务调用并将其转发给上游服务。服务客户端认为它只是在与网关通信。但事情并没有那么简单。要与上游服务进行沟通，网关必须知道如何将进来的调用映射到上游路由。Spring Cloud Gateway 有一些机制来做到这一点，包括：

- 使用服务发现自动映射路由；
- 使用服务发现手动映射路由。

8.3.1 通过服务发现自动映射路由

网关的所有路由映射都是通过在/configserver/src/main/resources/config/gateway-server.yml 文件中定义路由来完成的。但是，Spring Cloud Gateway 可以通过像代码清单 8-5 那样向 gateway-server 配置文件中添加相关配置，根据请求的服务 ID 自动路由请求。

代码清单 8-5 在 gateway-server.yml 文件设置服务发现定位器

```
spring:
  cloud:
    gateway:                          ┌── 使网关能够基于向服务发现
      discovery.locator:     ◄────────┤    注册的服务创建路由
        enabled: true
        lowerCaseServiceId: true
```

通过添加代码清单 8-5 中的代码行，Spring Cloud Gateway 自动使用被调用服务的 Eureka 服务 ID，并将其映射到上游服务实例。如果要调用组织服务并通过 Spring Cloud Gateway 使用自动路由，则可以使用以下 URL 作为端点，让客户端调用 Gateway 服务实例：

```
http://localhost:8072/organization-service/v1/organization/958aa1bf-18dc-
➥ 405c-b84a-b69f04d98d4f
```

Gateway 服务器可以通过 http://localhost:8072 端点进行访问。该服务中的端点路径的第一部分表示我们想要调用的服务（组织服务）。图 8-5 阐明了该映射的实际操作。

使用集成 Eureka 的 Spring Cloud Gateway 的优点在于，我们不仅可以拥有一个可以发出调用的单个端点，还可以添加和删除服务的实例，而无须修改网关。例如，可以向 Eureka 添加一个新服务，网关会自动将调用路由到该服务，因为网关会与 Eureka 进行通信，了解实际物理服务端点的位置。

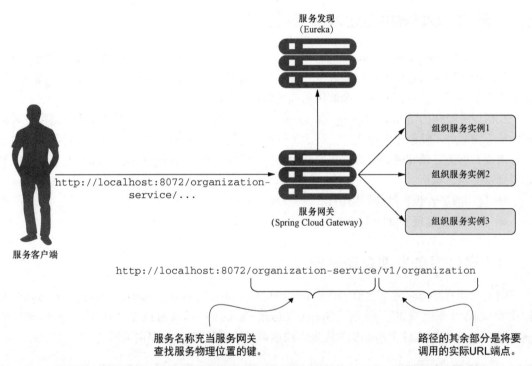

图 8-5　Spring Cloud Gateway 使用 organization-service 应用程序名称来将
请求映射到组织服务实例

如果要查看由 Gateway 服务器管理的路由，可以通过 Gateway 服务器上的 actuator/gateway/routes 端点来列出这些路由，这将返回服务中所有映射的列表。图 8-6 展示了访问 http://localhost:8072/actuator/gateway/routes 的输出结果。

图 8-6 展示了向 Spring Cloud Gateway 注册的服务映射。这里还有其他数据，如断言、管理端口、路由 ID、过滤器等。

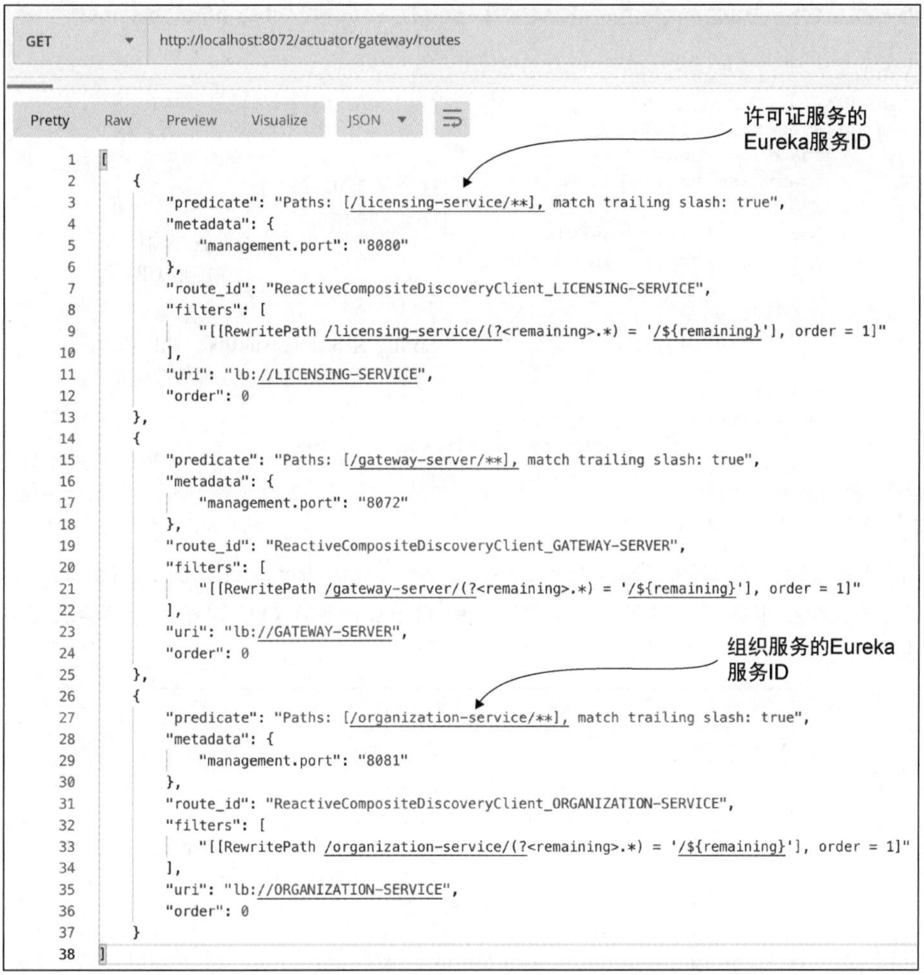

```
GET          ▼      http://localhost:8072/actuator/gateway/routes

Pretty    Raw    Preview    Visualize    JSON  ▼    ⇥                    许可证服务的
                                                                        Eureka服务ID
  1  [
  2      {
  3          "predicate": "Paths: [/licensing-service/**], match trailing slash: true",
  4          "metadata": {
  5              "management.port": "8080"
  6          },
  7          "route_id": "ReactiveCompositeDiscoveryClient_LICENSING-SERVICE",
  8          "filters": [
  9              "[[RewritePath /licensing-service/(?<remaining>.*) = '/${remaining}'], order = 1]"
 10          ],
 11          "uri": "lb://LICENSING-SERVICE",
 12          "order": 0
 13      },
 14      {
 15          "predicate": "Paths: [/gateway-server/**], match trailing slash: true",
 16          "metadata": {
 17              "management.port": "8072"
 18          },
 19          "route_id": "ReactiveCompositeDiscoveryClient_GATEWAY-SERVER",
 20          "filters": [
 21              "[[RewritePath /gateway-server/(?<remaining>.*) = '/${remaining}'], order = 1]"
 22          ],
 23          "uri": "lb://GATEWAY-SERVER",
 24          "order": 0                                          组织服务的Eureka
 25      },                                                      服务ID
 26      {
 27          "predicate": "Paths: [/organization-service/**], match trailing slash: true",
 28          "metadata": {
 29              "management.port": "8081"
 30          },
 31          "route_id": "ReactiveCompositeDiscoveryClient_ORGANIZATION-SERVICE",
 32          "filters": [
 33              "[[RewritePath /organization-service/(?<remaining>.*) = '/${remaining}'], order = 1]"
 34          ],
 35          "uri": "lb://ORGANIZATION-SERVICE",
 36          "order": 0
 37      }
 38  ]
```

图 8-6　在 Eureka 中映射的每个服务现在都将被映射为
Spring Cloud Gateway 路由

8.3.2　使用服务发现手动映射路由

Spring Cloud Gateway 允许我们更细粒度地明确定义路由映射，而不是单纯依赖服务的 Eureka 服务 ID 创建的自动路由。假设我们希望通过缩短组织名称来简化路由，而不是通过默认路由 /organization-service/v1/organization/{organization-id} 在网关中访问组织服务。你可以通过在 Spring Cloud Config 服务器端存储库的配置文件/configserver/src/main/resources/config/gateway-server.yml 中手动定义路由映射来做到这一点。代码清单 8-6 展示了如何做到。

代码清单 8-6　在 gateway-server. yml 文件中手动映射路由

```
spring:
  cloud:
    gateway:
      discovery.locator:
        enabled: true
        lowerCaseServiceId: true
      routes:
      - id: organization-service
        uri: lb://organization-service

        predicates:
        - Path=/organization/**

        filters:
        - RewritePath=/organization/
                 (?<path>.*), /$\{path}
```

这个可选 ID 是一个
任意的路由 ID

设置路由的
目的地 URI

Spring Web 过滤器的集合，用以修改
请求，或在发送响应之前修改响应

通过将路径正则表达式作为
参数和替换顺序，将请求路径
从/organization/**重写为/**

这个路径虽然由 load()方法设置，
但它也只是另一个选项

　　添加了上述配置，我们就可以通过访问/organization/v1/organization/{organization-id}路由来访问组织服务了。现在，如果再次检查 Gateway 服务器的端点，应该会看到图 8-7 所示的结果。

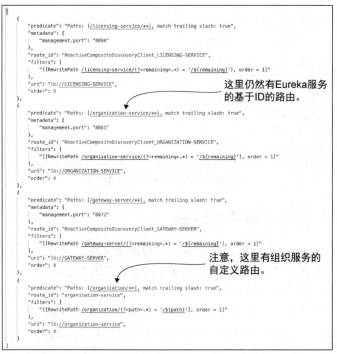

图 8-7　手动映射组织服务后，调用网关的/actuator/gateway/routes 的结果

如果你仔细查看图 8-7，会注意到有两个条目代表组织服务。第一个服务条目是在 gateway-server.yml 文件中定义的映射"organization/**: organization-service"。第二个服务条目是由网关根据组织服务的 Eureka ID 自动创建的映射" /organization-service/**: organization-service"。

注意　在我们使用自动路由映射时，网关只基于 Eureka 服务 ID 来公开服务，如果服务的实例没有在运行，网关将不会公开该服务的路由。然而，如果在没有使用 Eureka 注册服务实例的情况下，我们手动将路由映射到服务发现 ID，那么网关仍然会显示这条路由。如果我们尝试为不存在的服务调用路由，网关将返回 500 HTTP 错误。

如果我们想要排除 Eureka 服务 ID 路由的自动映射，只提供自定义的组织服务路由，可以移除在 gateway-server.yml 文件中添加的 spring.cloud.gateway.discovery.locator 条目，如代码清单 8-7 所示。

注意　对于是否使用自动路由，应该要仔细考虑。在没有添加太多新服务的稳定环境中，手动添加路由是一项简单的任务。然而，在具有许多新服务的大型环境中，这项工作有点单调乏味。

代码清单 8-7　移除 gateway-server.yml 文件中的 discovery.locator 条目

```
spring:
  cloud:
    gateway:
      routes:
      - id: organization-service
        uri: lb://organization-service
        predicates:
        - Path=/organization/**
        filters:
        - RewritePath=/organization/
                      (?<path>.*), /$\{path}
```

现在，当我们在 Gateway 服务器上调用 actuator/gateway/routes 端点时，应该只能看到我们定义的组织服务映射。图 8-8 展示了这个映射的结果。

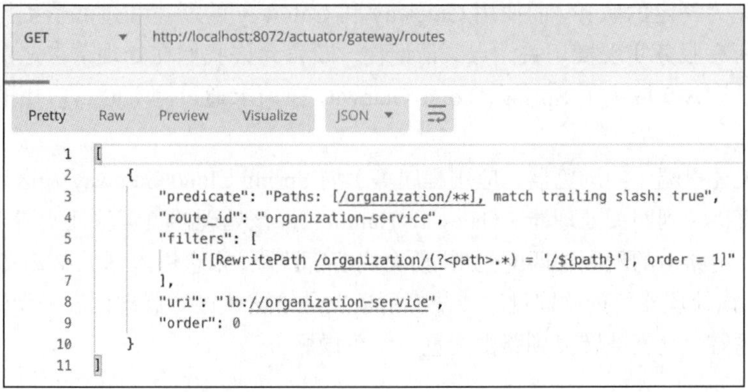

图 8-8　调用网关的/actuator/gateway/routes 端点的结果只包含组织服务的手动映射

8.3.3　动态重新加载路由配置

接下来我们要在 Spring Cloud Gateway 中配置路由来看看如何动态重新加载路由。动态重新加载路由的功能非常有用，因为它允许在不重启 Gateway 服务器的情况下更改路由的映射。现有的路由可以被快速修改，而添加新的路由必须通过在我们的环境中回收每个 Gateway 服务器来完成。

如果我们访问 `actuator/gateway/routes` 端点，应该会看到网关中当前显示的组织服务。现在，如果想要动态地添加新的路由映射，只需对配置文件进行更改，然后将配置文件提交回 Spring Cloud Config 从中提取配置数据的 Git 存储库。

Spring Actuator 公开了基于 POST 的端点路由 `actuator/gateway/refresh`，其作用是让 Gateway 重新加载路由配置。在访问完 `actuator/gateway/refresh` 端点之后，如果访问 `/routes` 端点，就会看到两条新的路由。`actuator/gateway/refresh` 端点返回一个没有响应主体的 HTTP 200 状态码作为响应。

8.4　Spring Cloud Gateway 的真正威力：断言和过滤器工厂

虽然通过网关代理所有请求确实可以简化服务调用，但是在想要编写应用于所有流经网关的服务调用的自定义逻辑时，Spring Gateway 的真正威力才发挥出来。在大多数情况下，这种自定义逻辑用于强制执行一组一致的应用程序策略，如安全性、日志记录和对所有服务的跟踪。

这些应用程序策略被认为是横切关注点，因为我们希望将这些策略应用于应用程序中的所有服务，而无须修改每个服务来实现它们。通过这种方式，Spring Cloud Gateway 断言和过滤器工厂可以按照类似 Spring Aspect 类的方式来使用。这种方式可以匹配或拦截大量行为，并且在原始编码人员意识不到变化的情况下，对调用的行为进行装饰或更改。servlet 过滤器或 Spring Aspect 被本地化为特定的服务，而使用 Gateway 和 Gateway 的断言和过滤器工厂允许我们为通过网关路由的所有服务实现横切关注点。请记住，断言允许我们在处理请求之前检查请求是否满足一组条件。图 8-9 展示了 Spring Cloud Gateway 在请求通过网关时，应用的断言和过滤器的架构。

首先，网关客户端（如浏览器、应用程序等）向 Spring Cloud Gateway 发送请求。一旦接收到请求，它将直接转到网关处理器（Gateway Handler），该处理器负责验证所请求的路径是否与它试图访问的特定路由的配置相匹配。如果所有内容都匹配，则它进入网关 Web 处理器（Gateway Web Handler），该处理器负责读取过滤器并将请求发送给这些过滤器进行进一步处理。一旦请求通过了所有过滤器，它就被转发到路由配置：一个微服务。

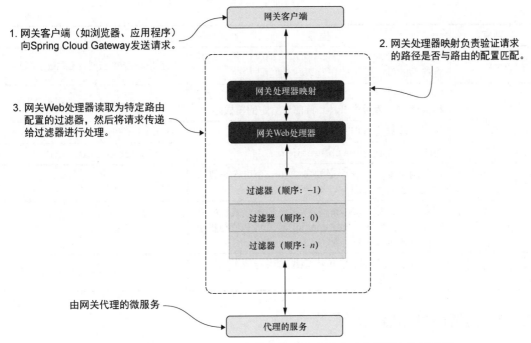

图 8-9　Spring Cloud Gateway 架构如何在发出请求时应用断言和过滤器

8.4.1　内置的断言工厂

内置断言是让我们可以在执行或处理请求之前检查请求是否满足一组条件的对象。对于每个路由，我们可以设置多个断言工厂，它们通过逻辑与（AND）被使用和组合。表 8-1 列出了 Spring Cloud Gateway 中所有内置的断言工厂。

这些断言可以通过编程方式或配置应用到代码中，就像我们在前面几节中所做的那样。在本书中，我们只通过 predicates 部分下的配置使用它们，如下所示：

```
predicates:
    - Path=/organization/**
```

表 8-1　Spring Cloud Gateway 中的内置断言

断言	描述	例子
Before	接收一个日期-时间参数并匹配在此之前发生的所有请求	Before=2020-03-11T...
After	接收一个日期-时间参数并匹配在此之后发生的所有请求	After=2020-03-11T...
Between	接收两个日期-时间参数并匹配在这段时间发生的所有请求。包含第一个日期-时间，不包含第二个日期-时间	Between=2020-03-11T..., 2020-04-11T...

续表

断言	描述	例子
Header	接收两个参数，首部的名称和正则表达式，然后将首部的值与提供的正则表达式匹配	Header=X-Request-Id, \d+
Host	接收一个以 "." 主机名模式作为参数分隔的 Ant 样式模式，然后将 Host 首部与给定的模式匹配	Host=**.example.com
Method	接收要匹配的 HTTP 方法	Method=GET
Path	接收一个 Spring PathMatcher	Path=/organization/{id}
Query	接收两个参数，一个必要参数和一个可选正则表达式，然后将它们与查询参数进行匹配	Query=id, 1
Cookie	接收两个参数，cookie 名称和正则表达式，并在 HTTP 请求首部中查找 cookie，然后将其值与提供的正则表达式进行匹配	Cookie=SessionID, abc
RemoteAddr	接收 IP 地址列表，并将 IP 地址列表与请求的远程地址进行匹配	RemoteAddr=192.168.3.5/24

8.4.2　内置的过滤器工厂

内置的过滤器工厂让我们可以在代码中注入策略执行点，并以一致的方式对所有服务调用执行大量操作。换句话说，这些过滤器允许我们修改传入的 HTTP 请求和传出的 HTTP 响应。表 8-2 包含 Spring Cloud Gateway 中所有内置过滤器的列表。

表 8-2　Spring Cloud Gateway 中的内置过滤器

过滤器	描述	例子
AddRequestHeader	添加一个 HTTP 请求首部，其中包含作为参数接收的名称和值	AddRequestHeader=X-Organization-ID, F39s2
AddResponseHeader	添加一个 HTTP 响应首部，其中包含作为参数接收的名称和值	AddResponseHeader=X-Organization-ID, F39s2
AddRequestParameter	添加一个 HTTP 查询参数，其中包含作为参数接收的名称和值	AddRequestParameter=Organizationid, F39s2
PrefixPath	向 HTTP 请求路径添加前缀	PrefixPath=/api
RequestRateLimiter	接收 3 个参数： ■ replenishRate，表示我们希望允许用户每秒发出的请求数； ■ capacity，定义允许的爆破容量； ■ keyResolverName，定义一个 bean 的名称，这个 bean 实现 KeyResolver 接口	RequestRateLimiter=10, 20, #{@userKeyResolver}

续表

过滤器	描述	例子
RedirectTo	接受两个参数：状态和 URL。状态应该是一个 300 重定向 HTTP 代码	RedirectTo=302, http://localhost:8072
RemoveNonProxy	删除一些首部，如 KeepAlive、Proxy-Authenticate 或 Proxy-Authorization	无
RemoveRequestHeader	从 HTTP 请求中移除与作为参数接收的名称相匹配的首部	RemoveRequestHeader= X-Request-Foo
RemoveResponseHeader	从 HTTP 响应中移除与作为参数接收的名称相匹配的首部	RemoveResponseHeader= X-Organization-ID
RewritePath	接收一个路径正则表达式参数和一个替换参数	RewritePath= /organization/ (?<path>.*), /$\{path}
SecureHeaders	向响应中添加安全首部并接收路径模板参数，该参数更改请求路径	无
SetPath	接收路径模板作为参数。它使用来自 Spring 框架的 URI 模板，通过在路径上允许模板化的片段来操作请求路径。允许多个匹配片段	SetPath=/{organization}
SetStatus	接收一个有效的 HTTP 状态并更改 HTTP 响应的状态	SetStatus=500
SetResponseHeader	接受名称和值参数以在 HTTP 响应上设置首部	SetResponseHeader= X-Response-ID,123

8.4.3 自定义过滤器

虽然通过网关代理所有请求的能力确实可以让我们简化服务调用，但是在想要编写应用于所有流经网关的服务调用的自定义逻辑时，Spring Cloud Gateway 的真正威力才发挥出来。通常，这种自定义逻辑用于在所有服务中强制执行一组一致的应用程序策略，如安全性、日志记录和跟踪。

Spring Cloud Gateway 允许我们使用网关中的过滤器来构建自定义逻辑。请记住，过滤器允许我们实现一条业务逻辑链，在过滤器实施时，每个服务请求都会经过这条业务逻辑链。Spring Cloud Gateway 支持以下两种类型的过滤器。图 8-10 显示了在处理服务客户端的请求时，前置过滤器和后置过滤器是如何组合在一起的。

■ 前置过滤器——前置过滤器在实际请求发送到目的地之前被调用。前置过滤器通常执行确保服务具有一致的消息格式（例如，关键的 HTTP 首部是否设置妥当）的任务，或者充当"看门人"，确保调用该服务的用户已通过验证（他们的身份与他们声称的一致）。

■ 后置过滤器——后置过滤器在目标服务被调用并将响应发送回客户端后被调用。通常，
我们实现后置过滤器来记录从目标服务返回的响应、处理错误或审核对敏感信息的响应。

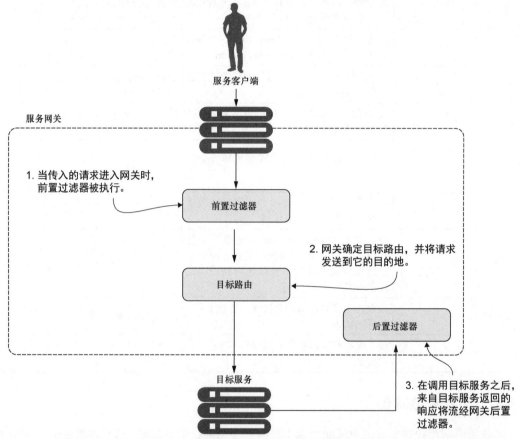

图 8-10　前置过滤器、目标路由和后置过滤器组成了客户端请求流经的管道。随着请求进入网关，这些过
滤器可以处理传入的请求

　　如果遵循图 8-10 中所列出的流程，那么一切都将从服务客户端调用服务网关公开的服务开
始。从这里开始，发生了以下活动。

　　（1）在请求进入网关时，网关中定义的前置过滤器将被调用。前置过滤器可以在 HTTP 请求
到达实际服务之前对 HTTP 请求进行检查和修改。然而，前置过滤器不能将用户重定向到不同的
端点或服务。

　　（2）网关在针对传入的请求执行前置过滤器之后，网关决定请求到达的目的地（服务所指向
的目的地）。

　　（3）目标服务被调用后，网关后置过滤器将被调用。后置过滤器可以检查和修改来自被调用
服务的响应。

了解如何实现网关过滤器的最佳方法就是使用它们。为此，在接下来的几节中，我们将构建前置过滤器和后置过滤器，然后通过它们运行服务客户端请求。图 8-11 展示了如何将这些过滤器组合在一起以处理对 O-stock 服务的请求。

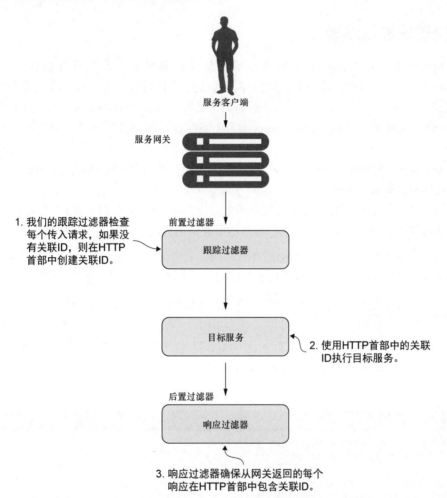

图 8-11 网关过滤器提供对服务调用和日志记录的集中跟踪。网关过滤器允许我们
针对微服务调用执行自定义规则和策略

按照图 8-11 所示的流程，可以看到以下过滤器在使用。

- 跟踪过滤器——跟踪过滤器是一个前置过滤器，它确保从网关流出的每个请求都有一个与其相关的关联 ID。关联 ID 是在执行客户请求时执行的所有微服务中都会携带的唯一 ID。关联 ID 允许我们跟踪一个调用经过一系列微服务调用发生的事件链。
- 目标服务——目标服务可以是组织服务也可以是许可证服务，它们都接收 HTTP 请求首部中的关联 ID。

■ 响应过滤器——响应过滤器是一个后置过滤器，它将把与服务调用相关的关联 ID 注入发送回客户端的 HTTP 响应首部中。这样，客户端就可以访问与其发出的请求相关联的关联 ID。

8.5　构建前置过滤器

在 Spring Cloud Gateway 中构建过滤器是非常简单的。我们首先将构建一个名为 TrackingFilter 的前置过滤器，该过滤器将检查所有到网关的传入请求，并确定请求中是否存在名为 tmx-correlation-id 的 HTTP 首部。tmx-correlation-id 首部将包含一个唯一的全局通用 ID（Globally Universal ID，GUID），它可用于跨多个微服务来跟踪用户请求。

■ 如果在 HTTP 首部中不存在 tmx-correlation-id，那么我们的网关 TrackingFilter 将生成并设置该关联 ID。

■ 如果已经存在关联 ID，那么网关将不会对该关联 ID 进行任何操作。（关联 ID 的存在意味着该特定服务调用是执行用户请求的服务调用链的一部分。）

注意　我们在第 7 章中讨论了关联 ID 的概念。这里，我们将更详细地介绍如何使用 Spring Cloud Gateway 来生成一个关联 ID。如果你跳过了此内容，我们强烈建议你查看第 7 章并阅读有关线程上下文的部分。我们的关联 ID 的实现将使用 ThreadLocal 变量实现，而要让 ThreadLocal 变量正常运行则需要做额外的工作。

我们来看看代码清单 8-8 中的 TrackingFilter 的实现。这段代码也可以在本书示例的 /gatewayserver/src/main/java/com/optimagrowth/gateway/filters/TrackingFilter.java 类文件中找到。

代码清单 8-8　用于生成关联 ID 的前置过滤器

```
package com.optimagrowth.gateway.filters;
// 为了简洁，省略了其他 import 语句

import org.springframework.http.HttpHeaders;
import reactor.core.publisher.Mono;

@Order(1)
@Component
public class TrackingFilter                          全局过滤器实现 GlobalFilter 接
            implements GlobalFilter {      ◄─────    口，并且必须覆盖 filter()方法

    private static final Logger logger =
            LoggerFactory.getLogger(TrackingFilter.class);

    @Autowired
```

每次请求通过过滤器时执行的代码

```
FilterUtils filterUtils;         ←————————过滤器中常用的方法封装在 FilterUtils 类中

@Override
public Mono<Void> filter(ServerWebExchange exchange,         使用通过参数传递给 filter() 方
                GatewayFilterChain chain) {                  法的 ServerWebExchange 对象
    HttpHeaders requestHeaders =                             从请求中提取 HTTP 首部
        exchange.getRequest().getHeaders();   ←————
    if (isCorrelationIdPresent(requestHeaders)) {
        logger.debug(
            "tmx-correlation-id found in tracking filter: {}. ",
            filterUtils.getCorrelationId(requestHeaders));
    } else {
        String correlationID = generateCorrelationId();
        exchange = filterUtils.setCorrelationId(exchange,
                correlationID);
        logger.debug(
            "tmx-correlation-id generated in tracking filter: {}.",
            correlationID);
    }
    return chain.filter(exchange);
}
                                                        检查请求首部中是否有
private boolean isCorrelationIdPresent(HttpHeaders        关联 ID 的辅助方法
        requestHeaders) {
    if (filterUtils.getCorrelationId(requestHeaders) != null) {   ←——
        return true;
    } else {
        return false;
    }
}

private String generateCorrelationId() {  ←————————生成关联 ID 的 UUID 值
    return java.util.UUID.randomUUID().toString();
}
}
```

要在 Spring Cloud Gateway 中实现全局过滤器，我们需要实现 GlobalFilter 类，然后覆盖 filter() 方法。此方法包含过滤器实现的业务逻辑。代码清单 8-8 中需要注意的另一个关键点是，我们从 ServerWebExchange 对象中获取 HTTP 首部的方式：

```
HttpHeaders requestHeaders = exchange.getRequest().getHeaders();
```

我们已经实现了一个名为 FilterUtils 的类，这个类用于封装所有过滤器使用的常用功能。FilterUtils 类在 /gatewayserver/src/main/java/com/optimagrowth/gateway/filters/FilterUtils.java 文件中。我们不会详细解释整个 FilterUtils 类，但会讨论几个关键的方法：getCorrelationId() 和 setCorrelationId()。代码清单 8-9 展示了 FilterUtils 类的 getCorrelationId() 方法的代码。

代码清单 8-9　使用 `getCorrelationId` 检索 `tmx-correlation-id`

```
public String getCorrelationId(HttpHeaders requestHeaders){
    if (requestHeaders.get(CORRELATION_ID) !=null) {
        List<String> header = requestHeaders.get(CORRELATION_ID);
        return header.stream().findFirst().get();
    } else{
        return null;
    }
}
```

在代码清单 8-9 中要注意的关键点是，首先要检查是否已经在传入请求的 HTTP 首部设置了 `tmx-correlation-id`。如果没有设置，代码应该返回 `null`，以便稍后创建一个关联 ID。之前，在 `TrackingFilter` 类的 `filter()` 方法中，我们使用了以下代码片段：

```
} else {
    String correlationID = generateCorrelationId();
    exchange = filterUtils.setCorrelationId(exchange, correlationID);
    logger.debug("tmx-correlation-id generated in tracking filter: {}.",
            correlationID);
}
```

要设置 `tmx-correlation-id`，你将使用 `FilterUtils` 类的 `setCorrelationId()` 方法，如代码清单 8-10 所示。

代码清单 8-10　在 HTTP 首部设置 `tmx-correlation-id`

```
public ServerWebExchange setRequestHeader(ServerWebExchange exchange,
                                    String name, String value) {
    return exchange.mutate().request(
        exchange.getRequest().mutate()
        .header(name, value)
        .build())
        .build();
}

public ServerWebExchange setCorrelationId(ServerWebExchange exchange,
        String correlationId) {
    return this.setRequestHeader(exchange,CORRELATION_ID,correlationId);
}
```

有了 `FilterUtils` 的 `setCorrelationId()` 方法，我们想要向 HTTP 请求首部添加值时，可以使用 `ServerWebExchange.Builder` 的 `mutate()` 方法。这个方法返回一个构建器来改变 exchange 对象的属性，方法是用 `ServerWebExchangeDecorator` 包装它，然后返回改变的值，或者将它委托给这个实例。为了测试这个调用，我们可以调用组织服务或许可证服务。一旦提交了调用，我们就应该能在控制台中看到一条日志消息，它会在传入的关联 ID 流经过滤器时写出来。

```
gatewayserver_1    | 2020-04-14 22:31:23.835 DEBUG 1 --- [or-http-epoll-3]
c.o.gateway.filters.TrackingFilter    : tmx-correlation-id generated in
tracking filter: 735d8a31-b4d1-4c13-816d-c31db20afb6a.
```

如果你在控制台中看不到该消息，只需将代码清单 8-11 所示的代码行添加到 Gateway 服务器的 bootstrap.yml 配置文件中，然后重新构建并执行微服务。

代码清单 8-11 网关服务的 bootstrap.yml 文件中的日志记录器配置

```
// 为了简洁，移除了一些代码
logging:
  level:
    com.netflix: WARN
    org.springframework.web: WARN
    com.optimagrowth: DEBUG
```

如果你正在使用 Docker，你可以在父 pom.xml 所在的根目录下执行以下命令：

```
mvn clean package dockerfile:build
docker-compose -f docker/docker-compose.yml up
```

8.6 在服务中使用关联 ID

现在我们已经确保每个流经网关的微服务调用都添加了关联 ID，我们想要确保：

■ 正在被调用的微服务可以很容易地访问关联 ID；

■ 下游服务调用微服务时可能也会将关联 ID 传播到下游服务调用中。

要实现这一点，需要为每个微服务构建一组 3 个类：UserContextFilter、UserContext 和 UserContextInterceptor。这些类将协同工作，从传入的 HTTP 请求中读取关联 ID（以及我们稍后添加的其他信息），并将它映射到可以由应用程序中的业务逻辑轻松访问和使用的类，然后确保关联 ID 被传播到任何下游服务调用。图 8-12 展示了如何为许可证服务来构建这些不同的部件。

我们来看一下图 8-12 中发生了什么。

（1）当通过网关对许可证服务进行调用时，TrackingFilter 会为所有进入网关的调用在传入的 HTTP 首部中注入一个关联 ID。

（2）UserContextFilter 类是一个自定义的 HTTP ServletFilter，它将关联 ID 映射到 UserContext 类。UserContext 类将值存储在线程中，以便稍后在调用中使用。

（3）许可证服务业务逻辑需要执行对组织服务的调用。

（4）RestTemplate 用于调用组织服务。RestTemplate 将使用自定义的 Spring 拦截器类 UserContextInterceptor，将关联 ID 作为 HTTP 首部注入出站调用。

重复代码与共享库对比

是否应该在微服务中使用公共库的话题是微服务设计中的一个灰色地带。微服务纯粹主义者会告诉你，不应该在服务中使用自定义框架，因为它会在服务中引入人为的依赖。业务逻辑的更改或 bug 修正可能会对所有服务造成大规模的重构。另外，其他微服务实践者会指出，纯粹主义者的方法是不切实际的，因为会存在这样一些情况（如前面的 UserContextFilter 示例），在这些情况下构建公共库并在服务之间共享它是有意义的。

我们认为这里存在一个中间地带。在处理基础设施风格的任务时，是很适合使用公共库的。但是，如果开始共享面向业务的类，就是在自找麻烦，因为这样是在打破服务之间的界限。

然而，在本章的代码示例中，我们似乎违背了自己的建议。如果你查看本章中的所有服务，就会发现它们都有自己的 `UserContextFilter`、`UserContext` 和 `UserContextInterceptor` 类的副本。

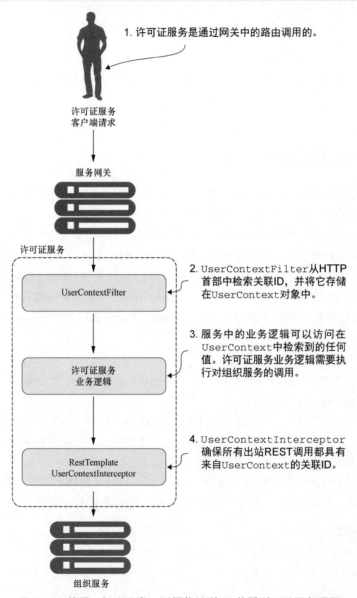

图 8-12　使用一组公共类，以便将关联 ID 传播到下游服务调用

8.6.1 UserContextFilter：拦截传入的 HTTP 请求

我们要构建的第一个类是 UserContextFilter 类。这个类是一个 HTTP servlet 过滤器，它将拦截进入服务的所有传入 HTTP 请求，并将关联 ID（和其他一些值）从 HTTP 请求映射到 UserContext 类。代码清单 8-12 展示了 UserContext 类的代码。这个类的源代码可以在 licensing-service/src/main/java/com/optimagrowth/license/utils/UserContextFilter.java 类文件中找到。

代码清单 8-12　将关联 ID 映射到 UserContext 类

```
package com.optimagrowth.license.utils;
// 为了简洁，省略了 import 语句

@Component
public class UserContextFilter implements Filter {      这个过滤器是通过使用 Spring
    private static final Logger logger =                的@Component 注解和实现一
                                                        个 javax.servlet.Filter 接口来被
    LoggerFactory.getLogger(UserContextFilter.class);   Spring 注册与获取的

    @Override
    public void doFilter(ServletRequest servletRequest, ServletResponse
                         servletResponse, FilterChain filterChain)
                            throws IOException, ServletException {

        HttpServletRequest httpServletRequest = (HttpServletRequest)
                                                            servletRequest;
                                                从首部中检索关联 ID，并将值
        UserContextHolder.getContext()          设置在 UserContext 类中
            .setCorrelationId(
                httpServletRequest.getHeader(UserContext.CORRELATION_ID) );
        UserContextHolder.getContext().setUserId(
            httpServletRequest.getHeader(UserContext.USER_ID));
        UserContextHolder.getContext().setAuthToken(
            httpServletRequest.getHeader(UserContext.AUTH_TOKEN));
        UserContextHolder.getContext().setOrganizationId(
            httpServletRequest.getHeader(UserContext.ORGANIZATION_ID));

        logger.debug("UserContextFilter Correlation id: {}",
                    UserContextHolder.getContext().getCorrelationId());

        filterChain.doFilter(httpServletRequest, servletResponse);
    }
    // 不展示空的初始化方法和销毁方法
}
```

最终，UserContextFilter 用于将我们感兴趣的 HTTP 首部的值映射到 Java 类 UserContext 中。

8.6.2　UserContext：使服务易于访问 HTTP 首部

UserContext 类用于保存由微服务处理的单个服务客户端请求的 HTTP 首部值。它由 getter 和 setter 方法组成，用于从 java.lang.ThreadLocal 中检索和存储值。代码清单 8-13 展示了 UserContext 类中的代码。这个类的源代码可以在 /licensing-service/src/main/java/com/optimagrowth/license/utils/UserContext.java 中找到。

代码清单 8-13　将 HTTP 首部值存储在 UserContext 类中

```java
//为了简洁，移除了 imports 语句
@Component
public class UserContext {
    public static final String CORRELATION_ID = "tmx-correlation-id";
    public static final String AUTH_TOKEN    = "tmx-auth-token";
    public static final String USER_ID       = "tmx-user-id";
    public static final String ORGANIZATION_ID = "tmx-organization-id";

    private String correlationId= new String();
    private String authToken= new String();
    private String userId = new String();
    private String organizationId = new String();
}
```

现在 UserContext 类只是一个 POJO，它保存从传入的 HTTP 请求中获取的值。接下来，我们将使用 /licensing-service/src/main/java/com/optimagrowth/license/utils/UserContextHolder.java 中的 UserContextHolder 类将 UserContext 存储在 ThreadLocal 变量中，该变量可以在处理用户请求的线程调用的任何方法中访问。UserContextHolder 的代码如代码清单 8-14 所示。

代码清单 8-14　UserContextHolder 类将 UserContext 存储在 ThreadLocal 中

```java
public class UserContextHolder {
    private static final ThreadLocal<UserContext> userContext =
                             new ThreadLocal<UserContext>();

    public static final UserContext getContext(){
        UserContext context = userContext.get();

        if (context == null) {
            context = createEmptyContext();
            userContext.set(context);

        }
        return userContext.get();
    }

    public static final void setContext(UserContext context) {
        Assert.notNull(context,
            "Only non-null UserContext instances are permitted");
```

```
        userContext.set(context);
    }

    public static final UserContext createEmptyContext(){
        return new UserContext();
    }
}
```

8.6.3　自定义 RestTemplate 和 UserContextInteceptor：确保关联 ID 被传播

我们要看的最后一段代码是 `UserContextInterceptor` 类。这个类用于将关联 ID 注入基于 HTTP 的传出服务请求中，这些服务请求由 `RestTemplate` 实例执行。这样做是为了确保我们可以建立服务调用之间的联系。要做到这一点，需要使用一个 Spring 拦截器，它将被注入 `RestTemplate` 类中。让我们看看代码清单 8-15 中的 `UserContextInterceptor`。

代码清单 8-15　将关联 ID 注入所有传出的微服务调用

```
public class UserContextInterceptor implements
        ClientHttpRequestInterceptor {            ◀────── 实现 ClientHttpRequestInterceptor
    private static final Logger logger =
LoggerFactory.getLogger(UserContextInterceptor.class);
    @Override
    public ClientHttpResponse intercept(
            HttpRequest request, byte[] body,
            ClientHttpRequestExecution execution) throws IOException {
        HttpHeaders headers = request.getHeaders();
        headers.add(UserContext.CORRELATION_ID,
            UserContextHolder.getContext().
            getCorrelationId());                   为传出服务调用准备 HTTP
        headers.add(UserContext.AUTH_TOKEN,         请求首部，并添加存储在
            UserContextHolder.getContext().         UserContext 中的关联 ID
            getAuthToken());

        return execution.execute(request, body);
    }
}
```
在 RestTemplate 发生实际的 HTTP 服务调用之前调用 intercept()方法

为了使用 `UserContextInterceptor`，我们需要定义一个 `RestTemplate` bean，然后将 `UserContextInterceptor` 添加进去。为此，我们需要将自己的 `RestTemplate` bean 定义添加到 `LicenseServiceApplication` 类中。该类的源代码可以在/licensing-service/src/main/java/com/optimagrowth/license/中找到。代码清单 8-16 展示了将 `UserContextInterceptor` 添加到 `RestTemplate` 中的方法。

代码清单 8-16 将 **UserContextInterceptor** 添加到 **RestTemplate** 类

```
@LoadBalanced                                          ◄————  表明这个 RestTemplate 对
@Bean                                                         象将要使用负载平衡器
public RestTemplate getRestTemplate(){
    RestTemplate template = new RestTemplate();
    List interceptors = template.getInterceptors();
        if (interceptors==null){                       ◄———
            template.setInterceptors(Collections.singletonList(
                    new UserContextInterceptor()));
    }else{
        interceptors.add(new UserContextInterceptor());
        template.setInterceptors(interceptors);
    }
                                                        将 UserContextInterceptor 添加
    return template;                                    到 RestTemplate 实例中
}
```

有了这个 bean 定义，每当使用@Autowired 注解将 RestTemplate 注入一个类，就会使用代码清单 8-16 中创建的 RestTemplate，它附带了 UserContextInterceptor。

> **日志聚合、验证等**
>
> 既然已经将关联 ID 传递给每个服务，那么就可以跟踪事务了，因为关联 ID 流经这个调用中涉及的所有服务。要做到这一点，需要确保每个服务都记录到一个中央日志聚合点，该聚合点将从你的所有服务中把日志条目捕获到一个点。在日志聚合服务中捕获的每个日志条目都将具有与每个条目关联的关联 ID。
>
> 实施日志聚合解决方案超出了本章的讨论范围，但在第 10 章中，我们将了解如何使用 Spring Cloud Sleuth。Spring Cloud Sleuth 不会使用本章构建的 TrackingFilter，但它将使用相同的概念——跟踪关联 ID，并确保在每次调用中注入它。

8.7　构建接收关联 ID 的后置过滤器

记住，Spring Gateway 代表服务客户端执行实际的 HTTP 调用，并从目标服务调用中检查响应，然后修改响应或以额外的信息装饰它。当与以前置过滤器捕获的数据相结合时，网关后置过滤器是收集指标并完成与用户事务相关联的日志记录的理想场所。我们将利用这一点，通过将已经传递给微服务的关联 ID 注入回用户。这样，就可以将关联 ID 传回调用者，而无须接触消息体。

代码清单 8-17 展示了构建后置过滤器的代码。这段代码可以在/gatewayserver/src/main/java/com/optimagrowth/gateway/filters/ResponseFilter.java 文件中找到。

代码清单 8-17 将关联 ID 注入 HTTP 响应中

```
@Configuration
public class ResponseFilter {
```

```
final Logger logger =LoggerFactory.getLogger(ResponseFilter.class);

@Autowired
FilterUtils filterUtils;

@Bean
public GlobalFilter postGlobalFilter() {
    return (exchange, chain) -> {
        return chain.filter(exchange).then(Mono.fromRunnable(() -> {
            HttpHeaders requestHeaders = exchange.getRequest().getHeaders();
            String correlationId =
                filterUtils.
                getCorrelationId(requestHeaders);          获取原始 HTTP 请求
                                                           中传入的关联 ID
            logger.debug(
                "Adding the correlation id to the outbound headers. {}",
                    correlationId);
            exchange.getResponse().getHeaders().
            add(FilterUtils.CORRELATION_ID,        将关联 ID 注入响应中
            correlationId);
            logger.debug("Completing outgoing request
                    for {}.",
                    exchange.getRequest().getURI());
        }));                                       记录传出的请求 URI,这样你就有
    };                                             了"书挡",它将显示进入网关的
}                                                  用户请求的传入和传出条目
}
```

  实现完 ResponseFilter 之后,就可以启动网关服务,并通过它调用许可证服务或组织服务。服务调用完成后,你就可以在这个调用的 HTTP 响应首部上看到一个 tmx-correlation-id,如图 8-13 所示。

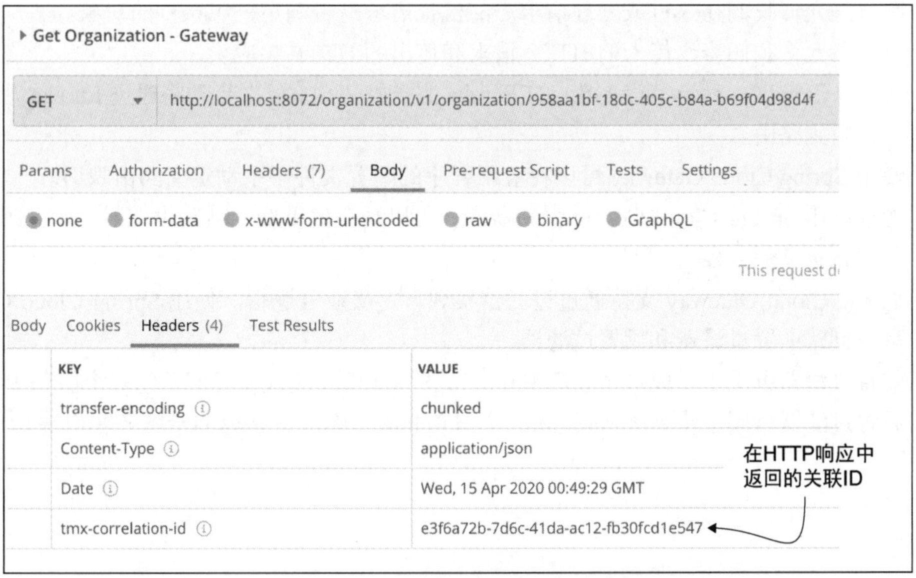

图 8-13   tmx-correlation-id 已被添加到响应首部并发送回服务客户端

当关联 ID 流经前置过滤器和后置过滤器时，你还可以在控制台中看到日志消息（见图 8-14），里面写了传入的关联 ID：`e3f6a72b-7d6c-41da-ac12-fb30fcd1e547`。

图 8-14   日志记录器输出前置过滤器数据、组织服务处理数据和后置过滤器数据

到目前为止，我们的所有过滤器示例已经处理了在服务客户端调用被路由到目的地之前和之后对它们的操作。现在，我们已经知道了如何创建 Spring Cloud Gateway，让我们继续下一章，下一章描述如何使用 Keycloak 和 OAuth2 保护我们的微服务。

8.8   小结

- Spring Cloud 使构建服务网关变得十分简单。
- Spring Cloud Gateway 包含一组内置的断言和过滤器工厂。
- 断言是允许我们在执行或处理请求之前检查请求是否满足一组条件的对象。
- 过滤器允许我们修改传入的 HTTP 请求和传出的 HTTP 响应。
- Spring Cloud Gateway 与 Netflix 的 Eureka 服务器集成，可以自动将通过 Eureka 注册的服务映射到路由。
- 使用 Spring Cloud Gateway 可以在应用程序的配置文件中手动定义路由映射。
- 通过使用 Spring Cloud Config 服务器端，可以动态地重新加载路由映射，而无须重新启动 Gateway 服务器。
- Spring Cloud Gateway 支持通过过滤器实现自定义业务逻辑。使用 Spring Cloud Gateway 可以创建前置过滤器和后置过滤器。
- 前置过滤器可用于生成一个关联 ID，该关联 ID 可以注入流经网关的每个服务中。
- 后置过滤器可用于将关联 ID 注入每个 HTTP 服务响应，并返回给服务客户端。

第 9 章 保护微服务

本章主要内容
- 了解安全在微服务环境中的重要性
- 认识 OAuth2 标准和 OpenID
- 建立和配置 Keycloak
- 使用 Keycloak 执行身份认证和授权
- 使用 Keycloak 保护 Spring 微服务
- 在服务之间传播访问令牌

既然我们有了一个健壮的微服务架构，那么处理安全漏洞的任务就变得越来越重要。在本章中，安全性和漏洞（vulnerability）是密切相关的。我们将漏洞定义为应用程序中呈现的弱点或缺陷。当然，所有的系统都有漏洞，但最大的区别在于这些漏洞是否被利用并造成危害。

提到安全性往往会引起开发人员不由自主的痛苦沉吟。在开发人员中，我们会听到诸如"它迟钝，难以理解，甚至更难调试"之类的评论。然而，我们发现，没有任何开发人员（除了那些可能没有经验的开发人员）会说他们不担心安全问题。保护微服务架构是一项复杂且费力的任务，涉及多个保护层，包括：

- 应用程序层——确保有正确的用户控制，以便可以确认用户是他们所说的人，并且他们有权执行正在尝试执行的操作；
- 基础设施层——使服务保持运行、打补丁和更新，以最大限度地降低漏洞风险；
- 网络层——实现网络访问控制，使服务只能通过定义良好的端口进行访问，并且只让少量已授权的服务器访问。

本章只讨论如何在应用程序层中对用户进行身份认证和授权（列表中的第一个要点），另外两个主题是非常宽泛的安全主题，超出了本书的范围。此外，还有其他工具，如 OWASP 依赖项检查项目（Dependency-Check Project），可以帮助识别漏洞。

注意 OWASP 依赖项检查项目是一个 OWASP 软件组合分析（Software Composition Analysis，SCA）工具，用于识别公开披露的漏洞。如果你想了解更多关于这个工具的信息，我们强烈建议你访问它的官方网站。

为了实现身份认证和授权控制，我们将使用 Spring Cloud Security 模块和 Keycloak 来保护基于 Spring 的服务。Keycloak 是用于现代应用程序和服务的开源身份和访问管理软件。Keycloak 是采用 Java 编写的开源软件，它支持安全断言标记语言（Security Assertion Markup Language, SAML）v2 和 OpenID Connect （OIDC）/ OAuth2 联合身份协议。

9.1 OAuth2 是什么

OAuth2 是一个基于令牌的安全框架，它描述了授权的模式，但没有定义如何实际执行身份认证。相反，它允许用户通过第三方认证服务对自己进行身份认证，这种第三方认证服务称为身份供应商（identity provider，IdP）。如果用户成功通过身份认证，他们会收到一个必须随每个请求一起发送的令牌。然后令牌可以被传回身份认证服务进行身份认证。

OAuth2 背后的主要目标是，当调用多个服务来满足一个用户的请求时，每个服务都可以对这个用户进行身份认证，而这个用户则无须向处理请求的每个服务提供凭据。OAuth2 允许我们使用称为授权（grant）的身份认证方案，在不同的场景中保护我们基于 REST 的服务。OAuth2 规范具有以下 4 种类型的授权：

- 密码（password）；
- 客户端凭据（client credential）；
- 授权码（authorization code）；
- 隐式（implicit）。

本书不会逐一介绍每种授权类型，或者为每种授权类型提供代码示例。内容太多，一章放不下。取而代之，本章将会完成以下事情：

- 讨论微服务如何通过一个较简单的 OAuth2 授权类型（密码授权类型）来使用 OAuth2；
- 使用 JSON Web Token（JWT）来提供一个更健壮的 OAuth2 解决方案，并在 OAuth2 令牌中建立一套信息编码的标准；
- 介绍在构建微服务时需要考虑的其他安全注意事项。

注意 本书的附录 B 中提供了其他 OAuth2 授权类型的概述资料。如果你有兴趣详细了解 OAuth2 规范以及如何实现所有授权类型，我们强烈推荐 Justin Richer 和 Antonio Sanso 的书 *OAuth2 in Action*（Manning，2017），该书是对 OAuth2 的全面解读。

OAuth2 背后真正的强大之处在于，它允许应用程序开发人员轻松地与第三方云服务提供商集成，并使用这些服务进行用户身份认证和授权，而无须不断地将用户的凭据传递给第三方服务。

OpenID Connect（OIDC）是 OAuth2 框架之上的一层，它提供关于谁登录到应用程序（身份）的身份认证和简介信息。当授权服务器支持 OIDC 时，它有时被称为身份供应商。在我们深入保护服务的技术细节之前，让我们先了解一下 Keycloak 的架构。

9.2　Keycloak 简介

　　Keycloak 是为服务和应用提供的一个开源身份和访问管理的解决方案。Keycloak 的主要目标是在很少或没有代码的情况下，促进对服务和应用程序的保护。Keycloak 的一些特征包括：

- 它集中身份认证并支持单点登录（single sign-on，SSO）身份认证；
- 它让开发人员可以专注于业务功能，而不必担心授权和身份认证等安全方面；
- 它支持双因子身份认证；
- 它兼容 LDAP；
- 它提供了几个适配器来轻松地保护应用程序和服务器端；
- 它支持自定义密码策略。

　　Keycloak 安全性可以分解为 4 个组件：受保护的资源、资源所有者、应用程序和身份认证/授权服务器。图 9-1 展示了这 4 个组件是如何相互作用的。

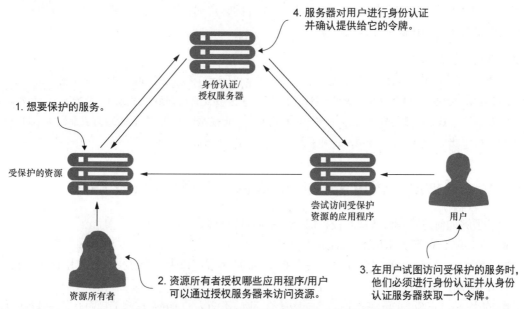

图 9-1　Keycloak 允许用户进行身份认证，而不必持续提供凭据

- 受保护资源——这是你想要保护的资源（在我们的例子中是一个微服务），需要确保只有已通过身份认证并且具有适当授权的用户才能访问它。
- 资源所有者——资源所有者定义哪些应用程序可以调用其服务，哪些用户可以访问该服务，以及他们可以使用该服务做什么。资源所有者注册的每个应用程序都将获得一个应用程序名称，该应用程序名称与应用程序密钥一起标识应用程序。应用程序名称和密钥的组合是在身份认证访问令牌时传递的凭据的一部分。

- 应用程序——这是代表用户调用服务的应用程序。毕竟，用户很少直接调用服务。相反，他们依赖应用程序为他们工作。
- 身份认证/授权服务器——身份认证服务器是应用程序和正在使用的服务之间的中间人。身份认证服务器允许用户对自己进行身份认证，而不必将用户凭据传递给由应用程序代表用户调用的每个服务。

如前所述，Keycloak 安全性组件相互作用以对服务用户进行身份认证。用户通过 Keycloak 服务器端进行身份认证，提供他们的凭据和他们用来访问受保护资源（微服务）的应用程序/设备。如果用户凭据是有效的，那么 Keycloak 服务器端就会提供一个身份认证令牌，该令牌可在用户每次使用服务时从一个服务传递到另一个服务。

接下来，受保护资源可以联系 Keycloak 服务器端以确定令牌的有效性，并检索用户授予它们的角色。角色用于将相关用户分组在一起，并定义他们可以访问哪些资源。对于本章，我们将使用 Keycloak 角色来确定用户可以使用哪些 HTTP 动词来调用哪些授权服务端点。

Web 服务安全是一个极其复杂的主题。我们需要了解谁将调用我们的服务（内部用户还是外部用户），他们将如何调用这些服务（内部基于 Web 的客户端、移动设备，还是 Web 应用程序），以及他们将对我们的代码采取什么行动。

关于身份认证与授权

我们经常发现开发人员混淆术语身份认证（authentication）和授权（authorization）的含义。身份认证是用户通过提供凭据来证明他们是谁的行为。授权决定是否允许用户做他们想做的事情。例如，用户 Illary 可以通过提供用户 ID 和密码来证明她的身份，但是她可能没有被授权查看敏感数据（如工资单数据）。出于我们讨论的目的，必须在授权发生之前对用户进行身份认证。

9.3　从小事做起：使用 Spring 和 Keycloak 来保护单个端点

为了了解如何建立身份认证和授权部分，我们将执行以下操作。

- 将 Keycloak 服务添加到 Docker。
- 建立一个 Keycloak 服务并注册一个 O-stock 应用程序作为一个已授权的应用程序，它可以对用户身份进行身份认证和授权。
- 使用 Spring Security 来保护 O-stock 服务。我们不会为 O-stock 构建 UI，而是使用 Postman 模拟登录的用户对 Keycloak 服务进行身份认证。
- 保护许可证服务和组织服务，使它们只能被已通过身份认证的用户调用。

9.3.1　将 Keycloak 服务添加到 Docker

本节介绍如何将 Keycloak 服务添加到我们的 Docker 环境中。为了实现这一点，让我们首先将代码清单 9-1 所示的代码添加到 docker-composeyml 文件中。

注意 如果你没有遵循第 8 章的代码清单，可以查看第 8 章的源代码。

代码清单 9-1 在 docker-compose.yml 文件中添加 Keycloak 服务

```
//为了简洁，省略了 docker-compose.yml 的部分代码
...
keycloak:                    ←————————— Keycloak Docker 服务名
    image: jboss/keycloak
    restart: always
    environment:
      KEYCLOAK_USER: admin      ←————————— Keycloak Admin 控制台的用户名
      KEYCLOAK_PASSWORD: admin  ←————————— Keycloak Admin 控制台的密码
    ports:
    - "8080:8080"
    networks:
      backend:
        aliases:
          - "keycloak"
```

注意 Keycloak 支持多种数据库，如 H2、PostgreSQL、MySQL、Microsoft SQL Server、Oracle 和 MariaDB。对于本章中的示例，我们将使用默认的嵌入式 H2 数据库。如果你想使用其他数据库，我们强烈建议你访问 Keycloak 的官方文档。

请注意，在代码清单 9-1 所示的代码中，我们为 Keycloak 使用了 8080 端口。然而，在前几章中，我们还在相同的端口公开了许可证服务。为了使一切正常，我们将把 docker-compose.yml 文件中的许可证服务映射到 8180 端口，而不是 8080 端口。以下代码展示了如何更改那个端口号：

```
licensingservice:
    image: ostock/licensing-service:0.0.3-SNAPSHOT
    ports:
    - "8180:8080"
```

注意 要使 Keycloak 在我们的本地环境中工作，需要将主机条目 127.0.0.1 Keycloak 添加到 hosts 文件中。如果你使用的是 Windows，hosts 文件在 C:\Windows\System32\drivers\etc\hosts；如果你使用的是 Linux，主机文件在/etc/hosts。我们为什么需要添加这个主机条目？容器可以使用网络别名或 MAC 地址彼此通信，但是我们的 Postman 需要使用 localhost 来调用服务。

9.3.2 设置 Keycloak

现在我们已经把 Keycloak 添加到 docker-compose.yml 中，让我们在代码的根目录中运行以下命令：

```
docker-compose -f docker/docker-compose.yml up
```

服务启动后，让我们访问链接 http://keycloak:8080/auth/打开 Keycloak 管理控制台（Administration Console）。配置 Keycloak 的过程很简单。当我们第一次访问 Keycloak 时，会显示一个欢迎页面。这个页面展示了不同的选项，比如访问管理控制台、文档、报告问题等。

在本例中，我们想要选择管理控制台。图 9-2 展示了欢迎页面。

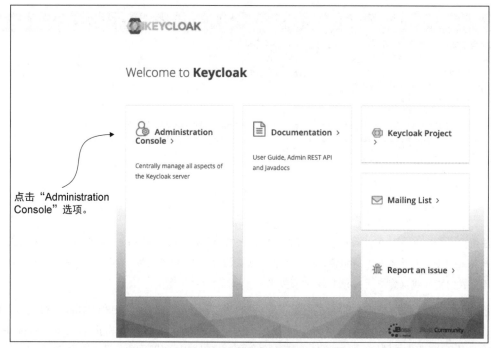

图 9-2　Keycloak 欢迎页面

下一步是输入之前在 docker-compose.yml 文件中定义的用户名和密码。图 9-3 展示了这一步。

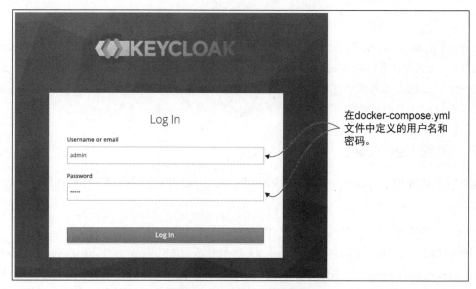

图 9-3　Keycloak 登录页面

为了继续配置数据，让我们创建域（realm）。域是 Keycloak 用来指代管理一组用户、凭据、角色和组的对象的概念。要创建我们的域，在登录 Keycloak 后，点击"Master"下拉菜单中显示的"Add realm"选项。我们将创建一个名为 spmia-realm 的域。

图 9-4 展示了如何在 Keycloak 服务中创建名为 spmia-realm 的域。

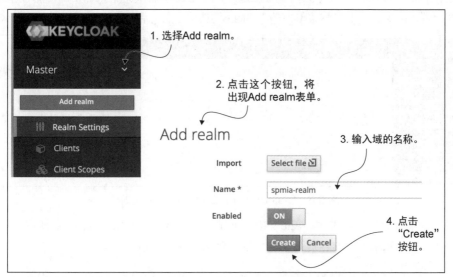

图 9-4　Keycloak 的 Add realm 页面展示了一个表单，允许用户输入域名称

创建完这个域之后，你将看到 spmia-realm 的主页，其配置如图 9-5 所示。

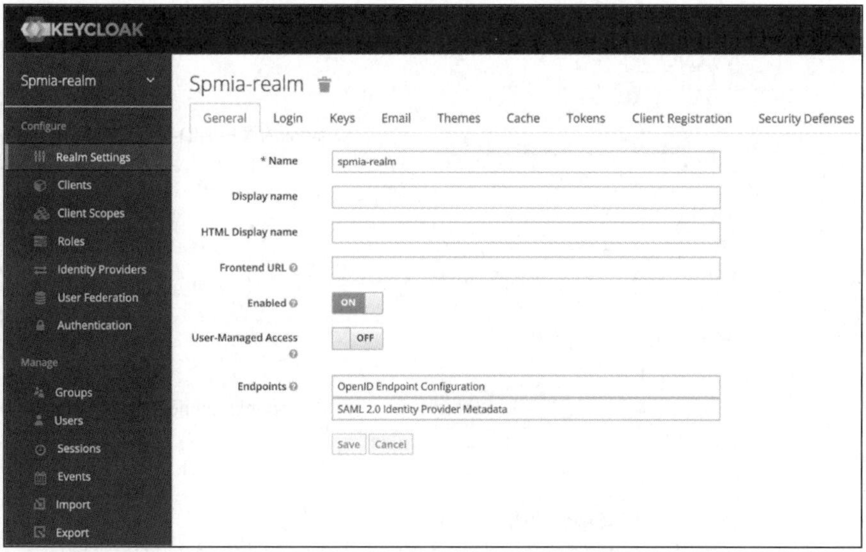

图 9-5　Keycloak Spmia-realm 的配置页面

9.3.3　注册客户端应用程序

下一步配置是创建一个客户端。Keycloak 中的客户端是可以请求用户身份认证的实体。客户端通常是我们希望通过提供单点登录（single sign-on，SSO）解决方案来保护的应用程序或服务。要创建客户端，让我们点击左侧菜单上的"Clients"选项。点击后，你将看到如图 9-6 所示的页面。

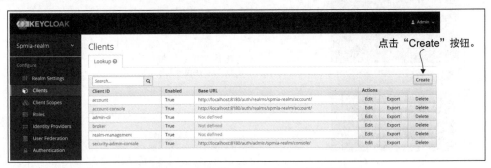

图 9-6　O-stock 的 Spmia-realm 客户端页面

显示客户端列表后，点击"Create"按钮（显示在表格的右上角，如图 9-6 所示）。点击后，将看到一个 Add Client（添加客户端）的表单，要求提供以下信息：

- 客户端 ID；
- 客户端协议；
- 根 URL。

输入图 9-7 所示的信息。

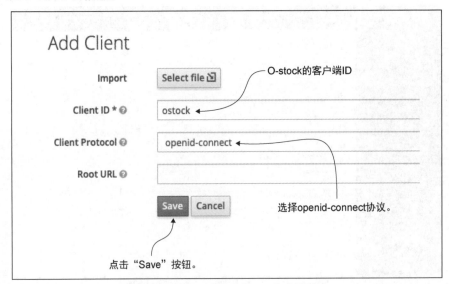

图 9-7　O-stock 的 Keycloak 客户端信息

保存客户端之后，将看到图 9-8 所示的客户端配置页面。我们将在这里输入以下数据。

■ Access Type（访问类型）：confidential。

■ Service Accounts Enabled（是否启用服务账户）：ON。

■ Authorization Enabled（是否启用授权）：ON。

■ Valid Redirect URIs（有效的重定向 URI）：http://localhost:80*。

■ Web Origins（Web 域）：*。

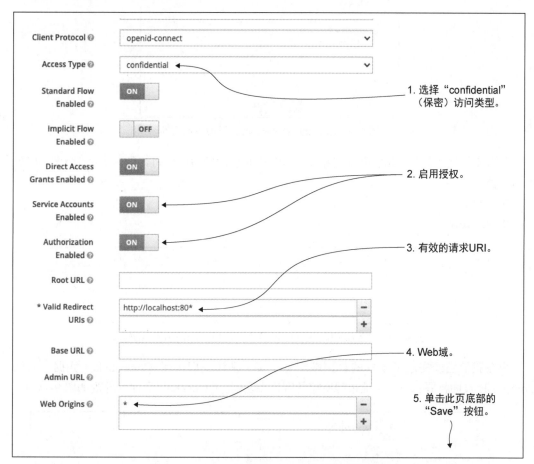

图 9-8　O-stock 的 Keycloak 客户端的附加配置

对于本例，我们只创建了一个名为 ostock 的全局客户端，但你可以根据需要在这里配置任意多的客户端。

下一步是创建客户端角色，因此让我们点击"Roles"选项卡。为了更好地理解客户端角色，我们假设应用程序将有两种类型的用户：管理用户和普通用户。管理用户可以执行所有的应用程序服务，而普通用户只允许执行部分服务。

Roles 页面加载完毕后，你将看到预定义的客户端角色列表。让我们点击 Roles 表格右上角显示的“Add Role”按钮。点击后，你将看到 Add Role（添加角色）表单，如图 9-9 所示。

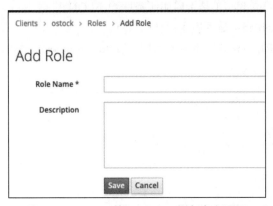

图 9-9 O-stock 的 Keycloak 添加角色页面

在添加角色页面上，我们需要创建以下客户端角色。最后，你将得到一个类似于图 9-10 所示的列表。

- USER。
- ADMIN。

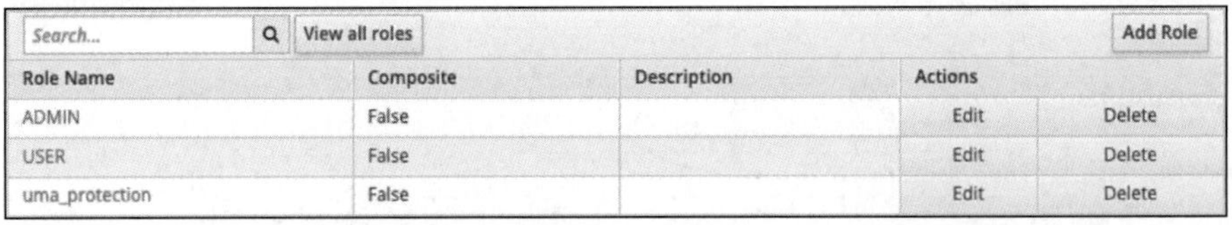

Role Name	Composite	Description	Actions	
ADMIN	False		Edit	Delete
USER	False		Edit	Delete
uma_protection	False		Edit	Delete

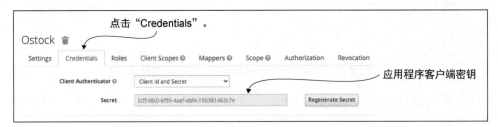

图 9-10 O-stock 的 Keycloak 客户端角色：USER 和 ADMIN

现在我们已经完成了基本的客户端配置，接下来让我们访问 Credentials（凭据）页面。Credentials 页面将展示身份认证过程所需的客户端密钥。Credentials 页面的外观如图 9-11 所示。

图 9-11 Credentials 页面上的 O-stock 的 Keycloak 客户端密钥

下一步配置是创建域角色。域角色让我们可以更好地控制为每个用户设置的角色。这一步是可选的。如果不想创建这些角色，可以继续直接创建用户。但在以后，为每个用户识别和维护角色可能会变得更加困难。

要创建域角色，让我们点击左侧菜单中显示的"Roles"选项，然后点击表格右上角的"Add Role"按钮。与客户端角色一样，我们将创建两种类型的域角色：ostock-user 和 ostock-admin。图 9-12 和图 9-13 展示了如何创建 ostock-admin 域角色。

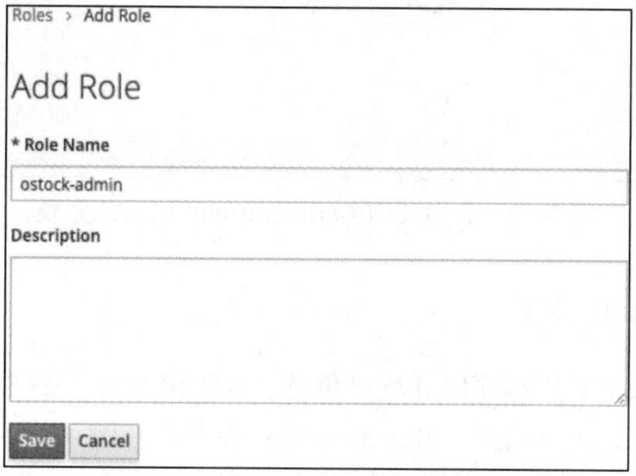

图 9-12　创建 ostock-admin 域角色

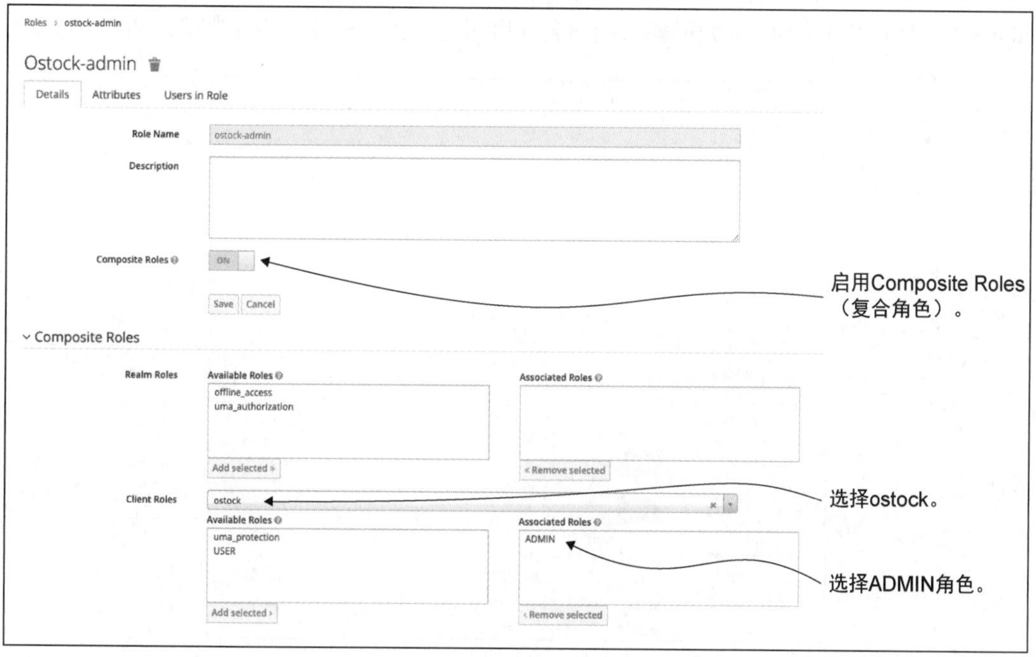

图 9-13　指定 ostock-admin 域角色的附加配置

现在我们已经配置了 ostock-admin 域角色，让我们重复相同的步骤来创建 ostock-user 域角色。完成之后，你应该有一个类似于图 9-14 所示的列表。

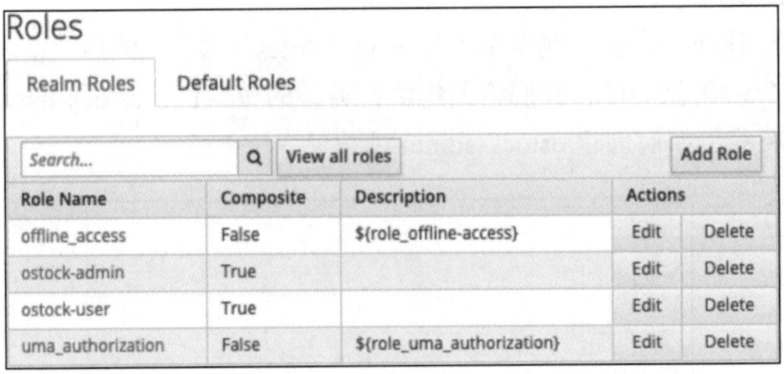

Role Name	Composite	Description	Actions	
offline_access	False	${role_offline-access}	Edit	Delete
ostock-admin	True		Edit	Delete
ostock-user	True		Edit	Delete
uma_authorization	False	${role_uma_authorization}	Edit	Delete

图 9-14　O-stock 的 spmia-realm 的角色列表

9.3.4　配置 O-stock 用户

现在，我们已经定义了应用程序级和域级角色、名称和密钥，我们将设置单个用户凭据及其所属的角色。要创建用户，让我们点击 Keycloak 管理控制台左侧菜单中展示的“Users”选项卡。

对于本章中的示例，我们将定义两个用户账户：illary.huaylupo 和 john.carnell。john.carnell 账户将拥有 ostock-user 角色，而 illary.huaylupo 账户将拥有 ostock-admin 角色。图 9-15 展示了 Add user（创建用户）页面。让我们输入用户名并启用用户和电子邮件验证选项，如图 9-15 所示。

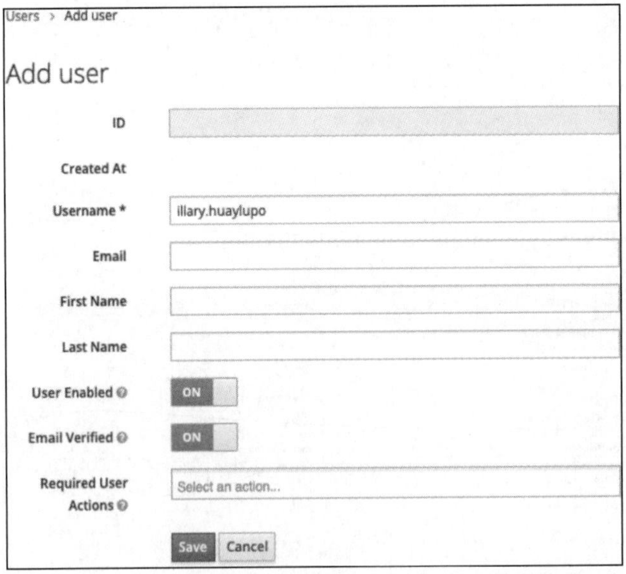

图 9-15　用于 O-stock 的 spmia-realm 的 Keycloak 的 Add User 页面

注意　Keycloak 允许我们为用户添加额外的属性，如名字、姓氏、电子邮件、地址、出生日期、电话号码等。但就本例而言，我将只设置所需的属性。

保存后，点击"Credentials"选项卡。你需要输入用户的密码，禁用 Temporary（临时）选项，然后点击 Set Password（设置密码）按钮。图 9-16 展示了这个步骤。

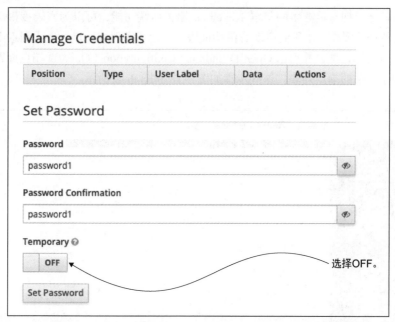

图 9-16   设置用户密码并禁用 O-stock 的用户凭据的临时选项

设置密码后，让我们点击"Role Mappings"选项卡并向用户分配特定角色。图 9-17 展示了这个步骤。

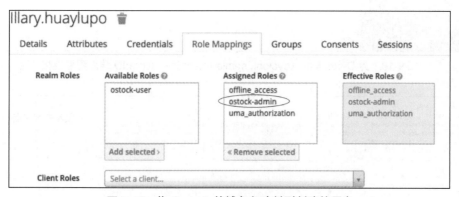

图 9-17   将 O-stock 的域角色映射到创建的用户

为了完成配置，让我们对另一个用户（本例中的 john.carnell）重复相同的步骤，将 ostock-user 角色分配给他。

让我们为本例中的用户 john.carnell 重复相同的步骤以完成我们的配置。

9.3.5　对 O-stock 用户进行身份认证

至此，我们已经拥有足够多的基本 Keycloak 服务器端功能，可以为密码授权流执行应用程序和用户身份认证。现在，让我们启动身份认证服务。为了实现这一点，让我们点击左侧菜单中的"Realm Settings"选项，并点击 OpenID Endpoint Configuration（OpenID 端点配置）链接，以查看我们的域中可用的端点列表。这些步骤如图 9-18 和图 9-19 所示。

图 9-18　为 O-stock 的 Keycloak spmia-realm 选择 OpenID 端点配置链接

图 9-19　OpenID 端点配置

现在，我们将模拟一位希望获取访问令牌的用户。我们现在将通过使用 Postman 发送 POST 请求到 `http://keycloak:8080/auth/realms/spmia-realm/protocol/openid-connect/token` 端点并提供应用程序名称、密钥、用户 ID 和密码。

> **注意**　记住，在本例中，我们使用 8080 端口，因为它是我们之前在 docker-compose.yml 文件中为 Keycloak 服务定义的端口。

为了模拟用户获取身份认证令牌，我们需要在 Postman 上设置应用程序名称和密钥。为此，我们将使用基本身份认证将这些元素传递给我们的身份认证服务器端点。图 9-20 显示了如何设置 Postman 以执行基本的身份认证调用。请记住，我们将使用前面定义的应用程序名称，并使用应用程序密钥作为密码：

```
Username: <客户端应用程序名称>
Password: <客户端应用程序密钥>
```

图 9-20　使用应用程序客户端 ID 和密钥设置基本身份认证

但是，我们还没有准备好执行调用来获取令牌。配置完应用程序名称和密钥后，我们需要在服务中传递以下信息作为 HTTP 表单参数。

- `grant_type`——正在执行的授权类型。在本例中，将使用密码授权。
- `username`——用户登录的名称。
- `password`——用户登录的密码。

图 9-21 展示了如何为我们的身份认证调用配置 HTTP 表单参数。

与本书中的其他 REST 调用不同，这个列表的参数不会作为 JSON 体传递。身份认证标准要求传递给令牌生成端点的所有参数都是 HTTP 表单参数。图 9-22 展示了从 /openidconnect/token 调用返回的 JSON 净荷。

JSON 净荷包含以下 5 个属性。

- `access_token`——访问令牌。它将随用户对受保护资源的每个服务调用一起出示。
- `token_type`——令牌的类型。授权规范允许我们定义多个令牌类型。最常用的令牌类型是 Bearer Token（不记名令牌）。（本章不涉及任何其他令牌类型。）

- `refresh_token`——包含一个可以提交回授权服务器的令牌，以便在访问令牌过期后重新颁发一个访问令牌。
- `expires_in`——这是访问令牌过期前的秒数。在 Spring 中，授权令牌过期的默认值是 12 小时。
- `scope`——定义了此访问令牌的有效作用域。

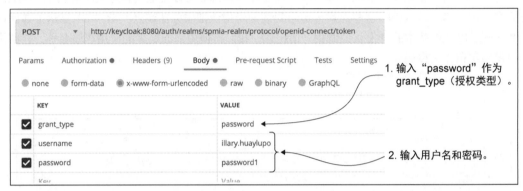

图 9-21　当请求一个访问令牌时，用户的凭据作为 HTTP 表单参数
传递到 `/openid-connect/token` 端点

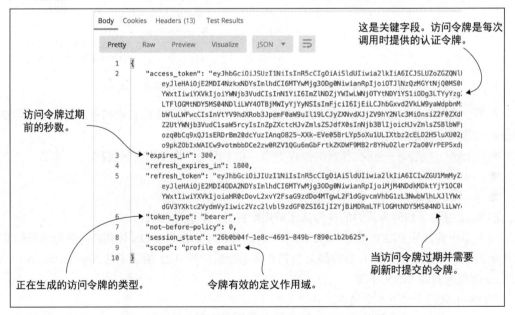

图 9-22　客户端凭据确认成功后返回的 JSON 净荷

现在我们已经从授权服务器检索了一个有效的访问令牌，我们可以访问 JWT 官网对 JWT 进

行解码，以检索所有访问令牌信息。图 9-23 展示了解码后的 JWT 结果。

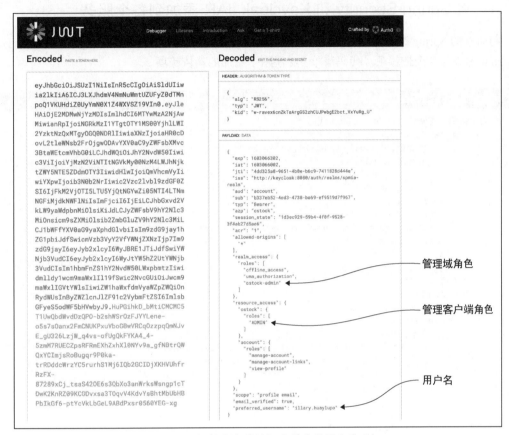

图 9-23　根据发布的访问令牌查找用户信息

9.4　使用 Keycloak 保护组织服务

　　一旦我们在 Keycloak 服务器端注册了一个客户端，并且建立了拥有角色的个人用户账户，就可以开始探索如何使用 Spring Security 和 Keycloak Spring Boot Adapter 来保护资源了。虽然创建和管理访问令牌是 Keycloak 服务器端的职责，但在 Spring 中，定义哪些用户角色有权执行哪些操作是在单个服务级别上发生的。要创建受保护资源，我们需要执行以下操作：

- 将相应的 Spring Security 和 Keycloak JAR 添加到我们要保护的服务中；
- 配置服务以指向我们的 Keycloak 服务器端；
- 定义什么和谁可以访问服务。

　　让我们从一个最简单的例子开始，将组织服务创建为受保护资源，并确保它只能由已通过身份认证的用户来调用。

9.4.1　将 Spring Security 和 Keycloak JAR 添加到各个服务

与通常的 Spring 微服务一样，我们必须要向组织服务的 Maven 配件文件 organization-service/pom.xml 中添加几个依赖项。代码清单 9-2 展示了添加的新依赖项。

代码清单 9-2　配置 Keycloak 和 Spring Security 依赖项

```
//为了简洁，省略了 pom.xml 的其余代码
    <dependency>
        <groupId>org.keycloak</groupId>
        <artifactId>
                keycloak-spring-boot-starter       ←   Keycloak Spring Boot 依赖项
        </artifactId>
    </dependency>
    <dependency>
        <groupId>org.springframework.boot</groupId>
        <artifactId>
                spring-boot-starter-security       ←
        </artifactId>                                     Spring Security starter
    </dependency>                                         依赖项
</dependencies>
<dependencyManagement>
    <dependencies>
        <dependency>
            <groupId>org.springframework.cloud</groupId>
            <artifactId>spring-cloud-dependencies</artifactId>
            <version>${spring-cloud.version}</version>
            <type>pom</type>
            <scope>import</scope>
        </dependency>
        <dependency>
            <groupId>org.keycloak.bom</groupId>
            <artifactId>
                keycloak-adapter-bom              ←   Keycloak Spring Boot
            </artifactId>                                依赖项管理
            <version>11.0.2</version>
            <type>pom</type>
            <scope>import</scope>
        </dependency>
    </dependencies>
</dependencyManagement>
```

9.4.2　配置服务以指向 Keycloak 服务

一旦我们将组织服务创建为受保护资源，每次调用服务时，调用者必须将包含 Bearer 访问令牌的身份认证 HTTP 首部发送到服务中。然后，我们的受保护资源必须调用回 Keycloak 服务器端来查看令牌是否有效。代码清单 9-3 展示了所需的 Keycloak 配置。你需要将此配置添加到位于配置服务器存储库中的组织服务的应用程序属性文件中。

代码清单 9-3　organization-service.properties 文件中的 Keycloak 配置

```
//为了简洁，省略了部分属性

keycloak.realm = spmia-realm                          创建的域的名称
keycloak.auth-server-url =                            Keycloak 服务器端 URL 认证端点：
          http://keycloak:8080/auth                   http://<keycloak_server_url>/auth
keycloak.ssl-required = external
keycloak.resource = ostock                            创建的客户端 ID
keycloak.credentials.secret =
          5988f899-a5bf-4f76-b15f-f1cd0d2c81ba        创建的客户端密钥
keycloak.use-resource-role-mappings = true
keycloak.bearer-only = true
```

注意　为了使本书中的示例更简单，我们使用了类路径存储库。你可以在/configserver/src/main/
resources/config/organization-service.properties 这个文件中找到配置文件。

9.4.3　定义什么和谁可以访问服务

我们现在已经准备好开始围绕服务定义访问控制规则了。要定义访问控制规则，我们需要扩展 KeycloakWebSecurityConfigurerAdapter 类并覆盖以下方法：

- configure();
- configureGlobal();
- sessionAuthenticationStrategy();
- KeycloakConfigResolver()。

组织服务的 SecurityConfig 类在 /organizationservice/src/main/java/com/optimagrowth/
organization/config/SecurityConfig.java 文件中。代码清单 9-4 展示了这个类的代码。

代码清单 9-4　扩展 **SecurityConfig**

```
//为了简洁，省略了部分代码            这个类必须使用@Configuration
                                    进行标注
@Configuration

@EnableWebSecurity                              将配置应用到全局 WebSecurity
@EnableGlobalMethodSecurity(jsr250Enabled = true)    启用@RoleAllowed
public class SecurityConfig extends
      KeycloakWebSecurityConfigurerAdapter {        继承 KeycloakWebSecurity-
                                                    ConfigurerAdapter
    @Override
    protected void configure(HttpSecurity http)
          throws Exception {                        配置安全策略
      super.configure(http);
      http.authorizeRequests()
          .anyRequest()
          .permitAll();
      http.csrf().disable();
    }
```

```
    @Autowired                                              注册 Keycloak 身份
    public void configureGlobal(                            认证供应商
            AuthenticationManagerBuilder auth)    ←─
            throws Exception {
      KeycloakAuthenticationProvider keycloakAuthenticationProvider =
            keycloakAuthenticationProvider();
      keycloakAuthenticationProvider.setGrantedAuthoritiesMapper(
            new SimpleAuthorityMapper());
      auth.authenticationProvider(keycloakAuthenticationProvider);
    }

    @Bean
    @Override                                               定义会话身份
    protected SessionAuthenticationStrategy                 认证策略
            sessionAuthenticationStrategy() {    ←─
        return new RegisterSessionAuthenticationStrategy(
            new SessionRegistryImpl());
    }

    @Bean                                          默认情况下, Spring Security Adapter
    public KeycloakConfigResolver                  查找 keycloak.json 文件
            KeycloakConfigResolver() {    ←─
        return new KeycloakSpringBootConfigResolver();
    }
}
```

访问规则的范围可以从极其粗粒度（任何已通过身份认证的用户都可以访问整个服务）到非常细粒度（只有具有此角色的应用程序，才允许通过 DELETE 方法访问此 URL）。我们不会讨论 Spring Security 访问控制规则的各种排列，但我们会看一些更常见的例子。这些例子包括保护资源以便：

- 只有已通过身份认证的用户才能访问服务 URL；
- 只有具有特定角色的用户才能访问服务 URL。

1．通过身份认证的用户保护服务

接下来我们要做的第一件事就是保护组织服务，使它只能由已通过身份认证的用户访问。代码清单 9-5 展示了如何将此规则构建到 SecurityConfig.java 类中。

代码清单 9-5   限制只有已通过身份认证的用户可以访问

```
package com.optimagrowth.organization.security;
import org.springframework.context.annotation.Configuration;
import org.springframework.http.HttpMethod;
import
➥ org.springframework.security.config.annotation.web.builders.HttpSecurity;

@Configuration
@EnableWebSecurity
@EnableGlobalMethodSecurity(jsr250Enabled = true)
```

```
public class SecurityConfig extends KeycloakWebSecurityConfigurerAdapter {

    @Override
    protected void configure(HttpSecurity http)
            throws Exception {
        super.configure(http);
        http.authorizeRequests()
            .anyRequest().authenticated();
    }
}
```

所有访问规则都是通过传入方法的 HttpSecurity 对象配置的

所有的访问规则都将在 `configure()` 方法中定义。我们将使用由 Spring 传入的 `HttpSecurity` 类来定义规则。在本例中，我们将限制对组织服务中任意 URL 的所有访问，仅限已通过身份认证的用户才能访问。

假设我们在访问组织服务时没有在 HTTP 首部中提供访问令牌。在这种情况下，我们将会收到 HTTP 响应码 401 以及一条指示需要对服务进行完整身份认证的消息。图 9-24 展示了在没有身份认证 HTTP 首部的情况下，对组织服务进行调用的输出结果。

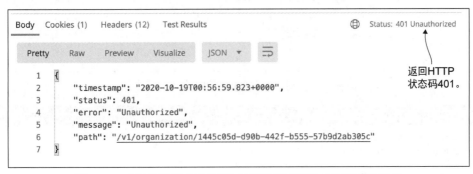

图 9-24 在缺失访问令牌的情况下调用组织服务将导致调用失败

接下来，我们将使用访问令牌调用组织服务。（要生成访问令牌，请阅读 9.3.5 节。）我们想要将 `access_token` 值从对 `/openid-connect/token` 端点的调用所返回的 JSON 调用结果中剪切出来，并在对组织服务的调用中粘贴使用它。记住，在我们调用组织服务时，需要将授权类型设置为 Bearer Token，其值为 `access_token` 的值。图 9-25 展示了对组织服务的调用，但是这次使用了传递给它的访问令牌。

这可能是使用 JWT 保护端点的最简单的用例之一。接下来，我们将在此示例的基础上进行构建，并将对特定端点的访问限制在特定角色。

2. 通过特定角色保护服务

在接下来的示例中，我们将锁定组织服务的 DELETE 调用，仅限那些具有 ADMIN 访问权限的用户。正如 9.3.4 节中介绍过的，我们创建了两个可以访问 O-stock 服务的用户账户，即 illary.huaylupo 和 john.carnell。john.carnell 账户拥有分配给它的 USER 角色，而 illary.huaylupo 账户拥有 USER 和 ADMIN 角色。通过在控制器中使用 `@RolesAllowed`，我们可以允许特定角色来执行某些方法。代码清单 9-6 展示了如何使用。

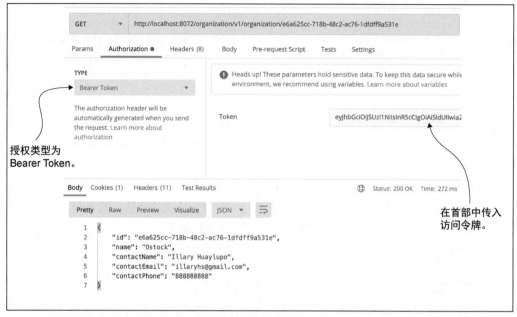

图 9-25　在对组织服务的调用中传入访问令牌

代码清单 9-6　在 OrganizationController.java 中使用@RolesAllowed 注解

```java
package com.optimagrowth.organization.security;
//为了简洁，省略了 import 语句

@RestController
@RequestMapping(value="v1/organization")
public class OrganizationController {

    @Autowired
    private OrganizationService service;

    @RolesAllowed({ "ADMIN", "USER" })
    @RequestMapping(value="/{organizationId}",method = RequestMethod.GET)
    public ResponseEntity<Organization> getOrganization(
            @PathVariable("organizationId") String organizationId) {
        return ResponseEntity.ok(service.findById(organizationId));
    }

    @RolesAllowed({ "ADMIN", "USER" })
    @RequestMapping(value="/{organizationId}",method = RequestMethod.PUT)
    public void updateOrganization( @PathVariable("organizationId")
                String id, @RequestBody Organization organization) {
        service.update(organization);
    }

    @RolesAllowed({ "ADMIN", "USER" })
```

指示只有拥有 USER 和 ADMIN 角色的用户才能执行此操作

```
@PostMapping
public ResponseEntity<Organization> saveOrganization(
            @RequestBody Organization organization) {
    return ResponseEntity.ok(service.create(organization));
}

@RolesAllowed("ADMIN")            ◁────────  指示只有拥有 ADMIN 角色
@DeleteMapping(value="/{organizationId}")        的用户才能执行此操作
@ResponseStatus(HttpStatus.NO_CONTENT)
public void deleteLicense(@PathVariable("organizationId")
                                  String organizationId) {
    service.delete(organizationId);
}
}
```

现在，如果要为用户 john.carnell（密码为 password1）获取访问令牌，我们需要再次向
openid-connect/token 发送 POST 请求。获得新的访问令牌之后，接下来我们需要调用组
织服务的 DELETE 端点 http://localhost:8072/organization/v1/organization/dfd13002-57c5-47ce-a4c2-
a1fda2f51513。我们将在该调用中得到一个 HTTP 状态码 403 Forbidden 和一条错误消息，表明该
服务的访问被拒绝。由调用返回的 JSON 文本如下：

```
{
    "timestamp": "2020-10-19T01:19:56.534+0000",
    "status": 403,
    "error": "Forbidden",
    "message": "Forbidden",
    "path": "/v1/organization/4d10ec24-141a-4980-be34-2ddb5e0458c7"
}
```

注意　我们使用 8072 端口是因为它是我们在第 8 章中为 Spring Cloud Gateway 定义的端口（它定
义在 Spring Cloud Config 服务存储库的 gateway-server.yml 配置文件中）。

如果我们使用 illary.huaylupo 用户账户（密码：password1）及其访问令牌尝试完全相同的
调用，会看到一个成功的调用，该调用没有返回任何内容，并且返回了 HTTP 状态码 204——Not
Content。到目前为止，我们已经研究了如何使用 Keycloak 调用和保护单个服务（组织服务）。然
而，通常在微服务环境中，我们将会有多个服务调用来执行一个事务。在这些类型的情况下，需
要确保将访问令牌从一个服务调用传播到另一个服务调用。

9.4.4　传播访问令牌

为了演示在服务之间传播访问令牌，我们现在来看一下如何同样使用 Keycloak 保护许可证
服务。记住，许可证服务调用组织服务来查找信息。问题变成了，我们如何将访问令牌从一个服
务传播到另一个服务？

我们将创建一个简单的示例，使用许可证服务调用组织服务。如果你遵循了我们在之前章节
中构建的例子，你会发现这两个服务都在网关后面运行。图 9-26 展示了一个已通过身份认证的

用户的令牌将如何流经网关、许可证服务，然后到达组织服务。

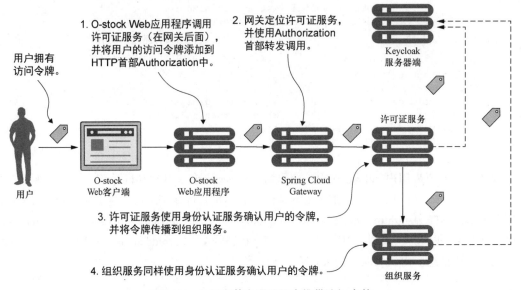

图 9-26　必须在整个调用链中携带访问令牌

在图 9-26 中发生了以下活动。下面的括号中的数字对应着图 9-26 中的数字。

■ 用户已经向 Keycloak 服务器端进行了身份认证，并向 O-stock Web 应用程序发出调用。用户的访问令牌存储在用户的会话中。O-stock Web 应用程序需要检索一些许可数据，并对许可证服务的 REST 端点进行调用（1）。作为许可证服务的 REST 端点的一部分，O-stock Web 应用程序将通过 HTTP 首部 `Authorization` 添加访问令牌。许可证服务只能在 Spring Cloud Gateway 后面访问。

■ 网关将查找许可证服务端点，然后将调用转发到其中一个许可证服务的服务器（2）。服务网关需要从传入的调用中复制 HTTP 首部 `Authorization`，并确保 HTTP 首部 `Authorization` 被转发到新端点。

■ 许可证服务将接收传入的调用。由于许可证服务是受保护资源，它将使用 Keycloak 服务器端来确认令牌（3），然后检查用户的角色是否具有适当的权限。作为其工作的一部分，许可证服务会调用组织服务。在执行这个调用时，许可证服务需要将用户的访问令牌传播到组织服务。

■ 当组织服务接收到该调用时，它将再次使用 HTTP 首部 `Authorization` 的令牌，并使用 Keycloak 服务器端来确认令牌（4）。

要实现这些步骤，我们需要对代码做出一些修改。如果不这么做，在从许可证服务检索组织信息的时候，我们将得到以下错误：

```
message": "401 : {[status:401,
error: Unauthorized
```

```
message: Unauthorized,
path: /v1/organization/d898a142-de44-466c-8c88-9ceb2c2429d3}]
```

首先，需要修改网关以将访问令牌传播到许可证服务。在默认情况下，网关不会将敏感的 HTTP 首部（如 Cookie、Set-Cookie 和 Authorization）转发到下游服务。要传播 HTTP 首部 Authorization，需要在 Spring Cloud Config 存储库中的 gateway-server.yml 配置文件中向每个路由添加以下过滤器：

```
- RemoveRequestHeader= Cookie,Set-Cookie
```

这一配置是网关不会传播到下游服务的敏感首部的黑名单。在 RemoveRequestHeader 列表中没有 Authorization 值就意味着网关将允许它通过。如果没有设置这个配置属性，网关将自动阻止 3 个值（Cookie、Set-Cookie 和 Authorization）被传播。

接着，我们需要配置许可证服务，使其包含 Keycloak 和 Spring Security 依赖项，并建立我们想要的服务授权规则。最后，我们需要将 Keycloak 属性添加到配置服务器中的应用程序属性文件中。

配置许可证服务

在传播访问令牌时，我们的第一步是在许可证服务的 pom.xml 文件中添加 Maven 依赖项。代码清单 9-7 展示了这些依赖项。

代码清单 9-7　　配置 Keycloak 和 Spring Security 依赖项

```
//为了简洁，省略了部分代码
    <dependency>
        <groupId>org.keycloak</groupId>
        <artifactId>keycloak-spring-boot-starter</artifactId>
    </dependency>
    <dependency>
        <groupId>org.springframework.boot</groupId>
        <artifactId>spring-boot-starter-security</artifactId>
    </dependency>
</dependencies>
<dependencyManagement>
    <dependencies>
        <dependency>
            <groupId>org.springframework.cloud</groupId>
            <artifactId>spring-cloud-dependencies</artifactId>
            <version>${spring-cloud.version}</version>
            <type>pom</type>
            <scope>import</scope>
        </dependency>
        <dependency>
            <groupId>org.keycloak.bom</groupId>
            <artifactId>keycloak-adapter-bom</artifactId>
            <version>11.0.2</version>
            <type>pom</type>
            <scope>import</scope>
        </dependency>
```

```
    </dependencies>
</dependencyManagement>
```

下一步是保护许可证服务，使其只能由经过身份认证的用户访问。代码清单 9-8 展示了 `SecurityConfig` 类，这个类在/licensing-service/src/main/java/com/optimagrowth/license/config/SecurityConfig.java 中。

代码清单 9-8　限制只能经过身份认证的用户访问

```java
//为了简洁，省略了部分的类声明

@Configuration
@EnableWebSecurity
public class SecurityConfig extends KeycloakWebSecurityConfigurerAdapter {

    @Override
    protected void configure(HttpSecurity http) throws Exception {
        super.configure(http);
        http.authorizeRequests()
                .anyRequest().authenticated();
                http.csrf().disable();
    }
    @Override
    protected void configure(HttpSecurity http) throws Exception {
        super.configure(http);
        http.authorizeRequests().anyRequest().authenticated();
        http.csrf().disable();
    }

    @Autowired
    public void configureGlobal(AuthenticationManagerBuilder auth)
                                                    throws Exception {
        KeycloakAuthenticationProvider keycloakAuthenticationProvider =
                                keycloakAuthenticationProvider();
        keycloakAuthenticationProvider.setGrantedAuthoritiesMapper(new
                                SimpleAuthorityMapper());
        auth.authenticationProvider(keycloakAuthenticationProvider);
    }

    @Bean
    @Override
    protected SessionAuthenticationStrategy sessionAuthenticationStrategy() {
        return new RegisterSessionAuthenticationStrategy(
                new SessionRegistryImpl());
    }

    @Bean
    public KeycloakConfigResolver KeycloakConfigResolver() {
        return new KeycloakSpringBootConfigResolver();
    }
}
```

配置许可证服务的最后一步是向 licensing-service.properties 文件添加 Keycloak 配置。代码清单 9-9 展示这些 Keycloak 配置。

代码清单 9-9　在 licensing-service.properties 文件中配置 Keycloak

```
//为了简洁，省略了部分属性

keycloak.realm = spmia-realm
keycloak.auth-server-url = http://keycloak:8080/auth
keycloak.ssl-required = external
keycloak.resource = ostock
keycloak.credentials.secret = 5988f899-a5bf-4f76-b15f-f1cd0d2c81ba
keycloak.use-resource-role-mappings = true
keycloak.bearer-only = true
```

现在我们已经修改了网关以传播 Authorization 首部，并且我们已经设置了许可证服务，接下来就轮到最后一步——传播访问令牌。对于这一步，我们需要做的就是修改许可证服务中调用组织服务的代码。为此，我们需要确保将 HTTP 首部 Authorization 注入应用程序对组织服务的调用中。

如果没有 Spring Security，那么我们必须编写一个 servlet 过滤器以从传入的许可证服务调用中获取 HTTP 首部，然后手动将它添加到许可证服务中的每个出站服务调用中。Keycloak 提供了一个支持这些调用的新 REST 模板类 KeycloakRestTemplate。要使用 KeycloakRest-Template 类，需要先将它公开为一个可以被自动装配到调用另一个受保护服务的服务的 bean。我们将通过在 /licensing-service/src/main/java/com/optimagrowth/license/config/SecurityConfig.java 文件中添加代码清单 9-10 中的代码来执行上述操作。

代码清单 9-10　在 SecurityConfig 中暴露 KeycloakRestTemplate

```
package com.optimagrowth.license.service.client;
//为了简洁，省略了部分类定义

@ComponentScan(basePackageClasses = KeycloakSecurityComponents.class)
public class SecurityConfig extends KeycloakWebSecurityConfigurerAdapter {

    ...

    @Autowired
    public KeycloakClientRequestFactory keycloakClientRequestFactory;

    @Bean
    @Scope(ConfigurableBeanFactory.SCOPE_PROTOTYPE)
    public KeycloakRestTemplate keycloakRestTemplate() {
        return new KeycloakRestTemplate(keycloakClientRequestFactory);
    }

    ...
}
```

要了解 `KeycloakRestTemplate` 类如何使用，可以查看/licensing-service/src/main/java/com/optimagrowth/license/service/client/OrganizationRestTemplateClient.java 中的 `Organization-RestTemplateClient` 类。代码清单 9-11 展示了 `KeycloakRestTemplate` 是如何自动装配到这个类中的。

代码清单 9-11　使用 KeycloakRestTemplate 来传播访问令牌

```
package com.optimagrowth.license.service.client;
//为了简洁，省略了部分 import 语句

@Component
public class OrganizationRestTemplateClient {
   @Autowired
   KeycloakRestTemplate restTemplate;

   public Organization getOrganization(String organizationId){
      ResponseEntity<Organization> restExchange =
      restTemplate.exchange("http://gateway:8072/organization/
                     v1/organization/{organizationId}",
                  HttpMethod.GET,
                  null, Organization.class, organizationId);

      return restExchange.getBody();
   }
}
```

KeycloakRestTemplate 是标准 RestTemplate 的增强式替代品，可处理访问令牌的传播

调用组织服务的方式与标准的 RestTemplate 完全相同。这里，我们指向网关服务器端

要测试这段代码，你可以请求许可证服务中的一个服务，该服务调用组织服务来检索数据。例如，以下服务检索特定许可的数据，然后获取组织的相关信息。图 9-27 展示了这个调用的输出结果：

```
http://localhost:8072/license/v1/organization/d898a142-de44-466c-8c88-
➥ 9ceb2c2429d3/license/f2a9c9d4-d2c0-44fa-97fe-724d77173c62
```

图 9-27　将访问令牌从许可证服务传递到组织服务

9.4.5 从 JWT 中解析自定义字段

本节将转到网关，以说明如何解析 JWT 中的自定义字段。具体来说，我们将修改第 8 章中介绍的 TrackingFilter 类，以从流经网关的 JWT 中解码 preferred_username 字段。要完成这一点，我们将要引入一个 JWT 解析器库，并添加到网关服务器端的 pom.xml 文件中。有多个令牌解析器可供使用，但这里选择 Apache Commons Codec 和 org.json 包来解析 JSON 体。

```xml
<dependency>
    <groupId>commons-codec</groupId>
    <artifactId>commons-codec</artifactId>
</dependency>
<dependency>
    <groupId>org.json</groupId>
    <artifactId>json</artifactId>
    <version>20190722</version>
</dependency>
```

添加完库后，可以向 TrackingFiler 类中添加一个名为 getUsername() 的新方法。代码清单 9-12 展示了这个新方法。这个方法的源代码可以在/gatewayserver/src/main/java/com/optimagrowth/gateway/filters/TrackingFilter.java 的类文件中找到。

代码清单 9-12　从我们的 JWT 中解析出 `preferred_username`

```java
//为了简洁，省略了部分代码
private String getUsername(HttpHeaders requestHeaders){
String username = "";
if (filterUtils.getAuthToken(requestHeaders)!=null){
    String authToken =
            filterUtils.getAuthToken(requestHeaders)     ◁── 从 HTTP 首部 Authorization
            .replace("Bearer ","");                           解析出令牌
    JSONObject jsonObj = decodeJWT(authToken);
        try {                                            ◁── 从 JWT 中提取出
            username =                                       preferred_username
            jsonObj.getString("preferred_username");
        }catch(Exception e) {logger.debug(e.getMessage());}
}
return username;
}

private JSONObject decodeJWT(String JWTToken) {        使用 Base64 编码来解析令牌，
String[] split_string = JWTToken.split("\\.");        传入对令牌进行签名的密钥
String base64EncodedBody = split_string[1];     ◁──
Base64 base64Url = new Base64(true);
String body = new String(base64Url.decode(base64EncodedBody));
JSONObject jsonObj = new JSONObject(body);     ◁──
return jsonObj;                                      将 JWT 体解析成 JSON 对象
}                                                    以检索 preferred_username
```

要使这个示例正常工作，我们需要确保 FilterUtils 中的 AUTH_TOKEN 变量设置为

Authorization，如下面的代码片段所示（此源代码在 gatewayserver/src/main/java/com/ optimagrowth/gateway/filters/FilterUtils.java 中）：

```
public static final String AUTH_TOKEN = "Authorization";
```

实现了 getUsername() 方法之后，我们就将 System.out.println 添加到跟踪过滤器的 filter() 方法中，以打印从流经网关的 JWT 中解析出来的 preferred_username。现在，当我们向网关发起调用，将会看到控制台输出中的 preferred_username。

注意　在进行这个调用时，仍然需要设置所有 HTTP 表单参数，包括 HTTP 首部 Authorization 和 JWT。

如果一切正常，你应该可以在控制台日志中看到以下 System.out.println 输出。

```
tmx-correlation-id found in tracking filter:
        26f2b2b7-51f0-4574-9d84-07e563577641.
The authentication name from the token is : illary.huaylupo
```

9.5　关于微服务安全的一些总结

虽然本章介绍了 OpenID、OAuth2 和 Keycloak 规范，以及如何使用 Spring Cloud Security 结合 Keycloak 实现身份认证服务和授权服务，但 Keycloak 只是微服务安全难题的一部分。在构建用于生产用途的微服务时，应该围绕以下实践构建微服务安全。

（1）对所有服务通信使用 HTTPS/安全套接字层（Secure Sockets Layer，SSL）。

（2）对所有服务调用使用一个 API 网关。

（3）为你的服务提供区域（如公共 API 和私有 API）。

（4）通过封锁不需要的网络端口来限制微服务的攻击面。

图 9-28 展示了这些不同的实践如何配合起来工作。上述列表中的每个编号都与图 9-28 中的编号对应。我们将在接下来的几节中更详细地审查前面列表和图 9-28 中列出的每个主题领域。

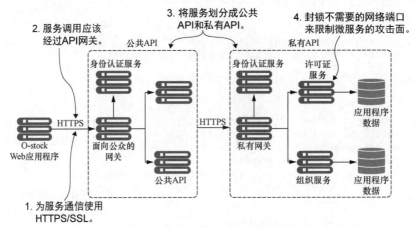

图 9-28　微服务安全架构不只是实现身份认证和授权

9.5.1 对所有业务通信使用 HTTPS/安全套接字层（SSL）

在本书的所有代码示例中，我们都使用了 HTTP，这是因为 HTTP 是一个简单的协议，并且不需要在每个服务上进行安装就能开始使用该服务。但是，在生产环境中，微服务应该只通过 HTTPS 和 SSL 提供的加密通道进行通信。注意，HTTPS 的配置和安装可以通过 DevOps 脚本自动完成。

9.5.2 使用服务网关访问微服务

客户端永远不应该直接访问运行服务的各个服务器、服务端点和端口。相反，应该使用服务网关作为服务调用的入口点和守门人。在微服务运行的操作系统或容器上配置网络层，以便仅接受来自服务网关的流量。记住，服务网关可以作为一个针对所有服务执行的策略执行点。

通过服务网关来进行服务调用，让你可以在保护和审计服务方面保持一致。服务网关还让你可以锁定要向外界公开的端口和端点。

9.5.3 将服务划分到公共 API 和私有 API

一般来说，安全是关于构建访问和执行最小权限概念的层。最小权限是用户应该拥有最少的网络访问权限和特权来完成他们的日常工作。为此，开发人员应该通过将服务分离到两个不同的区域（即公共区域和私有区域）来实现最小权限。

公共区域包含由客户端使用的公共 API（在本书的例子是 O-stock 应用程序）。公共 API 微服务应该执行面向工作流的准确任务。公共 API 微服务通常是服务聚合器，在多个服务中提取数据并执行任务。公共微服务也应该位于它们自己的服务网关后面，并拥有自己的身份认证服务来执行身份认证和授权。客户端应用程序应该通过受服务网关保护的单一路由访问公共服务。此外，公共区域应该有自己的身份认证服务。

私有区域充当保护核心应用程序功能和数据的壁垒，它应该只通过一个众所周知的端口访问，并且应该被封锁，只接受来自运行私有服务的网络子网的网络流量。私有区域应该拥有自己的服务网关和身份认证服务。公共 API 服务应该对私有区域身份认证服务进行身份认证。所有的应用程序数据至少应该在私有区域的网络子网中，并且只能通过驻留在私有区域的微服务访问。

9.5.4 通过封锁不需要的网络端口来限制微服务的攻击面

许多开发人员并没有重视为了使服务正常运行而需要打开的端口的最少数量。请配置运行服务的操作系统，只允许打开入站和出站访问服务所需的端口，或者服务所需的一部分基础设施（监控、日志聚合）。

不要只关注入站访问端口。许多开发人员忘记了封锁他们的出站端口。封锁出站端口可以防

止数据在服务本身被攻击者破坏的情况下从服务中泄露。另外，要确保查看公共 API 区域和私有
API 区域中的网络端口访问。

9.6　小结

- OAuth2 是一个基于令牌的身份认证框架，它为保护 Web 服务调用提供了不同的机制，这些机制称为授权（grant）。
- OpenID Connect（OIDC）是 OAuth2 框架之上的一层，它提供关于谁登录到应用程序（身份）的身份认证和简介信息。
- Keycloak 是用于微服务和应用程序的开源身份和访问管理解决方案。Keycloak 的主要目标是在很少或没有代码的情况下，促进对服务和应用程序的保护。
- 每个应用程序可以拥有自己的 Keycloak 应用程序名称和密钥。
- 每个服务必须定义角色可以采取的动作。
- Spring Cloud Security 支持 JSON Web Token（JWT）规范。使用 JWT，可以将自定义字段注入规范中。
- 保护微服务涉及的不仅仅是使用身份认证和授权。
- 在生产环境中，我们应该使用 HTTPS 来对服务间的所有调用进行加密。
- 使用服务网关来缩小可以到达服务的访问点的数量。
- 通过限制运行服务的操作系统上的入站端口和出站端口数来限制服务的攻击面。

第10章 使用 Spring Cloud Stream
的事件驱动架构

人类总是处于一种运动状态，与周围的环境相互作用。通常，我们与世界的互动不是同步的、线性的，不能狭义地定义为一个请求-响应模型。它更像是消息驱动的，在与世界互动的过程中，我们不断地发送消息给周围的事物并接收消息。当我们收到消息时，我们会对这些消息做出反应，这经常会打断我们正在处理的主要任务。

本章将介绍如何设计和实现我们基于 Spring 的微服务，以便与其他使用异步消息的微服务进行通信。使用异步消息在应用程序之间进行通信并不新鲜，新鲜的是使用消息实现事件通信的概念，这些事件代表了状态的变化。这个概念称为事件驱动架构（event-driven architecture，EDA），也被称为消息驱动架构（message-driven architecture，MDA）。基于 EDA 的方法允许我们构建高度解耦的系统，它可以对变更做出反应，而不需要与特定的库或服务紧密耦合。当与微服务结合后，EDA 允许我们通过仅让服务监听由应用程序发出的事件流（消息）的方式，迅速地向应用程序中添加新功能。

Spring Cloud 项目通过 Spring Cloud Stream 子项目使构建基于消息传递的解决方案变得轻而易举。Spring Cloud Stream 允许我们轻松实现消息发布和消费，同时屏蔽与底层消息传递平台相关的实现细节。

10.1　消息传递、EDA 和微服务的案例

为什么消息传递在构建基于微服务的应用程序中很重要？为了回答这个问题，让我们从一个例子开始。本章将使用贯穿全书的两项服务：许可证服务和组织服务。

让我们想象一下，将这些服务部署到生产环境之后，我们发现，从组织服务中查找信息时，许可证服务调用花费了非常长的时间。在查看组织数据的使用模式时，我们发现组织数据很少会更改，并且组织服务中读取的大多数数据都是按照组织记录的主键完成的。如果我们可以为组织数据缓存读操作，而不必承担访问数据库的成本，那么就可以显著地缩短许可证服务调用的响应时间。在实现缓存解决方案时，我们需要考虑以下 3 个核心要求。

（1）缓存的数据需要在许可证服务的所有实例之间保持一致。这意味着我们不能在许可证服务本地中缓存数据，因为要保证无论哪个服务实例访问它都能读取相同的组织数据。

（2）不能将组织数据缓存在托管许可证服务的容器的内存中。托管服务的运行时容器通常受到大小限制，并且可以使用不同的访问模式来对数据进行访问。本地缓存可能会带来复杂性，因为我们必须保证本地缓存与集群中的所有其他服务同步。

（3）在更新或删除一个组织记录时，我们希望许可证服务能够识别出组织服务中出现了状态更改。许可证服务应该使该组织的任何缓存数据失效，并将它从缓存中删除。

我们来看看实现这些要求的两种方法。第一种方法将使用同步请求-响应模型来实现上述要求。在组织状态发生变化时，许可证服务和组织服务通过它们的 REST 端点进行通信。

第二种方法是组织服务发出异步事件（消息），以通报其组织数据已经发生了变化。然后，组织服务将给队列发布一条消息，该消息表明组织记录已被更新或删除——状态发生变化。许可证服务将通过中介（消息代理或队列）进行监听，以确定是否发生了组织事件，如果是，则清除其缓存中的组织数据。

10.1.1　使用同步请求-响应方式来传达状态变化

对于我们的组织数据缓存，我们将使用 Redis，它是一个分布式的键值存储，可用作数据库、缓存或消息代理。图 10-1 提供了一个高层次概览，讲述如何使用传统的同步请求-响应编程模型（如 Redis）构建高速缓存解决方案。

在图 10-1 中，当用户调用许可证服务时，许可证服务需要查找组织数据。为此，许可证服务首先会通过组织 ID 从 Redis 集群中检索所需的组织数据。如果许可证服务找不到组织数据，它将使用基于 REST 的端点调用组织服务，然后在将组织数据返回给用户之前，将返回的数据存储在 Redis 中。

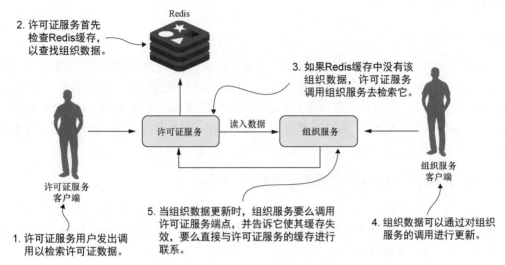

图 10-1 在同步请求–响应模型中，紧密耦合的服务带来复杂性和脆弱性

现在，如果有人使用组织服务的 REST 端点来更新或删除组织记录，组织服务将需要调用在许可证服务上公开的端点，以通知许可证服务使它缓存中的组织数据无效。在图 10-1 中，如果查看组织服务调用许可证服务以使 Redis 缓存失效的地方，那么至少可以看到以下 3 个问题。

- 组织服务和许可证服务紧密耦合。此耦合带来了服务之间的脆弱性。
- 如果用于使缓存无效的许可证服务端点发生了更改，则组织服务必须要进行更改。这种方法是不灵活的。
- 如果想要为组织服务添加新的消费者，我们必须修改组织服务的代码，才能让它知道需要调用其他的服务以通知数据变更。

1. 服务之间的紧密耦合

要检索数据，许可证服务依赖于组织服务。然而，通过让组织服务在组织记录被更新或删除时直接与许可证服务进行通信，我们就已经将耦合从组织服务引入许可证服务了（见图 10-1）。为了使 Redis 缓存中的数据失效，组织服务需要许可证服务公开的端点，该端点可以被调用以使许可证服务的 Redis 缓存无效，或者组织服务需要直接与许可证服务所拥有的 Redis 服务器进行通信以清除其中的数据。

让组织服务与 Redis 进行通信有其自身的问题，因为我们正直接与另一个服务拥有的数据存储进行通信。在微服务环境中，这是一个很大的禁忌。虽然可以认为组织数据理所当然地属于组织服务，但是许可证服务会在特定的上下文中使用这些数据，并且可能潜在地转换数据，或者围绕这些数据构建业务规则。让组织服务直接与 Redis 服务进行通信，可能会意外地破坏拥有许可证服务的团队所实现的规则。

2．服务之间的脆弱性

许可证服务与组织服务之间的紧密耦合也带来了这两种服务之间的脆弱性。如果许可证服务关闭或运行缓慢，那么组织服务可能会受到影响，因为组织服务正在与许可证服务进行直接通信。同样，如果组织服务直接与许可证服务的 Redis 数据存储进行对话，那么我们就会在组织服务和 Redis 之间创建一个依赖关系。在这种情况下，共享 Redis 服务器的任何问题都有可能拖垮这两个服务。

3．在修改组织服务以增加新的消费者方面是不灵活的

使用图 10-1 中的模型，如果我们有其他服务对组织数据发生的变化感兴趣，则需要添加另一个从组织服务到该其他服务的调用。这意味着需要更改代码并重新部署组织服务，这会在我们的代码中引入一种不灵活的状态。

如果我们使用同步的请求-响应模型来通知状态更改，则会在应用程序中的核心服务和其他服务之间出现网状的依赖关系模式。这些网的中心会成为应用程序中的主要故障点。

> **另一种耦合**
>
> 虽然消息传递在我们的服务之间增加了一个间接层，但是我们使用消息传递仍然会在两个服务之间引入紧密耦合。在本章的后面，我们将在组织服务和许可证服务之间发送消息。这些消息将使用消息的 JSON 格式先被序列化然后被反序列化为 Java 对象。如果两个服务不能优雅地处理同一消息类型的不同版本，则在来回转换为 Java 对象时，会对 JSON 消息的结构的变更造成问题。
>
> JSON 本身不支持版本控制。但是，如果我们需要版本控制，我们可以使用 Apache Avro。Avro 是一个二进制协议，它内置了版本控制。Spring Cloud Stream 支持 Apache Avro 作为消息传递协议。遗憾的是，使用 Avro 不在本书的讨论范围之内，但是我们确实希望让你意识到，如果真的需要考虑消息版本控制的话，Avro 确实会有帮助。

10.1.2   使用消息传递在服务之间传达状态更改

使用消息传递方式将会在许可证服务和组织服务之间注入主题（topic）。该消息传递系统不会用于从组织服务中读取数据，而是由组织服务用于在组织服务管理的组织数据内发生状态更改时发布消息。图 10-2 演示了这种方法。

在图 10-2 所示的模型中，每次组织数据发生变化，组织服务都发布一条消息到主题中。许可证服务监控消息的主题，当消息到达时，将相应的组织记录从 Redis 缓存中清除。当涉及传达状态时，消息队列充当许可证服务和组织服务之间的中介。这种方法提供了 4 个好处：松耦合、持久化、可伸缩性、灵活性。我们将在下面几节中逐一讨论。

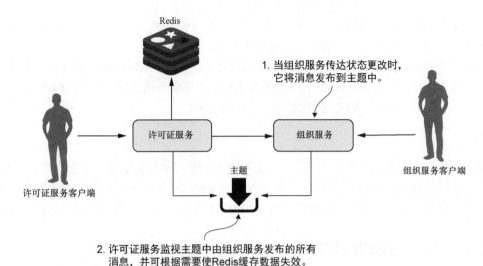

图 10-2　当组织状态更改时，消息将被写入位于许可证服务和组织服务之间的消息队列

1．松耦合

　　微服务应用程序可以由数十个小型的分布式服务组成，这些服务彼此交互，数据由彼此管理。正如在前面提到的同步设计中我们所看到的，同步 HTTP 响应在许可证服务和组织服务之间产生了一个强依赖关系。尽管我们不能完全消除这些依赖关系，但是我们可以尝试通过仅公开直接管理服务所拥有的数据的端点来最小化依赖关系。

　　消息传递的方法允许我们解耦两个服务，因为在涉及传达状态更改时，两个服务都不知道彼此。当组织服务需要发布状态更改时，它会将消息写入队列。许可证服务只知道它得到一条消息，却不知道谁发布了这条消息。

2．持久化

　　队列的存在允许我们保证，即使服务的消费者已经关闭，也可以发送消息。例如，即使许可证服务不可用，组织服务也可以继续发布消息。消息将存储在队列中，并将一直保存到许可证服务变得可用。另外，通过将缓存和队列方法结合在一起，如果组织服务关闭，许可证服务可以优雅地降级，因为至少有部分组织数据将位于其缓存中。有时候，旧数据比没有数据好。

3．可伸缩性

　　因为消息存储在队列中，所以消息发送者不必等待来自消息消费者的响应，它们可以继续工作。同样地，如果从消息队列中读取消息的消费者处理消息的速度不够快，那么启动更多消息消费者，并让它们处理从队列中读取的消息则是一项非常简单的任务。这种可伸缩性方法非常适合微服务模型。

我们在本书中一直强调的一件事情是，启动微服务的新实例应该是很简单的。追加的微服务可以成为处理消息队列的另一个服务。这就是水平伸缩的一个示例。

从队列中读取消息的传统伸缩机制涉及增加消息消费者可以同时处理的线程数。遗憾的是，这种方法最终会受消息消费者可用的 CPU 数量的限制。微服务模型则没有这样的限制，因为它是通过增加托管消费消息的服务的机器数量来进行扩大的。

4. 灵活性

消息的发送者不知道谁将会消费它。这意味着我们可以轻松添加新的消息消费者（和新功能），而不影响原始发送服务。这是一个非常强大的概念，因为可以在不必触及现有服务的情况下，将新功能添加到应用程序。新的代码可以监听正在发布的事件，并相应地对它们做出反应。

10.1.3 消息传递架构的缺点

与任何架构模型一样，基于消息的架构也有折中。基于消息的架构可能是复杂的，需要开发团队密切关注一些关键的事情，包括消息处理语义、消息可见性、消息编排。让我们深入了解它们。

1. 消息处理语义

在基于微服务的应用程序中使用消息，需要的不只是了解如何发布和消费消息。它要求我们了解应用程序消费有序消息时的行为是什么，以及如果消息没有按顺序处理会发生什么情况。如果严格要求来自单个客户的所有订单都必须按照接收的顺序进行处理，那么我们将需要有区别地建立和构造消息处理方式，而不是每条消息都可以被独立地消费。

这还意味着，如果我们正在使用消息传递来执行数据的严格状态转换，那么就需要在设计应用程序时考虑到消息抛出异常或者错误按无序方式处理的场景。如果消息失败，是重试处理错误，还是就这么让它失败？如果其中一个客户消息失败，那么如何处理与该客户有关的未来消息？这些都是需要思考的重要问题。

2. 消息可见性

在微服务中使用消息，通常意味着同步服务调用与异步服务处理的混合。消息的异步性意味着消息在发布或消费时可能不会被立刻接收或处理。此外，像关联 ID 这些在 Web 服务调用和消息之间用于跟踪用户事务的信息，对于理解和调试应用程序中发生的事情是至关重要的。你可能还记得在第 8 章中，关联 ID 是在用户事务开始时生成的唯一编号，并与每个服务调用一起传递。它还应该随发布和消费的每条消息一起传递。

3. 消息编排

正如在消息可见性的那部分中提到的，基于消息的应用程序使得通过其业务逻辑进行推理变得更加困难，因为它们的代码不再以简单的块请求-响应模型的线性方式进行处理。相反，调试基于消息的应用程序可能涉及多个不同服务的日志，在这些服务中，用户事务可以在不同的时间不按顺序执行。

> **注意**　消息传递可能很复杂但很强大。在前面几节中，我们并不是要吓跑大家，让大家远离在应用程序中使用消息传递。相反，我们的目的是强调在服务中使用消息传递需要深谋远虑。消息传递的一个积极方面是，业务本身是异步工作的，所以最终，我们将对业务进行更紧密的建模。

10.2　Spring Cloud Stream 简介

Spring Cloud 可以轻松地将消息传递集成到我们基于 Spring 的微服务中，它是通过 Spring Cloud Stream 项目来实现这一点的。Spring Cloud Stream 是一个由注解驱动的框架，通过它我们可以在 Spring 应用程序中轻松地构建消息发布者和消费者。

Spring Cloud Stream 还允许我们抽象出正在使用的消息传递平台的实现细节。我们可以通过 Spring Cloud Stream 使用多个消息平台，包括 Apache Kafka 项目和 RabbitMQ，而平台的具体实现细节则被排除在应用程序代码之外。在应用程序中实现消息发布和消费是通过平台无关的 Spring 接口实现的。

> **注意**　在本章中，我们将使用名为 Kafka 的消息总线。Kafka 是一种高性能的消息总线，允许我们将消息流从一个应用程序异步发送到一个或多个其他应用程序。Kafka 是用 Java 编写的，由于 Kafka 具有高可靠性和可伸缩性，在许多基于云的应用程序中，它已经成为事实上的标准消息总线。Spring Cloud Stream 还支持使用 RabbitMQ 作为消息总线。

要了解 Spring Cloud Stream，让我们从 Spring Cloud Stream 的架构开始讨论，并熟悉 Spring Cloud Stream 的一些术语。如果你以前从未使用过基于消息传递的平台，那么接下来所涉及的新术语可能会有些令人难以理解，因此让我们以通过消息传递进行通信的两个服务的角度来查看 Spring Cloud Stream 的架构。在这两个服务中，一个是消息发布者，另一个是消息消费者。图 10-3 展示了如何使用 Spring Cloud Stream 来帮助消息传递。

使用 Spring Cloud Stream，有 4 个涉及发布消息和消费消息的组件：

- 发射器（source）；
- 通道（channel）；
- 绑定器（binder）；
- 接收器（sink）。

当一个服务准备发布消息时，它将使用一个发射器发布消息。发射器是一个 Spring 注解接口，它接收一个普通 Java 对象（POJO），该对象代表要发布的消息。发射器接收消息，然后序列化它（默认的序列化是 JSON）并将消息发布到通道。

通道是对队列的一个抽象，它将在消息生产者发布消息或消息消费者消费消息后保留该消息。换句话说，我们可以将通道描述为发送和接收消息的队列。通道名称始终与目标队列名称相关联，但队列名称永远不会直接公开给代码。相反，通道名称会在代码中使用，这意味着我们可以通过更改应用程序的配置而不是应用程序的代码来切换通道读取或写入的队列。

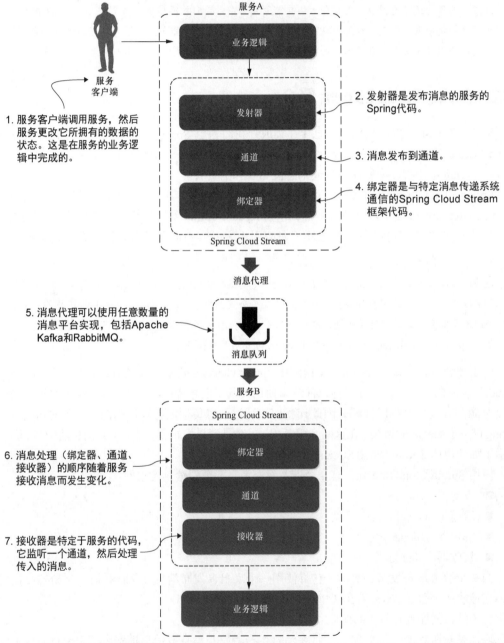

图 10-3　随着消息的发布和消费，它将流经一系列的 Spring Cloud Stream 组件，这些组件抽象出底层消息传递平台

绑定器是 Spring Cloud Stream 框架的一部分，它是与特定消息平台对话的 Spring 代码。Spring Cloud Stream 框架的绑定器部分允许我们处理消息，而不必依赖于特定于平台的库和 API 来发布和消费消息。

在 Spring Cloud Stream 中，服务通过一个接收器从队列中接收消息。接收器监听传入消息的通道，并将消息反序列化为 POJO 对象。从这里开始，消息就可以按照 Spring 服务的业务逻辑来进行处理。

10.3　编写简单的消息生产者和消费者

现在我们已经了解完 Spring Cloud Stream 中的基本组件，接下来看一个简单的 Spring Cloud Stream 示例。对于第一个示例，我们将要从组织服务传递一条消息到许可证服务，许可证服务要将日志消息打印到控制台。另外，在这个示例中，因为只有一个 Spring Cloud Stream 发射器（消息生产者）和一个接收器（消息消费者），所以我们将从一些简单的 Spring Cloud 便捷方式开始这个示例。这将让在组织服务中建立发射器以及在许可证服务中建立接收器变得简单。图 10-4 突出显示了消息生产者，并构建在图 10-3 所示的通用 Spring Cloud Stream 架构之上。

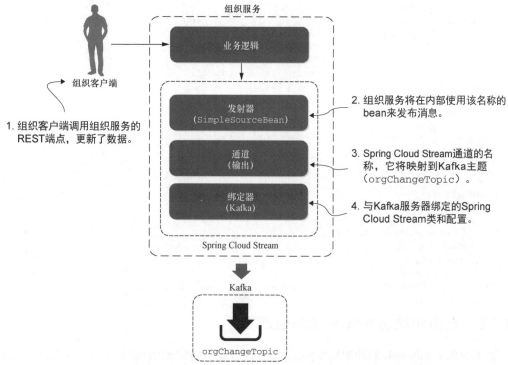

图 10-4　当组织服务数据发生变化时，它会向 orgChangeTopic 发布消息

10.3.1　在 Docker 中配置 Apache Kafka 和 Redis

在本节中，我们将解释如何为我们的消息生产者将 Kafka 和 Redis 服务添加到我们的 Docker 环境中。为了实现这一点，让我们首先将代码清单 10-1 所示的代码添加到 docker-compose.yml 文件中。

代码清单 10-1　在 docker-compose.yml 中添加 Kafka 和 Redis 服务

```
//为了简洁，已移除 docker-compose.yml 部分代码
...

zookeeper:
    image: wurstmeister/zookeeper:latest
    ports:
      - 2181:2181
    networks:
      backend:
        aliases:
          - "zookeeper"
kafkaserver:
    image: wurstmeister/kafka:latest
    ports:
      - 9092:9092
    environment:
      - KAFKA_ADVERTISED_HOST_NAME=kafka
      - KAFKA_ADVERTISED_PORT=9092
      - KAFKA_ZOOKEEPER_CONNECT=zookeeper:2181
      - KAFKA_CREATE_TOPICS=dresses:1:1,ratings:1:1
    volumes:
      - "/var/run/docker.sock:/var/run/docker.sock"
    depends_on:
      - zookeeper
    networks:
      backend:
        aliases:
          - "kafka"
redisserver:
    image: redis:alpine
    ports:
      - 6379:6379
    networks:
      backend:
        aliases:
          - "redis"
```

10.3.2　在组织服务中编写消息生产者

为了聚焦于如何在我们的架构中使用主题，我们将从修改组织服务开始，以便每次添加、更新或删除组织数据时，组织服务都向 Kafka 主题（topic）发布一条消息，指示组织更改事件

已经发生。发布的消息将包括与更改事件相关联的组织 ID，还将包括发生的操作（添加、更新或删除）。

我们需要做的第一件事就是在组织服务的 Maven pom.xml 文件中设置 Maven 依赖项。该 pom.xml 文件可以在组织服务的根目录中找到。在 pom.xml 中，我们需要添加两个依赖项：一个用于核心 Spring Cloud Stream 库，另一个用于 Spring Cloud Stream Kafka 库。

```xml
<dependency>
    <groupId>org.springframework.cloud</groupId>
    <artifactId>spring-cloud-stream</artifactId>
</dependency>

<dependency>
    <groupId>org.springframework.cloud</groupId>
    <artifactId>spring-cloud-starter-stream-kafka</artifactId>
</dependency>
```

注意 我们使用 Docker 来运行所有的例子。如果你想在本地运行，则需要在你的计算机上安装 Apache Kafka。如果你正在使用 Docker，可以在第 10 章的源代码中找到包含 Kafka 和 ZooKeeper 容器的 docker-compose.yml 文件。

请记住，在父 pom.xml 所在的根目录下执行以下命令来执行服务：

```
mvn clean package dockerfile:build && docker-compose
            -f docker/docker-compose.yml up
```

定义完 Maven 依赖项，我们需要告诉应用程序它将绑定到 Spring Cloud Stream 消息代理。这可以通过使用@EnableBinding 注解来标注组织服务的引导类 OrganizationService-Application 来完成。这个引导类的代码在/organization-service/src/main/java/com/optimagrowth/organization/OrganizationServiceApplication.java 中。为了方便，代码清单 10-2 展示了组织服务的 OrganizationServiceApplication 类的源代码。

代码清单 10-2 带注解的 OrganizationServiceApplication 类

```java
package com.optimagrowth.organization;

import org.springframework.boot.SpringApplication;
import org.springframework.boot.autoconfigure.SpringBootApplication;
import org.springframework.cloud.context.config.annotation.RefreshScope;
import org.springframework.cloud.stream.annotation.EnableBinding;
import org.springframework.cloud.stream.messaging.Source;
import
    org.springframework.security.oauth2.config.annotation.web.configuration.
    EnableResourceServer;

@SpringBootApplication
@RefreshScope
@EnableResourceServer
@EnableBinding(Source.class)      ◀──  告诉 Spring Cloud Stream 将
public class OrganizationServiceApplication {      应用程序绑定到消息代理
```

```
public static void main(String[] args) {
    SpringApplication.run(OrganizationServiceApplication.class, args);
}
}
```

在代码清单 10-2 中，@EnableBinding 注解告诉 Spring Cloud Stream 我们希望将服务绑定到消息代理。@EnableBinding 注解中的 Source.class 告诉 Spring Cloud Stream，该服务将通过在 Source 类中定义的一组通道与消息代理进行通信。记住，通道位于消息队列之上。Spring Cloud Stream 有一个默认的通道集，可以配置它们来与消息代理进行通信。

到目前为止，我们还没有告诉 Spring Cloud Stream 我们希望将组织服务绑定到什么消息代理。我们很快就会讲到这一点。现在，我们可以继续实现发布消息的代码。第一步是修改 UserContext 类，它在 /organization-service/src/main/java/com/optimagrowth/organization/utils/ UserContext.java 中。这个更改将使我们的变量成为线程局部变量。代码清单 10-3 展示了 ThreadLocal 类的代码。

代码清单 10-3　将 UserContext 变量设置为 ThreadLocal

```
package com.optimagrowth.organization.utils;
//为了简洁，省略了 import 语句

@Component
public class UserContext {
    public static final String CORRELATION_ID = "tmx-correlation-id";
    public static final String AUTH_TOKEN = "Authorization";
    public static final String USER_ID = "tmx-user-id";
    public static final String ORG_ID = "tmx-org-id";

    private static final ThreadLocal<String> correlationId =
            new ThreadLocal<String>();
    private static final ThreadLocal<String> authToken =
            new ThreadLocal<String>();
    private static final ThreadLocal<String> userId =
            new ThreadLocal<String>();
    private static final ThreadLocal<String> orgId =              ◄─── 将变量定义为 ThreadLocal 可以
            new ThreadLocal<String>();                                 让我们为当前线程单独存储数
                                                                       据。此处设置的信息只能由设置
                                                                       该值的线程读取
    public static HttpHeaders getHttpHeaders(){
        HttpHeaders httpHeaders = new HttpHeaders();
        httpHeaders.set(CORRELATION_ID, getCorrelationId());

        return httpHeaders;
    }
}
```

下一步是编写用于发布消息的逻辑代码。消息发布的代码可以在 /organization-service/src/ main/java/com/optimagrowth/organization/events/source/SimpleSourceBean.java 类文件中找到。代

码清单 10-4 展示了这个 SimpleSourceBean 类的代码。

代码清单 10-4　向消息代理发布消息

```
package com.optimagrowth.organization.events.source;

import org.slf4j.Logger;
import org.slf4j.LoggerFactory;
import org.springframework.beans.factory.annotation.Autowired;
import org.springframework.cloud.stream.messaging.Source;
import org.springframework.messaging.support.MessageBuilder;
import org.springframework.stereotype.Component;

import com.optimagrowth.organization.events.model.OrganizationChangeModel;
import com.optimagrowth.organization.utils.UserContext;

@Component
public class SimpleSourceBean {
    private Source source;

    private static final Logger logger =
        LoggerFactory.getLogger(SimpleSourceBean.class);          注入一个 Source 接口
                                                                   实现，供服务使用
    public SimpleSourceBean(Source source){           ◄──────
        this.source = source;
    }

    public void publishOrganizationChange(ActionEnum action,
                                String organizationId){
        logger.debug("Sending Kafka message {} for Organization Id: {}",
                action, organizationId);
        OrganizationChangeModel change = new OrganizationChangeModel(
                OrganizationChangeModel.class.getTypeName(),
                action.toString(),                          发布一个 Java POJO
                organizationId,                             消息
                UserContext.getCorrelationId());   ◄──────

        source.output().send(MessageBuilder   ◄──────     使用 Source 类中定义
                        .withPayload(change)                的通道发送消息
                        .build());
    }
}
```

在代码清单 10-4 中，我们将 Spring Cloud Source 类注入代码中。记住，所有与特定消息主题的通信都是通过称为通道的 Spring Cloud Stream 结构来实现的，通道由一个 Java 接口类表示。在代码清单 10-4 中，我们使用的是 Source 接口，它公开了一个名为 output() 的方法。

当服务只需要发布到单个通道时，Source 接口使用起来很方便。output() 方法返回一个 MessageChannel 类型的类。有了这个类型，我们将把消息发送到消息代理。（本章稍后将介绍如何使用自定义接口来公开多个消息传递通道。）由 output() 方法中的参数传递的 ActionEnum 包含以下动作：

```
public enum ActionEnum {
    GET,
    CREATED,
    UPDATED,
    DELETED
}
```

消息的实际发布发生在 publishOrganizationChange() 方法中。此方法构建一个 Java POJO，名为 OrganizationChangeModel。代码清单 10-5 展示了这个 POJO 的代码。

代码清单 10-5　发布 **OrganizationChangeModel** 对象

```
package com.optimagrowth.organization.events.model;

import lombok.Getter;
import lombok.Setter;
import lombok.ToString;

@Getter @Setter @ToString
public class OrganizationChangeModel {
    private String type;
    private String action;
    private String organizationId;
    private String correlationId;

    public OrganizationChangeModel(String type,
            String action, String organizationId,
            String correlationId) {
        this.type = type;
        this.action = action;
        this.organizationId = organizationId;
        this.correlationId = correlationId;
    }
}
```

OrganizationChangeModel 类声明了以下 3 个数据元素。

■　action——这是触发事件的动作。我们在消息中包含了这个 action 元素，以便为消息消费者提供更多关于它应该如何处理事件的上下文。

■　organizationId——这是与事件关联的组织 ID。

■　correlationId——这是触发事件的服务调用的关联 ID。我们应该始终在事件中包含关联 ID，因为它对跟踪和调试流经我们服务的消息流有极大的帮助。

如果我们回到 SimpleSourceBean 类，可以看到，当我们准备发布消息时，我们可使用从 source.output() 方法返回的 MessageChannel 类的 send() 方法，如下所示：

```
source.output().send(MessageBuilder.withPayload(change).build());
```

send() 方法接收一个 Spring Message 类。我们使用一个名为 MessageBuilder 的 Spring 辅助类来接收 OrganizationChangeModel 类的内容，并将其转换为 Spring Message 类。这就是发送消息所需的所有代码。然而，到目前为止，这一切都感觉有点儿像魔术，因为我们还没有看到如何将组织服务绑定到一个特定的消息队列，更不用说实际的消息代理。上述的这一切都是通过配置来完成的。

代码清单 10-6 展示了这一配置，它将服务的 Spring Cloud Stream Source 映射到 Kafka 消息代理和消息主题。此配置信息可位于组织服务的 Spring Cloud Config 条目中。

注意　对于本例，我们使用 Spring Cloud Config 上的类路径存储库。组织服务的配置文件位于 /configserver/src/main/resources/config/organization-service.properties。

代码清单 10-6　用于发布消息的 Spring Cloud Stream 配置

```
#为了简洁，省略了部分配置

spring.cloud.stream.bindings.output.destination=
    orgChangeTopic
spring.cloud.stream.bindings.output.content-type=
    application/json
spring.cloud.stream.kafka.binder.zkNodes=
    localhost
spring.cloud.stream.kafka.binder.brokers=
    localhost
```

这是要写入消息的消息队列（或主题）的名称

提供（提示）将要发送和接收的消息类型（在本例中是 JSON）

这些属性提供 Kafka 和 ZooKeeper 的网络位置

注意　Apache ZooKeeper 用于维护配置和名称数据。它还在分布式系统中提供灵活的同步。Apache Kafka 就像一个集中的服务，跟踪 Kafka 集群节点和主题配置。

代码清单 10-6 中的配置看起来很密集，但很简单。spring.cloud.stream.bindings 是我们的服务发布消息到 Spring Cloud Stream 消息代理所需的配置的开始。代码清单 10-6 的配置属性 spring.cloud.stream.bindings.output 将代码清单 10-4 中的 source.output() 通道映射到了我们要与之通信的消息代理上的 orgChangeTopic。它还告诉 Spring Cloud Stream，发送到此主题的消息应该被序列化为 JSON。Spring Cloud Stream 可以以多种格式序列化消息，包括 JSON、XML 以及 Apache 基金会的 Avro 格式。

现在我们有了通过 Spring Cloud Stream 发布消息的代码，还有了告诉 Spring Cloud Stream 使用 Kafka 作为消息代理的配置，接下来让我们来看看，组织服务中的消息发布实际发生在哪里。OrganizationService 类将完成这项工作。OrganizationService 类的代码在 /organization-service/src/main/java/com/optimagrowth/organization/service/OrganizationService.java 中。代码清单 10-7 展示了这个类的代码。

代码清单 10-7　在组织服务中发布消息

```
package com.optimagrowth.organization.service;
// 为了简洁，省略了 import 语句
@Service
public class OrganizationService {

    private static final Logger logger =
      LoggerFactory.getLogger(OrganizationService.class);
```

```
@Autowired
private OrganizationRepository repository;

@Autowired
SimpleSourceBean simpleSourceBean;
```

使用自动装配将 SimpleSourceBean
注入组织服务中

```
public Organization create(Organization organization){
    organization.setId( UUID.randomUUID().toString());
    organization = repository.save(organization);
    simpleSourceBean.publishOrganizationChange(
        ActionEnum.CREATED,
        organization.getId());
    return organization;
}
```

对服务中修改组织数据的每一个方法，调
用 simpleSourceBean.publishOrgChange()

```
//为了简洁，省略了其余代码
}
```

应该在消息中放置什么数据

当团队第一次开始他们的消息之旅时，我们从团队中听到的一个最常见的问题是：我到底应该在消息中放置多少数据？我们的答案是，这取决于你的应用程序。

正如你可能注意到的，在我们的所有示例中，我们只返回已更改的组织记录的组织 ID。我们从来没有把数据更改的副本放在消息中。此外，我们使用基于系统事件的消息来告诉其他服务，数据状态已经发生了变化，并且我总是强制其他服务重新到主服务器（拥有数据的服务）上来检索数据的新副本。这种方法在执行时间方面是昂贵的，但它能保证我们始终拥有最新的数据副本。不过，在我们从源系统读取数据之后，所使用的数据依然可能会发生轻微的变化，但这比我们在队列中盲目地消费信息的可能性要小得多。

我们的建议是，仔细考虑你要传递多少数据。你迟早会遇到这样一种情况：传递的数据已经"过时了"。这可能是因为出现某种问题导致它在消息队列待了太长时间，或者之前包含数据的消息失败了，并且消息中传入的数据现在处于不一致的状态。这可能是因为应用程序依赖于消息的状态，而不是底层数据存储中的实际状态。如果你要在消息中传递状态，还要确保包含日期时间戳或版本号，以便消费数据的服务可以检查传递给它的数据，并确保它不会比服务已拥有的数据副本更旧。

10.3.3　在许可证服务中编写消息消费者

到目前为止，我们已经修改了组织服务，以便在组织服务更改组织数据时向 Kafka 发布消息。任何感兴趣的服务都可以在不需要由组织服务显式调用的情况下做出反应。这还意味着我们可以轻松地添加新的功能，通过监听消息队列中的消息来对组织服务中的更改做出反应。

现在让我们换一个角度，看看服务如何使用 Spring Cloud Stream 来消费消息。对于本示例，许可证服务将消费组织服务发布的消息。首先，我们需要将我们的 Spring Cloud Stream 依赖项添加到许可证服务的 pom.xml 文件中。该 pom.xml 文件可以在本书源代码的 licensing-service 根目录中找到。图 10-5 展示了将许可证服务融入 Spring Cloud Stream 架构（首次出现在图 10-3 中）中的什么地方。与你之前看到的 organization-service pom.xml 文件类似，我们将在 pom.xml 文件中添加以下两个依赖项：

```
<dependency>
    <groupId>org.springframework.cloud</groupId>
    <artifactId>spring-cloud-stream</artifactId>
</dependency>

<dependency>
    <groupId>org.springframework.cloud</groupId>
    <artifactId>spring-cloud-starter-stream-kafka</artifactId>
</dependency>
```

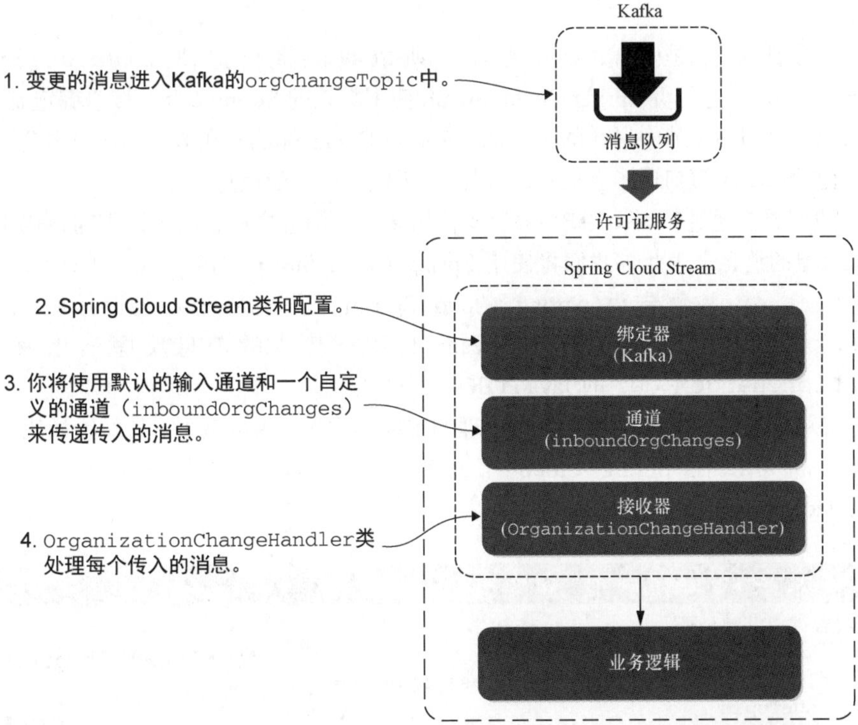

图 10-5　当一条消息进入 Kafka 的 orgChangeTopic 时，许可证服务会做出响应

接下来，我们需要告诉许可证服务，它需要使用 Spring Cloud Stream 绑定到消息代理。像组织服务一样，我们将使用 @EnableBinding 注解来标注许可证服务引导类 LicenseService-Application。这个类可以在 /licensing-service/src/main/java/com/optimagrowth/license/License-ServiceApplication.java 文件中找到。许可证服务和组织服务之间的区别在于我们将传递给 @EnableBinding 注解的值，如代码清单 10-8 所示。

代码清单 10-8　使用 Spring Cloud Stream 消费消息

```
package com.optimagrowth.license;
//为了简洁，省略了 import 语句和一些注解

@EnableBinding(Sink.class)                        告诉服务使用 Sink 接口中定义
public class LicenseServiceApplication {          的通道来监听传入的消息

    @StreamListener(Sink.INPUT)
    public void loggerSink(OrganizationChangeModel orgChange) {
        logger.debug("Received an {} event for organization id {}",
            orgChange.getAction(), orgChange.getOrganizationId());
    }
                                                  每次收到来自输入通道
    // 为了简洁，移除剩余代码                         的消息时执行此方法
}
```

因为许可证服务是消息的消费者，所以我们将会把值 `Sink.class` 传递给 `@EnableBinding`。这告诉 Spring Cloud Stream 使用默认的 Spring Sink 接口绑定到消息代理。与 `Source` 接口（10.3.1 节中描述的）类似，Spring Cloud Stream 在 Sink 接口上公开了一个默认的通道。这个 Sink 接口通道名为 input，用于监听传入的消息。

定义了我们想要通过 `@EnableBinding` 注解来监听消息之后，就可以编写代码来处理来自 Sink 输入通道的消息。为此，我们将使用 Spring Cloud Stream 的 `@StreamListener` 注解。`@StreamListener` 注解告诉 Spring Cloud Stream，每次从输入通道接收消息时执行 `loggerSink()` 方法。Spring Cloud Stream 自动把传入的消息反序列化为一个名为 `OrganizationChangeModel` 的 Java POJO。

同样，许可证服务的配置实现了消息代理的主题到输入通道的映射，其配置如代码清单 10-9 所示，此示例可以在 Spring Cloud 配置存储库的 /configserver/src/main/resources/config/licensing-service.properties 文件中找到。

代码清单 10-9　将许可证服务映射到 Kafka 中的消息主题

```
#为了简洁，省略了部分属性
                                                  将输入通道映射到 orgChangeTopic
spring.cloud.stream.bindings.input.destination=   队列
    orgChangeTopic
spring.cloud.stream.bindings.input.content-type=
    application/json
spring.cloud.stream.bindings.input.group=
    licensingGroup
spring.cloud.stream.kafka.binder.zkNodes=         处理语义：每个服务（组）
    localhost                                     只处理一次
spring.cloud.stream.kafka.binder.brokers=
    localhost
```

代码清单 10-9 中的配置看起来与组织服务的配置类似。然而，它有两个关键的不同之处。首先，我们现在有一个使用 `spring.cloud.stream.bindings` 属性定义的输入通道。这个

值映射到了代码清单 10-8 中代码里定义的 `Sink.INPUT` 通道。这个属性将输入通道映射到 `orgChangeTopic`。其次，我们看到这里引入了一个名为 `spring.cloud.stream.bindings.input.group` 的新属性。group 属性定义将要消费消息的消费者组的名称。

　　消费者组的概念是这样的：我们可能拥有多个服务，每个服务都有多个实例监听同一个消息队列。我们希望每个唯一的服务处理一条消息的副本，但是只希望服务实例组中的一个服务实例来消费和处理消息。group 属性标识服务所属的消费者组。

　　只要服务实例具有相同的组名，Spring Cloud Stream 和底层消息代理将保证，只有消息的一个副本会被属于该组的服务实例所消费。对于我们的许可证服务，我们将调用 group 属性值 `licensingGroup`。图 10-6 阐述了一旦设置了跨多个服务消费一条消息的语义，这个消费者组是如何帮助强制消费。

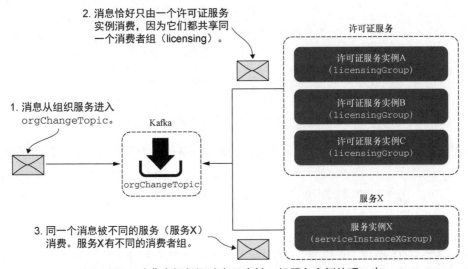

图 10-6　消费者组保证消息只会被一组服务实例处理一次

10.3.4　在实际操作中查看消息服务

　　现在，每当添加、更新或删除记录时，组织服务就向 `orgChangeTopic` 发布消息，并且许可证服务从同一主题接收消息。接下来，我们将通过以下方式查看这段代码的实际操作：创建组织服务记录并观察控制台以查看来自许可证服务的相应日志消息。

　　我们将在组织服务上发送 POST 请求以创建组织服务记录。我们将使用 `http://localhost:8072/organization/v1/organization/` 端点，并在对该端点的 POST 调用中发送以下请求体：

```
{
    "name":"Ostock",
    "contactName":"Illary Huaylupo",
```

```
        "contactEmail":"illaryhs@gmail.com",
        "contactPhone":"888888888"
}
```

注意　请记住，我们需要先实现身份验证来检索令牌，并通过 authorization 首部作为 Bearer Token 传递访问令牌。我们在第 9 章讨论过这个问题。如果你没有遵循第 9 章的代码示例，可以查看第 9 章的源代码。然后，我们将代码指向 Spring Cloud Gateway。这就是端点包含 8072 端口，并且路径是/organization/v1/organization 而不是/v1/organization 的原因。

图 10-7 展示了这个 POST 调用返回的输出。

图 10-7　使用组织服务创建一条新的组织服务记录

一旦我们调用了组织服务，就应该能在运行服务的控制台窗口中看到图 10-8 所示的输出结果。

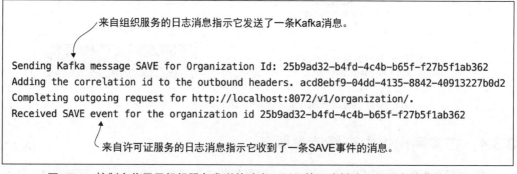

图 10-8　控制台将显示组织服务发送的消息，以及接下来被许可证服务接收的消息

现在我们已经有两个通过消息相互通信的服务。Spring Cloud Stream 充当了这些服务的中间人。从消息传递的角度来看，这些服务对彼此一无所知。它们使用消息传递代理来作为中介，并使用 Spring Cloud Stream 作为消息传递代理的抽象层进行通信。

10.4　Spring Cloud Stream 用例：分布式缓存

我们现在有两个使用消息传递进行通信的服务了，但是我们还没有真正处理消息。接下来，我们将要构建在本章前面讨论过的分布式缓存示例。为此，我们将让许可证服务始终检查分布式的 Redis 缓存以获取与特定许可证相关联的组织数据。如果组织数据在缓存中，那么我们将从缓存中返回数据。如果没在缓存中，我们将调用组织服务，并将调用的结果缓存在一个 Redis 哈希中。

在组织服务中更新数据时，组织服务将向 Kafka 发出一条消息。许可证服务将接收消息，并针对 Redis 发出删除指令，以清除缓存。

云缓存与消息传递

使用 Redis 作为分布式缓存与云中的微服务开发密切相关。我们可以使用 Redis 实现以下功能。

- 提高查找常用数据的性能。使用缓存，可以通过避免读取数据库来显著提高几个关键服务的性能。
- 减少持有数据的数据库表上的负载（和成本）。在数据库中访问数据可能是一项昂贵的工作。应用程序发出的每一次读取都是一次收费事件。使用 Redis 服务器通过主键读取要比访问数据库的成本效益更高。
- 增加弹性，以便在主数据存储或数据库存在性能问题时，服务能够优雅地降级。根据在缓存中保存的数据量，缓存解决方案可以帮助减少从访问数据存储中出现的错误的数量。

Redis 远远不止是一个缓存解决方案。但是，如果你需要一个分布式缓存，它可以充当这个角色。

10.4.1   使用 Redis 来缓存查找

在本节中，我们将从设置许可证服务以使用 Redis 开始。幸运的是，Spring Data 已经简化了将 Redis 引入许可证服务中的工作。要在许可证服务中使用 Redis，我们需要做以下 4 件事情。

（1）配置许可证服务以包含 Spring Data Redis 依赖项。

（2）构造一个到 Redis 服务器的数据库连接。

（3）定义 Spring Data Redis 存储库，我们的代码将使用它与一个 Redis 哈希进行交互。

（4）使用 Redis 和许可证服务来存储和读取组织数据。

1. 配置许可证服务以包含 Spring Data Redis 依赖项

我们需要做的第一件事就是将 `spring-data-redis` 以及 `jedis` 依赖项包含在许可证服务的 pom.xml 文件中。代码清单 10-10 展示了这些依赖项。

代码清单 10-10   添加 Spring Redis 依赖项

```
//为了简洁，省略了部分代码
<dependency>
    <groupId>org.springframework.data</groupId>
    <artifactId>spring-data-redis</artifactId>
</dependency>
```

```
<dependency>
    <groupId>redis.clients</groupId>
    <artifactId>jedis</artifactId>
    <type>jar</type>
</dependency>
```

2. 构造一个到 Redis 服务器的数据库连接

现在我们已经在 Maven 中添加了依赖项，接下来需要建立一个到 Redis 服务器的连接。Spring 使用 Jedis 开源项目与 Redis 服务器进行通信。要与特定的 Redis 实例进行通信，我们需要公开一个 `JedisConnectionFactory` 类作为 Spring bean，这个类的源码可以在/licensing-service/ src/main/ java/com/optimagrowth/license/LicenseServiceApplication.java 中找到。

一旦我们有了到 Redis 的连接，我们将使用该连接创建一个 Spring `RedisTemplate` 对象。我们很快会实现的 Spring Data 存储库类，将使用 `RedisTemplate` 对象来执行查询，并将组织服务数据保存到 Redis 服务中。代码清单 10-11 展示了这段代码。

代码清单 10-11　确定许可证服务将如何与 Redis 进行通信

```
package com.optimagrowth.license;

import org.springframework.data.redis.connection.RedisPassword;
import org.springframework.data.redis.connection.
        RedisStandaloneConfiguration;
import org.springframework.data.redis.connection.jedis.
        JedisConnectionFactory;
import org.springframework.data.redis.core.RedisTemplate;

//为了简洁，省略了大部分 import 语句和注解

@SpringBootApplication
@EnableBinding(Sink.class)
public class LicenseServiceApplication {

    @Autowired
    private ServiceConfig serviceConfig;

    //为了简洁，省略了类中的其他方法                  设置到 Redis 服务器
                                                    的数据库连接
    @Bean                                    ◁————
    JedisConnectionFactory jedisConnectionFactory() {
        String hostname = serviceConfig.getRedisServer();
        int port = Integer.parseInt(serviceConfig.getRedisPort());
        RedisStandaloneConfiguration redisStandaloneConfiguration
            = new RedisStandaloneConfiguration(hostname, port);
     return new JedisConnectionFactory(redisStandaloneConfiguration);
    }
                                                 创建一个 RedisTemplate，用于对
    @Bean                                    ◁—— Redis 服务器执行我们的操作
    public RedisTemplate<String, Object> redisTemplate() {
```

```
        RedisTemplate<String, Object> template = new RedisTemplate<>();
        template.setConnectionFactory(jedisConnectionFactory());
        return template;
    }

    //为了简洁，省略了剩余代码
}
```

建立许可证服务与 Redis 进行通信的基础工作已经完成。现在让我们来编写获取、添加、更新和删除数据的逻辑。

ServiceConfig 是一个简单的类，它包含检索自定义参数的逻辑，我们将在许可证服务的配置文件中定义这些自定义参数。在这里，这些自定义参数包含 Redis 主机和端口。代码清单 10-12 展示了这个类的代码。

代码清单 10-12　使用 Redis 数据设置 **ServiceConfig** 类

```
package com.optimagrowth.license.config;
//为了简洁，省略了import语句

@Component @Getter
public class ServiceConfig{

//为了简洁，省略了部分代码

    @Value("${redis.server}")
        private String redisServer="";

    @Value("${redis.port}")
        private String redisPort="";
}
```

Spring Cloud Config 服务存储库在 /configserver/src/main/resources/config/licensing-service. properties 文件中为 Redis 服务器定义了以下主机和端口：

```
redis.server = localhost
redis.port = 6379
```

注意　我们使用 Docker 来运行所有的示例。如果你想在本地运行这个例子，需要在你的计算机上安装 Redis。但是，如果你使用 Docker，可以在第 10 章的源代码中找到包含 Redis 容器的 docker-compose.yml 文件。

3. 定义 Spring Data Redis 存储库

Redis 是一个键值数据存储，它的作用类似于一个大型的、分布式的、内存中的 HashMap。在最简单的情况下，它存储数据并按键查找数据。Redis 没有任何复杂的查询语言来检索数据。它的简单性是它的优点，也是如此多开发人员在项目中采用它的原因之一。

因为我们使用 Spring Data 来访问 Redis 存储，所以需要定义一个存储库类。你可能还记得在

第 1 章中，Spring Data 使用用户定义的存储库类为 Java 类提供一个简单的机制来访问我们的 Postgres 数据库，而无须开发人员编写低级的 SQL 查询。对于许可证服务，我们将为 Redis 存储库定义两个文件。第一个文件是一个 Java 接口，它将被注入任何需要访问 Redis 的许可证服务类中。代码清单 10-13 展示了 `OrganizationRedisRepository` 接口，它在/licensing-service/src/main/java/com/optimagrowth/license/repository/OrganizationRedisRepository.java 中。

代码清单 10-13　`OrganizationRedisRepository` 定义用于调用 Redis 的方法

```
package com.optimagrowth.license.repository;

import org.springframework.data.repository.CrudRepository;
import org.springframework.stereotype.Repository;
import com.optimagrowth.license.model.Organization;

@Repository
public interface OrganizationRedisRepository extends
    CrudRepository<Organization,String>{
}
```

通过继承 `CrudRepository` 类，`OrganizationRedisRepository` 包含了所有 CRUD （Create、Read、Update、Delete）逻辑，用于从 Redis（在本例中）存储和检索数据。第二个文件是我们将用于存储库的模型。这个类是一个 POJO，包含我们将存储在 Redis 缓存中的数据。代码清单 10-14 展示了 `Organization` 类，它在/licensingservice/src/main/java/com/optimagrowth/license/model/ Organization.java 中。

代码清单 10-14　用于 Redis 哈希的 Organization 模型

```
package com.optimagrowth.license.model;

import org.springframework.data.redis.core.RedisHash;
import org.springframework.hateoas.RepresentationModel;
import javax.persistence.Id;

import lombok.Getter;
import lombok.Setter;
import lombok.ToString;

@Getter @Setter @ToString                    ◁── 在存储组织数据的 Redis 服务器
@RedisHash("organization")                        中设置哈希的名称
public class Organization extends RepresentationModel<Organization> {

    @Id
    String id;
    String name;
    String contactName;
    String contactEmail;
    String contactPhone;
}
```

在代码清单 10-14 的代码中需要注意的一件重要的事情是，Redis 服务器可以包含多个哈希和数据结构。因此，在与 Redis 的每次交互中，需要告诉 Redis 我们想要执行操作的数据结构的名称。

4. 使用 Redis 和许可证服务来存储和读取组织数据

现在我们有了使用 Redis 执行操作的代码，可以修改许可证服务了，以便每次许可证服务需要组织数据时，它都会在调用组织服务之前检查 Redis 缓存。在/service/src/main/java/com/optimagrowth/license/service/client/OrganizationRestTemplateClient.java 类文件的 Organization-RestTemplateClient 类中可以找到完成这个操作的逻辑。代码清单 10-15 展示了这个类。

代码清单 10-15 用 OrganizationRestTemplateClient 实现缓存逻辑

```
package com.optimagrowth.license.service.client;
//为了简洁，省略了 import 语句

@Component
public class OrganizationRestTemplateClient {
@Autowired
RestTemplate restTemplate;
@Autowired
OrganizationRedisRepository redisRepository;          将 OrganizationRedisRepository 自动装
                                                     配到 OrganizationRestTemplateClient
private static final Logger logger =
    LoggerFactory.getLogger(OrganizationRestTemplateClient.class);

private Organization checkRedisCache(String organizationId) {
    try {
        return redisRepository
                .findById(organizationId)        尝试使用组织 ID 从 Redis
                .orElse(null);                   中检索 Organization 类
    }catch (Exception ex){
        logger.error("Error encountered while trying to retrieve
         organization{} check Redis Cache. Exception {}",
         organizationId, ex);
        return null;
    }
}
private void cacheOrganizationObject(Organization organization) {
    try {
        redisRepository.save(organization);     ←——————— 在 Redis 中保存组织信息
    }catch (Exception ex){
        logger.error("Unable to cache organization {} in
         Redis. Exception {}",
         organization.getId(), ex);             如果无法从 Redis 中检索出数据，那么将调用组织
    }                                           服务从源数据库检索数据，然后保存在 Redis 中
}
public Organization getOrganization(String organizationId){
    logger.debug("In Licensing Service.getOrganization: {}",
        UserContext.getCorrelationId());

    Organization organization = checkRedisCache(organizationId);
    if (organization != null){
```

```
        logger.debug("I have successfully retrieved an organization
          {} from the redis cache: {}", organizationId,
          organization);
        return organization;
      }
      logger.debug("Unable to locate organization from the
          redis cache: {}.",organizationId);
      ResponseEntity<Organization> restExchange =
        restTemplate.exchange(
          "http://gateway:8072/organization/v1/organization/
          {organizationId}",HttpMethod.GET,
          null, Organization.class, organizationId);

      organization = restExchange.getBody();
      if (organization != null) {
        cacheOrganizationObject(organization);
      }
        return restExchange.getBody();
    }
}
```

getOrganization()方法是调用组织服务的地方。在我们进行实际的 REST 调用之前，尝试使用 checkRedisCache()方法从 Redis 中检索与调用相关联的 Organization 对象。

如果该组织对象不在 Redis 中，则代码返回一个 null 值。如果从 checkRedisCache()方法返回一个 null 值，那么代码将调用组织服务的 REST 端点来检索所需的组织记录。如果组织服务返回一条组织记录，那么返回的组织对象将使用 cacheOrganizationObject()方法进行缓存。

> **注意** 在与缓存进行交互时，要特别注意异常处理。为了提高弹性，如果我们无法与 Redis 服务器通信，我们绝对不会让整个调用失败。相反，我们会记录异常，并让调用转到组织服务。在这个特定的用例中，缓存旨在帮助提高性能，而缓存服务器的缺失不应该影响调用的成功。

有了 Redis 缓存代码，我们可以使用 Postman 选择许可证服务来查看日志消息。如果我们在许可证服务端点 http://localhost:8072/license/v1/organizatione839ee96-28de-4f67-bb79- 870ca89743a0/ license/279709ff-e6d5-4a54-8b55-a5c37542025b 上连续发出两个 GET 请求，那么我们会在日志中看到以下两条输出语句：

```
licensingservice_1       | DEBUG 1 --- [nio-8080-exec-4]
c.o.l.s.c.OrganizationRestTemplateClient : Unable to locate organization from
the redis cache: e839ee96-28de-4f67-bb79-870ca89743a0.

licensingservice_1       | DEBUG 1 --- [nio-8080-exec-7]
c.o.l.s.c.OrganizationRestTemplateClient : I have successfully retrieved an
organization e839ee96-28de-4f67-bb79-870ca89743a0 from the redis cache:
Organization(id=e839ee96-28de-4f67-bb79-870ca89743a0, name=Ostock,
contactName=Illary Huaylupo, contactEmail=illaryhs@gmail.com,
contactPhone=888888888)
```

控制台的第一个输出显示了，第一次我们尝试访问组织 `e839ee96-28de-4f67-bb79-870ca89743a0` 的许可证服务端点。许可证服务检查了 Redis 缓存，但没找到要查找的组织记录。然后代码调用组织服务来检索这个数据。第二个输出显示了，我们第二次访问许可证服务端点时，组织记录已被缓存了。

10.4.2　定义自定义通道

之前我们在许可证服务和组织服务之间构建了消息集成，以使用默认的输出通道和输入通道，这些通道与 `Source` 和 `Sink` 接口一起打包在 Spring Cloud Stream 中。然而，如果我们想要为应用程序定义多个通道，或者想要定制通道的名称，那么我们可以定义自己的接口，并根据应用程序的需要公开相应数量的输入和输出通道。

要创建自定义通道，我们要在许可证服务里调用 `inboundOrgChanges`。这个通道可以用 `/licensing-service/src/main/java/com/optimagrowth/license/events/CustomChannels.java` 文件中的 `CustomChannels` 接口来定义，如代码清单 10-16 所示。

代码清单 10-16　为许可证服务定义一个自定义输入通道

```
package com.optimagrowth.license.service.client;
//为了简洁，省略了 import 语句
package com.optimagrowth.license.events;

import org.springframework.cloud.stream.annotation.Input;
import org.springframework.messaging.SubscribableChannel;

public interface CustomChannels {

    @Input("inboundOrgChanges")            ◀────── 命名通道
    SubscribableChannel orgs();      ◀──────
                                              为@Input 公开的每个通道返
}                                             回一个 SubscribableChannel 类
```

代码清单 10-16 中的关键信息是，对于我们要公开的每个自定义输入通道，我们使用@Input 定义了一个返回 `SubscribableChannel` 类的方法。然后，如果我们想要为发布的消息定义输出通道，可以在将要调用的方法上使用@OutputChannel。在输出通道的情况下，定义的方法将返回一个 `MessageChannel` 类而不是与输入通道一起使用的 `SubscribableChannel` 类。下面是对@OutputChannel 的调用：

```
@OutputChannel("outboundOrg")
MessageChannel outboundOrg();
```

现在我们有了自定义输入通道，还需要在许可证服务中修改两样东西才能使用它。首先，需要修改许可证服务，以便在许可证服务的配置文件中映射 Kafka 主题的自定义输入通道名称。代码清单 10-17 展示了这个修改。

代码清单 10-17 修改许可证服务以使用我们的自定义输入通道

```
//为了简洁，省略了部分属性
spring.cloud.stream.bindings.inboundOrgChanges.destination=
    orgChangeTopic
spring.cloud.stream.bindings.inboundOrgChanges.content-type=
    application/json
spring.cloud.stream.bindings.inboundOrgChanges.group=
    licensingGroup
spring.cloud.stream.kafka.binder.zkNodes=
    localhost
spring.cloud.stream.kafka.binder.brokers=
    localhost
```

接下来，我们需要将刚刚定义的 CustomChannels 接口注入将要使用它来处理消息的类中。对于分布式缓存示例，我们已经将处理传入消息的代码移到了许可证服务的 OrganizationChangeHandler 类中。这个类的源代码可以在 /licensing-service/src/main/java/com/optima-growth/license/events/handlerOrganizationChangeHandler.java 中找到。

代码清单 10-18 展示了与我们刚刚定义的 inboundOrgChanges 通道一起使用的消息处理代码。

代码清单 10-18 使用新的自定义通道处理组织信息修改

```
package com.optimagrowth.license.events.handler;
//为了简洁，省略了 import 语句

@EnableBinding(CustomChannels.class)          ◁──  将@EnableBindings 从 Application.java 中移出并
public class OrganizationChangeHandler {           放入 OrganizationChangeHandler。这次我们使用
                                                   CustomChannels 作为参数传递，不使用 Sink 类
    private static final Logger logger =
        LoggerFactory.getLogger(OrganizationChangeHandler.class);

    private OrganizationRedisRepository          将 OrganizationRedisRepository 注入
            organizationRedisRepository;    ◁──  OrganizationChangeHandler 以允许
                                                 做 CRUD 操作
    @StreamListener("inboundOrgChanges")
    public void loggerSink(
            OrganizationChangeModel organization) {                            ◁──

        logger.debug("Received a message of type " +
            organization.getType());
        logger.debug("Received a message with an event {} from the
            organization service for the organization id {} ",
            organization.getType(), organization.getType());
    }
}                                                       检查数据所包含的操作，
                                                        然后做出相应的反应
这个工具类执行所有的元数据提取工作
```

现在，让我们创建一个组织，然后查询它。我们可以使用以下两个端点来实现这一点。

（图 10-9 展示了使用 OrganizationChangeHandler 类的这些调用的控制台输出。）

```
http://localhost:8072/organization/v1/organization/
http://localhost:8072/organization/v1/organization/d989f37d-9a59-4b59-b276-
    2c79005ea0d9
```

图 10-9　控制台显示组织服务发送和接收的消息

现在我们知道了如何使用 Spring Cloud Stream 和 Redis，让我们继续学习第 11 章，在那里我们将看到几种使用 Spring Cloud 创建分布式跟踪的技巧和技术。

10.5　小结

- 使用消息传递的异步通信是微服务架构的关键部分。
- 在应用程序中使用消息传递可以使服务伸缩并且变得更具容错性。
- Spring Cloud Stream 通过使用简单的注解以及抽象出底层消息平台的特定平台细节来简化消息的生产和消费。
- Spring Cloud Stream 消息发射器是一个带注解的 Java 方法，用于将消息发布到消息代理的队列中。
- Spring Cloud Stream 消息接收器是一个带注解的 Java 方法，它接收消息代理队列上的消息。
- Redis 是一个键值存储，可以用作数据库和缓存。

第 11 章　使用 Spring Cloud Sleuth 和 Zipkin 进行分布式跟踪

本章主要内容
- 使用 Spring Cloud Sleuth 将跟踪信息注入服务调用
- 使用日志聚合来查看分布式事务的日志
- 实时转换、搜索、分析和可视化日志数据
- 理解跨多个微服务调用的用户事务
- 使用 Spring Cloud Sleuth 和 Zipkin 定制跟踪信息

　　微服务架构是一种强大的设计范型，可以将复杂的单体软件系统分解为更小、更易于管理的部分。这些可管理的部分可以相互独立地构建和部署。然而，这种灵活性是需要付出代价的，那就是复杂性。

　　因为微服务本质上是分布式的，所以试图在问题出现的地方进行调试可能会让人抓狂。服务的分布式特性意味着必须在多个服务、物理机器和不同的数据存储之间跟踪一个或多个事务，然后试图拼凑出究竟发生了什么。本章列出了实现分布式调试的几种技巧和技术。在本章中，我们将了解以下内容。
- 使用关联 ID 将跨多个服务的事务链接在一起。
- 将来自各种服务的日志数据聚合为一个可搜索的源。
- 可视化跨多个服务的用户事务流，并理解事务每个部分的性能特征。
- 使用 ELK 技术栈，实时分析、搜索和可视化日志数据。

为了完成这些目标，我们将使用以下技术。
- Spring Cloud Sleuth——Spring Cloud Sleuth 项目将跟踪 ID（也称为关联 ID）装备到传入的 HTTP 调用上。Spring Cloud Sleuth 通过添加过滤器并与其他 Spring 组件进行交互，将生成的关联 ID 传递到所有系统调用。
- Zipkin——Zipkin 是一种开源数据可视化工具，可以显示一个跨多个服务的事务流。使用 Zipkin 我们可以将一个事务分解到它的组件块中，并可视化地识别可能存在性能热点的位置。

- ELK 技术栈——ELK 技术栈结合了 3 个开源工具：Elasticsearch、Logstash 和 Kibana。通过这些工具的集合我们可以实时分析、搜索和可视化日志。
  - Elasticsearch 是一个分布式分析引擎，适用于所有类型的数据（结构化的、非结构化的、数字的、基于文本的等）。
  - Logstash 是一个服务器端数据处理管道，它允许我们添加多个数据源，支持同时从多个数据源获取数据，并在 Elasticsearch 将数据编入索引之前对数据进行转换。
  - Kibana 是 Elasticsearch 的可视化和数据管理工具。它提供图表、地图和实时直方图。

我们从最简单的跟踪工具——关联 ID，开始本章的内容。我们将在 11.1 节中介绍它。

注意 本章的部分内容依赖于第 8 章的内容（特别是 Spring Gateway 响应、前置过滤器和后置过滤器）。如果你还没有读过第 8 章，建议在阅读本章之前先读一读。

11.1 Spring Cloud Sleuth 与关联 ID

我们首先在第 7 章和第 8 章中介绍了关联 ID 的概念。关联 ID 是一个随机生成的唯一的数字或字符串，它在事务启动时被分配给一个事务。当一个事务流过多个服务时，关联 ID 从一个服务调用传播到另一个服务调用。

在第 8 章的上下文中，我们使用 Spring Cloud Gateway 过滤器检查了所有传入的 HTTP 请求，并且在关联 ID 不存在的情况下注入关联 ID。一旦提供了关联 ID，就可以在我们的每个服务上使用自定义的 Spring HTTP 过滤器，将传入的变量映射到自定义的 `UserContext` 对象。有了 `UserContext` 对象，我们现在可以手动地将关联 ID 添加到日志语句中，或者通过少量工作将关联 ID 直接添加到 Spring 的映射诊断上下文（Mapped Diagnostic Context，MDC）中。MDC 是一个映射，它存储一组键值对，这些键值对由应用程序提供并插入日志消息中。

在第 8 章中，我们还编写了一个 Spring 拦截器，该拦截器通过向出站调用添加关联 ID 到 HTTP 首部中，确保来自一个服务的所有 HTTP 调用都会传播这个关联 ID。幸运的是，Spring Cloud Sleuth 能够为我们管理这些代码基础设施和复杂性。让我们继续将 Spring Cloud Sleuth 添加到许可证服务和组织服务中。我们将看到，通过将 Spring Cloud Sleuth 添加到我们的微服务中，我们可以：

- 在关联 ID 不存在的情况下透明地创建一个关联 ID 并将其注入我们的服务调用中；
- 管理关联 ID 到出站服务调用的传播，以便自动添加事务的关联 ID；
- 将关联信息添加到 Spring 的 MDC 日志记录，以便 Spring Boot 默认的 SL4J 和 Logback 实现自动记录生成的关联 ID；
- 可选地，将服务调用中的跟踪信息发布到 Zipkin 分布式跟踪平台。

注意 有了 Spring Cloud Sleuth，如果我们使用 Spring Boot 的日志记录实现，就可以将关联 ID 自动添加到我们的微服务的日志语句中。

11.1.1　将 Spring Cloud Sleuth 添加到许可证服务和组织服务中

要在两个服务（许可证和组织）中开始使用 Spring Cloud Sleuth，我们需要在两个服务的 pom.xml 文件中添加一个 Maven 依赖项。下面展示了如何添加：

```
<dependency>
    <groupId>org.springframework.cloud</groupId>
    <artifactId>spring-cloud-starter-sleuth</artifactId>
</dependency>
```

这个依赖项会拉取 Spring Cloud Sleuth 所需的所有核心库。就这样。一旦这个依赖项被拉进来，我们的服务现在就会完成如下功能。

- 检查每个传入的 HTTP 服务，并确定传入的调用中是否存在 Spring Cloud Sleuth 跟踪信息。如果 Spring Cloud Sleuth 跟踪信息存在，则传递到微服务的跟踪信息会被捕获并提供给服务以进行日志记录和处理。
- 将 Spring Cloud Sleuth 跟踪信息添加到 Spring MDC，以便微服务创建的每个日志语句都添加到日志中。
- 将 Spring Cloud 跟踪信息注入服务发出的每个出站 HTTP 调用以及 Spring 消息传递通道的消息中。

11.1.2　剖析 Spring Cloud Sleuth 跟踪

如果一切创建正确，则在我们的服务应用程序代码中编写的任何日志语句现在都将包含 Spring Cloud Sleuth 跟踪信息。图 11-1 展示了如果要在组织服务中的以下端点上发出 HTTP GET 请求，服务将输出什么结果：

```
http://localhost:8072/organization/v1/organization/95c0dab4-0a7e-48f8-805a-
➥ 0ba31c3687b8
```

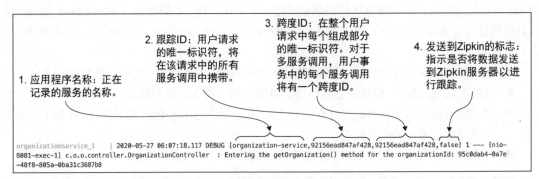

图 11-1　Spring Cloud Sleuth 为我们的组织服务编写的每个日志条目添加了跟踪信息。这些数据有助于将用户请求的服务调用绑定在一起

Spring Cloud Sleuth 向每个日志条目添加了以下 4 条信息（下列编号与图 11-1 中的编号相对应）。

（1）输入日志条目的服务的应用程序的名称。在默认情况下，Spring Cloud Sleuth 使用应用程序的名称（`spring.application.name`）作为在跟踪中写入的名称。

（2）跟踪 ID（trace ID），它是关联 ID 的等价术语。它是表示整个事务的唯一编号。

（3）跨度 ID（span ID），它是表示整个事务中某一部分的唯一 ID。参与事务的每个服务都将具有自己的跨度 ID。如果你集成 Zipkin 来可视化事务，那么跨度 ID 尤其重要。

（4）输出一个 true/false 指示器，用于确定是否将跟踪信息发送到 Zipkin。在大容量服务中，生成的跟踪数据量可能是海量的，并且不会增加大量的价值。Spring Cloud Sleuth 让我们确定何时以及如何将事务发送给 Zipkin。

注意　默认情况下，任何应用程序流都以相同的跟踪 ID 和跨度 ID 开始。

到目前为止，我们只查看了单个服务调用产生的日志数据。让我们来看看再调用一个许可证服务时会发生什么。图 11-2 展示了来自两个服务调用的日志记录输出。

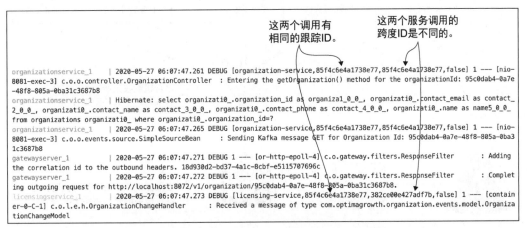

图 11-2　当一个事务中涉及多个服务时，我们看到它们共享相同的跟踪 ID

从图 11-2 我们可以看出，许可证服务和组织服务都具有相同的跟踪 ID——`85f4c6e4a1738e77`。但是，组织服务的跨度 ID 是 `85f4c6e4a1738e77`（与事务 ID 的值相同），而许可证服务的跨度 ID 是 `382ce00e427adf7b`。我们只添加一些.pom 的依赖项，就已经替换了在第 7 章和第 8 章中构建的所有关联 ID 的基础设施。

11.2　日志聚合与 Spring Cloud Sleuth

在大型的微服务环境中（特别是在云环境中），日志记录数据是调试的关键工具。但是，因为基于微服务的应用程序的功能被分解为小型的细粒度服务，并且我们可以有单个服务类型的多个服务实例，所以尝试绑定来自多个服务的日志数据以解决用户的问题可能非常困难。想要跨多个服务器调试一个问题的开发人员通常不得不尝试以下操作。

- 登录多个服务器以检查每个服务器上的日志。这是一项非常费力的任务，尤其是在所涉及的服务具有不同的事务量，导致日志以不同的速率滚动的时候。
- 编写尝试解析日志并识别相关日志条目的自主开发的查询脚本。由于每个查询都可能不同，因此我们经常会遇到大量的自定义脚本，用于从我们的日志中查询数据。
- 延长停止服务的进程的恢复，以备份驻留在服务器上的日志。如果托管服务的服务器彻底崩溃，则日志通常会丢失。

上面列出的每一个问题都是我们经常碰到的实际问题。在分布式服务器上调试问题是一件很糟糕的工作，并且常常会明显增加识别和解决问题所需的时间。一种更好的方法是，将所有服务实例的日志实时流到一个集中的聚合点，在那里可以对日志数据进行索引并进行搜索。图 11-3 在概念层面展示了这种"统一"的日志记录架构是如何工作的。

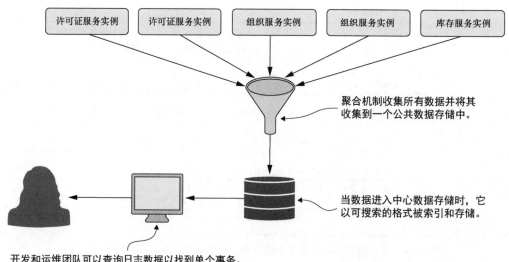

图 11-3　将聚合日志与跨服务日志条目的唯一事务 ID 结合，
更易于管理分布式事务的调试

幸运的是，有多个开源产品和商业产品可以帮助我们实现图 11-3 中的日志记录架构。此外，还存在多个实现模型，允许我们在内部部署的本地管理解决方案或者基于云的解决方案之间进行选择。表 11-1 总结了可用于日志记录基础设施的几个选择。

表 11-1　与 Spring Boot 组合使用的日志聚合方案

产品名称	实现模式	备　　注
Elasticsearch、Logstash、Kibana（ELK 技术栈）	商业 开源	通用搜索引擎 可以通过 ELK 技术栈进行日志聚合 通常在内部实施
Graylog	商业 开源	设计为在内部安装
Splunk	商业	最古老最全面的日志管理和聚合工具 最初是内部部署的解决方案，但现在提供了云服务
Sumo Logic	商业 免费增值/分层定价	仅作为云服务运行 需要用公司的工作账户去注册（不能是 Gmail 或 Yahoo 账户）
Papertrail	商业 免费增值/分层定价	仅作为云服务运行

所有这些选择，可能很难选出哪个是最好的。每个组织都是不同的，并且有不同的需求。在本章中，我们将以 ELK 为例，介绍如何将 Spring Cloud Sleuth 支持的日志集成到统一的日志记录平台中。我们选择 ELK 是因为：

- 它是开源的；
- 它设置和使用都简单，对用户友好；
- 它是一套完整的工具，通过它我们可以搜索、分析和可视化不同服务生成的实时日志；
- 它允许我们集中所有日志记录，以识别服务器和应用程序问题。

11.2.1　Spring Cloud Sleuth/ELK 技术栈实现实战

在图 11-3 中，我们看到了一个通用的统一日志架构。现在我们来看看如何使用 Spring Cloud Sleuth 和 ELK 技术栈来实现相同的架构。为了设置 ELK 与我们的环境一起工作，我们需要采取以下措施。

（1）在我们的服务中配置 Logback。

（2）在 Docker 容器中定义并运行 ELK 技术栈应用程序。

（3）配置 Kibana。

（4）通过基于来自 Spring Cloud Sleuth 的关联 ID 发出查询来测试这一实现。

图 11-4 展示了这一实现的最终状态。在图中，我们可以看到 Spring Cloud Sleuth 和 ELK 是如何与解决方案融合的。

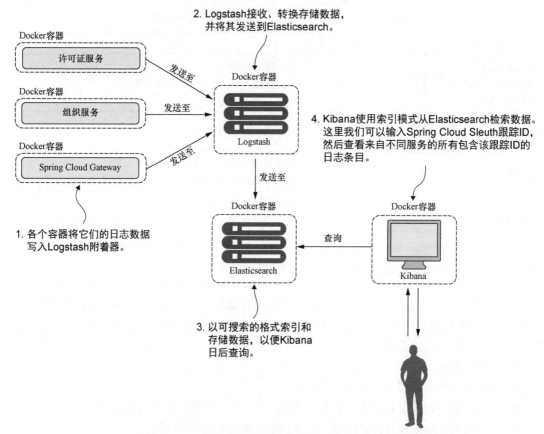

图 11-4   ELK 允许我们快速实现统一的日志记录架构

在图 11-4 中，许可证服务、组织服务和网关服务通过 TCP 与 Logstash 通信以发送日志数据。Logstash 对数据进行过滤、转换，并将数据传送到中央数据存储（在本例中为 Elasticsearch）。Elasticsearch 以可搜索的格式索引和存储数据，以便 Kibana 日后查询。存储完数据后，Kibana 使用 Elasticsearch 的索引模式来检索数据。

此时，我们可以创建一个特定的查询索引，并输入一个 Spring Cloud Sleuth 跟踪 ID，以查看来自不同服务的所有包含该跟踪 ID 的日志条目。一旦存储了数据，我们就可以通过访问 Kibana 来查找实时日志。

11.2.2   在服务中配置 Logback

现在我们已经了解了 ELK 的日志记录架构，接下来，让我们开始为服务配置 Logback。为此，我们需要做以下工作。

（1）在服务的 pom.xml 文件中添加 `logstash-logback-encoder` 依赖项。

（2）在 Logback 配置文件中创建 Logstash TCP 附着器（appender）。

1．添加 Logstash 编码器

首先，我们需要将 `logstash-logback-encoder` 依赖项添加到许可证服务、组织服务和网关服务的 pom.xml 文件中。记住，可以在源代码的 Monitoring 目录中找到 pom.xml 文件。下面是添加依赖项的代码。

```
<dependency>
    <groupId>net.logstash.logback</groupId>
    <artifactId>logstash-logback-encoder</artifactId>
    <version>6.3</version>
</dependency>
```

2．创建 Logstash TCP 附着器

向每个服务添加完依赖项，我们需要告诉许可证服务，它需要与 Logstash 通信，以发送格式为 JSON 的应用程序日志。（Logback 在默认情况下以纯文本形式生成应用程序日志，但要使用 Elasticsearch 索引，我们需要确保以 JSON 格式发送日志数据。）有 3 种方法可以实现这一点。

- 使用 `net.logstash.logback.encoder.LogstashEncoder` 类。
- 使用 `net.logstash.logback.encoder.LoggingEventCompositeJsonEncoder` 类。
- 使用 Logstash 解析纯文本日志数据。

对于本例，我们将使用 `LogstashEncoder`。我们之所以选择这个类，是因为它实现起来最容易、最快，而且在本例中，我们不需要向日志记录器添加额外的字段。使用 `LoggingEvent-CompositeJsonEncoder`，我们可以添加新的模式或字段，禁用默认日志提供程序等。如果我们选择这两个类中的一个，那么 Logback 则负责将日志文件解析为 Logstash 格式。对于第三个选项，我们可以使用 JSON 过滤器将解析工作完全委托给 Logstash。这 3 个选项都很好，但我们建议在必须添加或删除默认配置时使用 `LoggingEventCompositeJsonEncoder`。另外两个选项完全取决于你的业务需求。

注意　你可以选择是在应用程序中还是在 Logstash 中处理日志信息。

为了配置这个编码器，我们将创建一个名为 logback-spring.xml 的 Logback 配置文件。这个配置文件应该位于服务资源文件夹中。对于许可证服务，Logback 配置如代码清单 11-1 所示，它位于许可证服务的/licensing-service/src/main/resources/logback-spring.xml 文件中。图 11-5 展示了该配置生成的日志输出。

代码清单 11-1　使用 Logstash 为许可证服务配置 Logback

```
<?xml version="1.0" encoding="UTF-8"?>
<configuration>
    <include resource="org/springframework/boot/logging/logback/base.xml"/>
    <springProperty scope="context" name="application_name"
        source="spring.application.name"/>
```

指示使用 TcpSocketAppender
与 Logstash 通信

```xml
<appender name="logstash" class="net.logstash.logback.appender.
        LogstashTcpSocketAppender">
    <destination>logstash:5000</destination>
    <encoder class="net.logstash.logback.encoder.LogstashEncoder"/>
</appender>
```

用于建立 TCP 通信的
Logstash 主机名和端口

```xml
<root level="INFO">
    <appender-ref ref="logstash"/>
    <appender-ref ref="CONSOLE"/>
</root>
<logger name="org.springframework" level="INFO"/>
<logger name="com.optimagrowth" level="DEBUG"/>
</configuration>
```

```json
{
  "_index": "logstash-2020.05.30-000001",
  "_type": "_doc",
  "_id": "NwhPY3IBRu5zD4iyn8zO",
  "_version": 1,
  "_score": null,
  "_source": {
    "X-Span-Export": "false",
    "level_value": 10000,
    "@version": "1",
    "thread_name": "http-nio-8080-exec-9",
    "host": "licensing-service.docker_backend",
    "spanId": "6e761268be8708ed",
    "X-B3-TraceId": "6e761268be8708ed",
    "logger_name": "com.optimagrowth.license.service.client.OrganizationRestTemplateClient",
    "X-B3-SpanId": "6e761268be8708ed",
    "port": 51522,
    "spanExportable": "false",
    "message": "I have successfully retrieved an organization f31ced82-53e6-48d3-8969-0095ec7cdaf5 from the redis cache",
    "@timestamp": "2020-05-30T02:01:02.043Z",
    "traceId": "6e761268be8708ed",
    "application_name": "licensing-service",
    "level": "DEBUG"
  },
  "fields": {
    "@timestamp": [
      "2020-05-30T02:01:02.043Z"
    ]
  },
  "sort": [
    1590804062043
  ]
}
```

图 11-5 使用 LogstashEncoder 格式化的应用程序日志

在图 11-5 中，我们可以看到两个重要的方面。第一个是 LogstashEncoder 包含默认情况下存储在 Spring 的 MDC 日志记录器中的所有值；第二个是由于我们将 Spring Cloud Sleuth 依赖项添加到我们的服务中，因此我们可以在日志数据中看到 TraceId、X-B3-TraceId、SpanId、X-B3-SpanId 和 spanExportable 字段。注意，前缀 X-B3 将 Spring Cloud Sleuth 使用的默认首部从一个服务传播到另一个服务。该名称由 X 和 B3 组成，X 用于不属于 HTTP 规范的自定义首部，而 B3 代表 "BigBrotherBird"，是 Zipkin 以前的名字。

你还可以使用 LoggingEventCompositeJsonEncoder 配置如图 11-5 所示的日志数据。

使用这个组合编码器，我们可以禁用在默认情况下添加到我们配置中的所有提供程序、添加新模式以显示自定义或现有的 MDC 字段等。代码清单 11-2 展示了一个简单的 logback-spring.xml 配置示例，该配置删除了一些输出字段，并使用自定义字段和其他现有字段创建了一个新模式。

代码清单 11-2　自定义许可证服务的 Logback 配置

```xml
<encoder class="net.logstash.logback.encoder
              .LoggingEventCompositeJsonEncoder">
    <providers>
        <mdc>
            <excludeMdcKeyName>X-B3-TraceId</excludeMdcKeyName>
            <excludeMdcKeyName>X-B3-SpanId</excludeMdcKeyName>
            <excludeMdcKeyName>X-B3-ParentSpanId</excludeMdcKeyName>
        </mdc>
        <context/>
        <version/>
        <logLevel/>
        <loggerName/>
        <pattern>
            <pattern>
                <omitEmptyFields>true</omitEmptyFields>
                {
                    "application": {
                        version: "1.0"
                    },
                    "trace": {
                        "trace_id": "%mdc{traceId}",
                        "span_id": "%mdc{spanId}",
                        "parent_span_id": "%mdc{X-B3-ParentSpanId}",
                        "exportable": "%mdc{spanExportable}"
                    }
                }
            </pattern>
        </pattern>
        <threadName/>
        <message/>
        <logstashMarkers/>
        <arguments/>
        <stackTrace/>
    </providers>
</encoder>
```

虽然我们在本例中选择了 `LogstashEncoder` 选项，但你应该选择最适合自己需要的选项。现在许可证服务中拥有了 Logback 配置，让我们将相同的配置添加到我们的其他服务中：配置服务和网关服务。我们将在 Docker 容器中定义并运行 ELK 技术栈应用程序。

11.2.3　在 Docker 中定义和运行 ELK 技术栈应用程序

要设置我们的 ELK 技术栈容器，我们需要遵循两个简单的步骤。第一步是创建 Logstash 配置文件，第二步是在我们的 Docker 配置中定义 ELK 技术栈应用程序。但是，在我们开始创建配置之前，必须注意 Logstash 管道有两个必需元素和一个可选元素，其中，必需元素是 input（输入）和 output（输出）。

- 输入元素允许 Logstash 读取特定的事件源。Logstash 支持各种输入插件，如 GitHub、HTTP、TCP 和 Kafka 等。
- 输出元素负责将事件数据发送到特定的目的地。Logstash 支持各种输出插件，如 CSV、Elasticsearch、email、file、MongoDB、Redis 和 stdout 等。

Logstash 配置中的可选元素是 filter（过滤器）插件。这些过滤器负责对事件执行中间处理，如翻译、添加新信息、解析日期、截断字段等。请记住，Logstash 接收并转换接收的日志数据。图 11-6 描述了 Logstash 的流程。

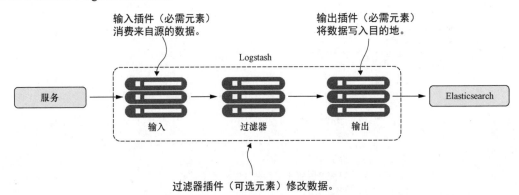

图 11-6　Logstash 配置流程包含两个必需元素（输入和输出）和一个可选元素（过滤器）

在本例中，我们将使用之前配置的 Logback TCP 附着器作为输入插件，使用 Elasticsearch 引擎作为输出插件。代码清单 11-3 展示了 /docker/config/logstash.conf 文件。

代码清单 11-3　添加 Logstash 配置文件

```
input {          ◄───────TCP 输入插件用于从 TCP 套接字读取事件
  tcp {
    port => 5000          ◄───────Logstash 端口
    codec => json_lines
  }
}

filter {                                          转换过滤器，用于向事
  mutate {                                        件添加特定标签
    add_tag => [ "manningPublications" ]  ◄──────┘
  }
}                          Elasticsearch 输出插件，用于将日
                           志数据发送到 Elasticsearch 引擎
output {  ◄──────────────┘
```

```
elasticsearch {
  hosts => "elasticsearch:9200"        ←————————— Elasticsearch 端口
  }
}
```

在代码清单 11-3 中，我们可以看到 5 个重要元素。第一个是 input 部分。在本节中，我们指定 tcp 插件来消费日志数据。第二个是端口号 5000，这是我们稍后将在 docker-compose.yml 文件中为 Logstash 指定的端口。（如果你再回顾一下图 11-4，你会注意到我们将直接把应用程序日志发送到 Logstash。）

第三个元素是可选的，对应过滤器。对于这个特定的场景，我们添加了一个转换过滤器。此过滤器将向事件添加一个 manningPublications 标记。在真实世界的场景中，你的服务的标记可能是应用程序运行的环境。最后，第四个和第五个元素指定 Logstash 服务的输出插件，并将处理后的数据发送到在端口 9200 上运行的 Elasticsearch 服务。如果你有兴趣了解更多关于 Elastic 提供的所有输入插件、输出插件和过滤插件，我们强烈建议你访问 Elastic 官方网站，查阅官方文档。

现在我们有了 Logstash 配置，让我们将 3 个 ELK Docker 条目添加到 docker-compose.yml 文件中。请记住，我们使用这个文件来启动本章和前几章代码示例中使用的所有 Docker 容器。代码清单 11-4 展示了包含新条目的/docker/docker-compose.yml 文件。

代码清单 11-4　配置 ELK 技术栈/Docker Compose

```
#为了简洁，移除了部分 docker-compose.yml 的代码
#为了简洁，还移除了一些额外的配置

elasticsearch:                                    指示我们的容器的 Elasticsearch 镜像
    image: docker.elastic.co/elasticsearch/       （在本例中，为 7.7.0 版本）
            elasticsearch:7.7.0  ←
    container_name: elasticsearch
    volumes:
      - esdata1:/usr/share/elasticsearch/data
    ports:
      - 9300:9300     ←————————— 将 9300 端口映射为集群通信端口
      - 9200:9200     ←————————— 将 9200 端口映射为 REST 通信端口
kibana:
    image: docker.elastic.co/kibana/kibana:7.7.0  ←        指示我们将使用的
    container_name: kibana                                 Kibana 镜像
    environment:
      ELASTICSEARCH_URL: "http://elasticsearch:9300"  ←
    ports:                                                 设置 Elasticsearch URL，并指示
      - 5601:5601     ←————————— 映射 Kibana Web 应用端口   节点/传输 API 的端口为 9300
logstash:
    image: docker.elastic.co/logstash/logstash:7.7.0  ←    指示我们将使用的
    container_name: logstash                               Logstash 镜像
    command:
      logstash -f /etc/logstash/conf.d/logstash.conf  ←
    volumes:                                               从特定的文件或目录
                                                           加载 Logstash 配置
```

```
    - ./config:/etc/logstash/conf.d.
ports:
    - "5000:5000"
```

将配置文件挂载到 Logstash
运行容器中

\#为了简洁，省略了 docker-compose.yml 的其余部分

映射 Logstash 的端口

> **注意**　代码清单 11-4 包含了本章的 docker-compose.yml 文件的一小部分。如果你想查看完整的文件，可以查看第 11 章的源代码。

要运行这个 Docker 环境，我们需要在父 pom.xml 所在的根目录中执行以下命令。mvn 命令创建一个新镜像，其中包含我们对组织服务、许可证服务和网关服务所做的更改。

```
mvn clean package dockerfile:build
docker-compose -f docker/docker-compose.yml up
```

> **注意**　如果你在控制台执行 docker-compose 命令时看到带有 "<容器名称> container" 的 137 错误退出代码，请增加 Docker 的内存，具体详情请查阅官方文档。

现在我们已经设置好并在运行 Docker 环境，让我们继续下一步。

11.2.4　配置 Kibana

配置 Kibana 是一个简单的过程，我们只需要配置它一次。要访问 Kibana，请在 Web 浏览器上访问链接：http://localhost:5601/。当我们第一次访问 Kibana 时，会显示一个欢迎页面。这个页面显示两个选项，第一个选项允许我们使用一些示例数据，第二个选项允许我们研究从我们的服务生成的数据。图 11-7 展示了 Kibana 的欢迎页面。

点击这个选项继续

图 11-7　Kibana 的欢迎页面包含两个选项：使用示例数据试用应用程序或自行探索它

为了探索我们的数据，让我们点击"Explore on my own"链接。点击后，我们将看到如图 11-8 所示的"Add Data to Kibana"页面。在这个页面上，我们需要点击页面左侧的 Discover 图标。

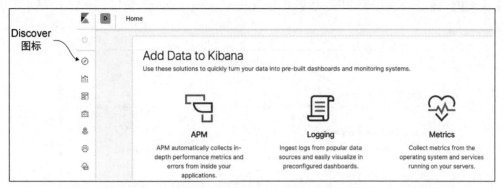

图 11-8　Kibana 设置页面。这里我们将看到一组可用于配置我们的 Kibana 应用程序的选项。注意左边的图标菜单

为了继续，我们必须创建一个索引模式。Kibana 使用一组索引模式从 Elasticsearch 引擎检索数据。索引模式负责告诉 Kibana 我们想要探索哪个 Elasticsearch 索引。在我们的例子中，我们将创建一个索引模式，指示我们希望从 Elasticsearch 检索所有 Logstash 信息。要创建我们的索引模式，请点击页面左侧 Kibana 部分下面的"Index Patterns"链接。图 11-9 展示了这个过程的第一步。

图 11-9　为 Elasticsearch 引擎配置索引模式

在图 11-9 的"Create index pattern"页面上，我们可以看到 Logstash 已经创建了一个索引作为第一步。但是，这个索引还没有准备好使用。要完成索引的设置，必须为该索引指定一个索引

模式。要创建它，我们需要编写索引模式 `logstash-*`，然后点击"Next step"按钮。

第二步，我们将指定一个时间过滤器。为此，我们需要在"Time Filter field name"下面的下拉列表中选择@timestamp 选项，然后点击"Create index pattern"按钮。图 11-10 展示了这个过程。

图 11-10　为我们的索引模式配置时间戳过滤器。此模式允许我们过滤时间范围内的事件

我们现在可以开始向我们的服务发出请求，以查看 Kibana 的实时日志。图 11-11 展示了发送到 ELK 的数据应该是什么样子的示例。如果你没有看到图中显示的页面，请再次点击"Discover"图标。

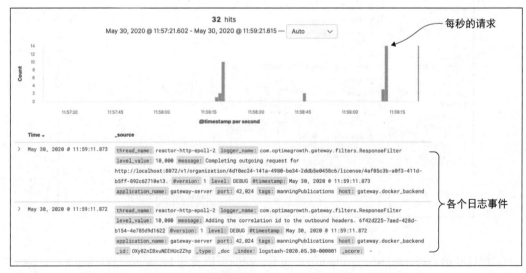

图 11-11　各个服务日志事件由 ELK 技术栈存储、分析和展示

现在，Kibana 已经准备好了。让我们继续最后一步。

11.2.5　在 Kibana 中搜索 Spring Cloud Sleuth 的跟踪 ID

现在，我们的日志正在流向 ELK，我们可以开始了解 Spring Cloud Sleuth 是如何将跟踪 ID 添加到我们的日志条目中的。要查询与单个事务相关的所有日志条目，我们需要在 Kibana 的 Discover 页面中输入跟踪 ID 并进行查询（见图 11-12）。默认情况下，Kibana 使用 Kibana 查询语言（Kibana Query Language，KQL），这是一种简化的查询语法。在编写查询时，你将看到 Kibana 还提供了一个指南和自动完成选项来简化创建自定义查询的过程。

注意　为了应用下一个过滤器，你需要选择一个有效的跟踪 ID。下一个示例中使用的跟踪 ID 在你的 Kibana 实例中不起作用。

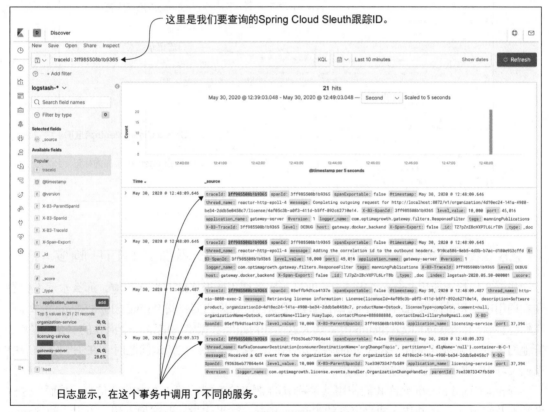

图 11-12　通过跟踪 ID 可以过滤与单个事务相关的所有日志条目

图 11-12 展示了如何使用 Spring Cloud Sleuth 跟踪 ID 执行查询。这里我们使用的跟踪 ID 是 3ff985508b1b9365。

如果我们希望看到更多细节，可以展开每个日志事件。通过这样做，与特定事件关联的所有字段将以表或 JSON 格式显示。我们还可以看到在 Logstash 处理期间添加或转换的所有附加信息。例如，我们在代码清单 11-3 的 Logstash 中使用转换过滤器添加了一个标记。图 11-13 展示了此事件的所有字段。

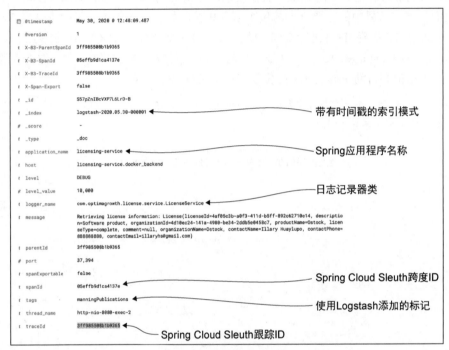

图 11-13　Kibana 中日志事件所有字段的详细视图

11.2.6　使用 Spring Cloud Gateway 将关联 ID 添加到 HTTP 响应

如果我们检查使用 Spring Cloud Sleuth 进行服务调用所返回的 HTTP 响应，那么永远不会看到在调用中使用的跟踪 ID 在 HTTP 响应首部中返回。如果我们查阅 Spring Cloud Sleuth 的文档，我们将会看到，Spring Cloud Sleuth 团队认为返回任何跟踪数据都可能是一个潜在的安全问题（尽管他们没有明确列出他们这么认为的理由）。然而，我们发现，在调试问题时，在 HTTP 响应中返回关联 ID 或跟踪 ID 是非常重要的。

Spring Cloud Sleuth 允许我们使用其跟踪 ID 和跨度 ID "装饰" HTTP 响应信息。然而，这种做法涉及编写 3 个类并注入两个定制的 Spring bean。如果你想采取这种方法，可以查阅 Spring Cloud Sleuth 文档。

一个更简单的解决方案是编写一个在 HTTP 响应中注入跟踪 ID 的 Spring Cloud Gateway 过滤器。在第 8 章介绍 Spring Cloud Gateway 时，我们看到了如何构建一个网关响应过滤器，将生成的用于服务的关联 ID 添加到调用者返回的 HTTP 响应中。我们现在要修改这个过滤器以添加 Spring Cloud Sleuth 首部。要创建我们的网关响应过滤器，需要确保在我们的 pom.xml 文件中有下面这样的 Spring Cloud Sleuth 依赖项。

```xml
<dependency>
    <groupId>org.springframework.cloud</groupId>
    <artifactId>spring-cloud-starter-sleuth</artifactId>
</dependency>
```

我们将使用 `spring-cloud-starter-sleuth` 依赖项来告诉 Spring Cloud Sleuth，我们希望网关参与 Spring Cloud 跟踪。在本章稍后介绍 Zipkin 时，我们将会看到网关服务将成为所有服务调用中的第一个调用。添加完依赖项，实际的响应过滤器就很容易实现了。

代码清单 11-5 展示了用于构建过滤器的源代码。此文件位于 /gatewayserver/src/main/java/com/optimagrowth/gateway/filters/ResponseFilter.java。

代码清单 11-5　通过响应过滤器添加 Spring Cloud Sleuth 的跟踪 ID

```java
package com.optimagrowth.gateway.filters;
//为了简洁，省略了其他 import 语句
import brave.Tracer;
import reactor.core.publisher.Mono;

@Configuration
public class ResponseFilter {
    final Logger logger =LoggerFactory.getLogger(ResponseFilter.class);

    @Autowired
    Tracer tracer;                      ◁——— 设置访问跟踪 ID 和跨度
                                              ID 信息的入口点
    @Autowired
    FilterUtils filterUtils;

    @Bean
    public GlobalFilter postGlobalFilter() {
      return (exchange, chain) -> {
          return chain.filter(exchange)
            .then(Mono.fromRunnable(() -> {
                String traceId =
                    Tracer.currentSpan()          添加 HTTP 响应首部 tmx-
                    .context()                    correlation-id，它包含 Spring
                    .traceIdString();   ◁———      Cloud Sleuth 的跟踪 ID
                logger.debug("Adding the correlation id to the outbound
                  headers. {}",traceId);
                exchange.getResponse().getHeaders()
                 .add(FilterUtils.CORRELATION_ID,traceId);
                logger.debug("Completing outgoing request for {}.",
                  exchange.getRequest().getURI());
            }));
        };
    }
}
```

因为网关现在启用了 Spring Cloud Sleuth，所以我们可以通过将 `Tracer` 类自动装配到我们的 `ResponseFilter` 从 ResponseFilter 中访问跟踪信息。`Tracer` 类允许我们访问有关当前执行的跟踪的信息。`tracer.currentSpan().context().traceIdString()` 方法允许我们以字符串的形式检索当前正在进行的事务的跟踪 ID。将跟踪 ID 添加到通过网关的传出 HTTP 响应是很简单的。这一步骤可以通过以下方法调用来完成：

```
exchange.getResponse().getHeaders()
        .add(FilterUtils.CORRELATION_ID, traceId);
```

有了这段代码，如果我们通过网关调用了一个 O-stock 微服务，那么我们应该会得到一个名为 `tmx-correlation-id` 的 HTTP 响应，其值是 Spring Cloud Sleuth 的跟踪 ID。图 11-14 展示了调用以下端点来获取组织的许可证的结果。

```
http://localhost:8072/license/v1/organization/4d10ec24-141a-4980-be34-
➥ 2ddb5e0458c7/license/4af05c3b-a0f3-411d-b5ff-892c62710e14
```

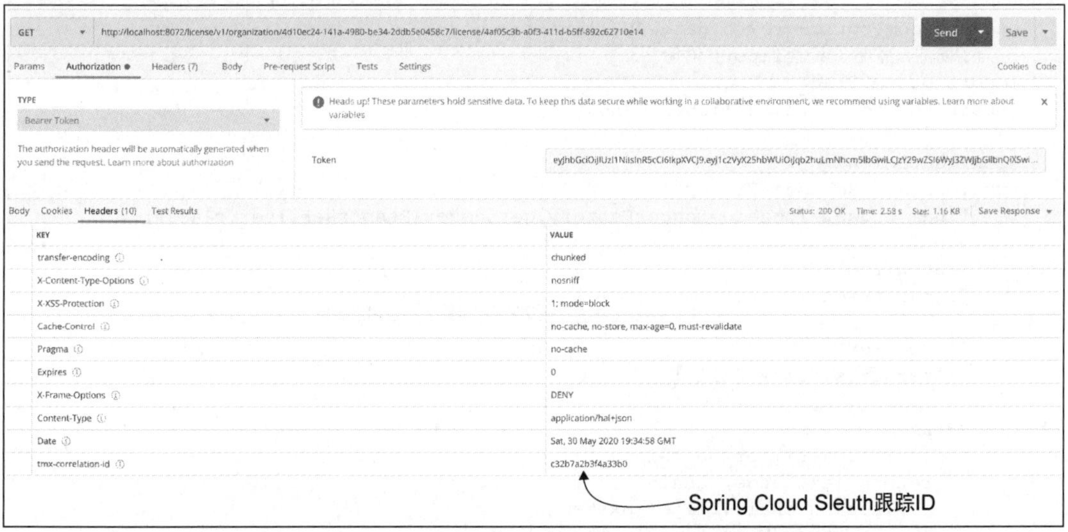

图 11-14   通过返回的 Spring Cloud Sleuth 跟踪 ID，我们可以轻松地向 Kibana 查询日志

11.3   使用 Zipkin 进行分布式跟踪

具有关联 ID 的统一日志记录平台是一个强大的调试工具。但是，在本章的剩余部分中，我们将不再关注日志条目，而是关注如何对流经不同微服务的事务流进行可视化。一张干净简洁的图片比一百万条日志条目有用。

分布式跟踪涉及提供一张可视化的图片，说明事务如何流经我们不同的微服务。分布式跟踪工具还将对单个微服务响应时间做出粗略的估计。但是，分布式跟踪工具不应该与成熟的应用程序性能管理（Application Performance Management，APM）包混淆。APM 包可以为实际的服务代码提供开箱即用的低级性能数据，它还能提供除响应时间以外的其他性能数据，如内存、CPU 利用率和 I/O 利用率。

这就是 Spring Cloud Sleuth 和 Zipkin（也称为 OpenZipkin）项目的亮点。Zipkin 是一个分布式跟踪平台，通过它我们可以跟踪跨多个服务调用的事务。Zipkin 能够让我们以图形方式查看事务占用的时间量，并分解在调用中涉及的每个微服务所用的时间。在微服务架构中，Zipkin 是识别性能问题的宝贵工具。设置 Spring Cloud Sleuth 和 Zipkin 涉及以下操作：

- 将 Spring Cloud Sleuth 和 Zipkin JAR 文件添加到捕获跟踪数据的服务中；
- 在每个服务中配置 Spring 属性以指向收集跟踪数据的 Zipkin 服务端；
- 安装和配置 Zipkin 服务端以收集数据；
- 定义每个客户端将使用的采样策略，便于向 Zipkin 发送跟踪信息。

11.3.1　设置 Spring Cloud Sleuth 和 Zipkin 依赖项

我们已经在许可证服务以及组织服务中包含了 Spring Cloud Sleuth 依赖项。这些 JAR 文件现在包含在服务中启用 Spring Cloud Sleuth 所需的 Spring Cloud Sleuth 库。我们接下来需要添加一个新的 Maven 依赖项——`spring-cloud-sleuth-zipkin` 依赖项，以与 Zipkin 集成。代码清单 11-6 展示了 Spring Cloud Gateway 服务、许可证服务以及组织服务中应该存在的 Maven 条目。

代码清单 11-6　客户端的 Spring Cloud Sleuth 和 Zipkin 依赖项

```
<dependency>
    <groupId>org.springframework.cloud</groupId>
    <artifactId>spring-cloud-sleuth-zipkin</artifactId>
</dependency>
```

11.3.2　配置服务以指向 Zipkin

有了 JAR 文件，接下来我们需要配置想要与 Zipkin 进行通信的每一项服务。我们将通过设置一个 Spring 属性来完成这项任务，该属性定义用于与 Zipkin 通信的 URL。需要设置的这个属性是 `spring.zipkin.baseUrl` 属性。它设置在 Spring Cloud Config 服务器端存储库中的各个服务的配置文件中（例如，许可证服务的 /configserver/src/main/resources/config/licensing-service.properties 文件）。要在本地运行它，需要将 `baseUrl` 属性值设置为 `localhost:9411`。但是，如果你想用 Docker 运行它，你需要用 `zipkin:9411` 覆盖这个值，如下所示：

```
zipkin.baseUrl: zipkin:9411
```

Zipkin、RabbitMQ 与 Kafka

　　Zipkin 有能力通过 RabbitMQ 或 Kafka 将其跟踪数据发送到 Zipkin 服务器端。从功能的角度来看，不管使用 HTTP、RabbitMQ 还是 Kafka，Zipkin 的行为都没有任何差异。通过使用 HTTP 跟踪，Zipkin 使用异步线程发送性能数据。使用 RabbitMQ 或 Kafka 来收集跟踪数据的主要优势是，如果 Zipkin 服务端不可用，任何发送给 Zipkin 的跟踪信息都将"排队"，直到 Zipkin 能够收集到数据。Spring Cloud Sleuth 通过 RabbitMQ 和 Kafka 向 Zipkin 发送数据的配置在 Spring Cloud Sleuth 文档中有介绍，因此这里将不再赘述。

11.3.3　配置 Zipkin 服务器端

有几种方法可以设置 Zipkin，但我们将使用运行 Zipkin 服务器端的 Docker 容器。通过这种方式，我们可以避免在我们的架构中创建新项目。为了设置 Zipkin，我们将在项目的 Docker 文件夹中的 docker-compose.yml 文件中添加以下注册表项：

```
zipkin:
    image: openzipkin/zipkin
    container_name: zipkin
    ports:
      - 9411: 9411
    networks:
      backend:
        aliases:
          - "zipkin"
```

运行 Zipkin 服务器只需要很少的配置。其中一项就是配置 Zipkin 用于存储跟踪数据的后端数据存储。Zipkin 支持 4 种不同的后端数据存储：

- 内存数据；
- MySQL；
- Cassandra；
- Elasticsearch。

在默认情况下，Zipkin 使用内存数据存储来存储。然而，Zipkin 团队建议不要在生产系统中使用内存数据库。内存数据库只能容纳有限的数据，并且在 Zipkin 服务端关闭或失败时，数据就会丢失。

因为我们已经配置了 Elasticsearch，所以在本例中，我们将展示如何使用 Elasticsearch 作为数据存储。我们需要添加的唯一额外设置是我们配置文件的 `environment` 部分中的 `STORAGE_TYPE` 和 `ES_HOSTS` 变量。下面的代码展示了完整的 Docker Compose 注册表：

```
zipkin:
    image: openzipkin/zipkin
    container_name: zipkin
    depends_on:
      - elasticsearch
    environment:
      - STORAGE_TYPE=elasticsearch
      - "ES_HOSTS=elasticsearch:9300"
    ports:
```

```
    - "9411:9411"
networks:
  backend:
    aliases:
      - "zipkin"
```

11.3.4　设置跟踪级别

现在我们已经配置了要与 Zipkin 服务器端通信的客户端，并且已经配置完 Zipkin 服务器端并准备运行。在开始使用 Zipkin 之前，我们还需要再做一步，那就是定义每个服务应该向 Zipkin 写入数据的频率。

在默认情况下，Zipkin 只会将所有事务的 10%写入 Zipkin 服务器端。这个默认值确保 Zipkin 不会压垮我们的日志记录和分析基础设施。可以通过在每一个向 Zipkin 发送数据的服务上设置一个 Spring 属性来控制事务采样：spring.sleuth.sampler.percentage 属性。这个属性的取值介于 0 和 1 之间：

- 值为 0 表示 Spring Cloud Sleuth 不会向 Zipkin 发送任何事务；
- 值为 0.5 表示 Spring Cloud Sleuth 将发送 50%的事务；
- 值为 1 表示 Spring Cloud Sleuth 将发送所有事务（100%）。

出于我们的目的，我们将为服务和所有的事务发送所有的跟踪信息（100%）。要做到这一点，我们可以设置 spring.sleuth.sampler.percentage 的值，也可以使用 AlwaysSampler 替换 Spring Cloud Sleuth 中使用的默认 Sampler 类。AlwaysSampler 类可以作为 Spring Bean 注入应用程序中。但对于本例，我们将使用许可证服务、组织服务和网关服务中的配置文件中的 spring.sleuth.sampler.percentage，如下所示：

```
zipkin.baseUrl: zipkin:9411
spring.sleuth.sampler.percentage: 1
```

11.3.5　使用 Zipkin 跟踪事务

本节我们以一个场景开始。假设你是 O-stock 应用程序的一名开发人员，并且你在这周处于待命状态。你从客户那里收到一张工单，他抱怨说 O-stock 应用程序的某一界面现在运行缓慢。你怀疑那个界面使用的许可证服务是罪魁祸首。但为什么呢？问题出在哪里呢？

在我们的场景中，许可证服务依赖于组织服务，而这两个服务都对不同的数据库进行调用。究竟是哪个服务表现不佳？此外，你知道这些服务在不断地被修改，因此有人可能在新旧混合的服务中添加了新的服务调用。

注意　了解参与用户事务的所有服务以及它们各自的性能时间对于支持分布式架构（如微服务架构）是至关重要的。

为了解决这个难题，我们将使用 Zipkin 来观察来自组织服务的两个事务（它们由 Zipkin 服务进行跟踪）。组织服务是一个简单的服务，它只对单个数据库进行调用。我们所要做的就是使用 Postman 通过以下端点向组织服务发送两个调用。组织服务调用将流经网关，然后调用再定向到下游组织服务实例。

```
GET http://localhost:8072/organization/v1/organization/4d10ec24-141a-4980-
➥ be34-2ddb5e0458c6
```

如果我们查看图 11-15 中的屏幕截图，就会发现 Zipkin 捕获了两个事务，每个事务都被分解为一个或多个跨度。在 Zipkin 中，一个跨度（span）代表一个特定的捕获计时信息的服务或调用。图 11-15 中的每一个事务都有 5 个跨度：2 个在网关中，2 个用于组织服务，还有 1 个用于许可证服务。

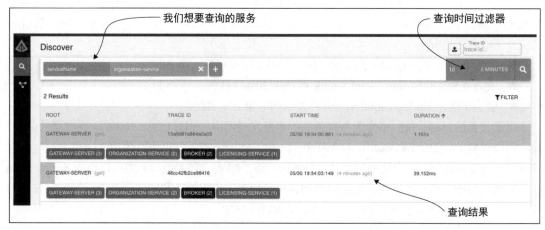

图 11-15　Zipkin 的查询界面，我们可以在这里选择想要跟踪的服务
以及一些基本的查询过滤器

记住，网关不会盲目地转发 HTTP 调用。它接收传入的 HTTP 调用并终止这个调用，然后构建一个新的调用以发送到目标服务（在本例中是组织服务）。原始调用终止是因为网关要为进入该网关的每一个调用添加响应过滤器、前置过滤器和后置过滤器。这就是我们在图 11-15 中看到网关服务中有两个跨度的原因。

通过网关对组织服务的两次调用分别用了 1.151 秒和 39.152 毫秒。让我们深入了解运行时间最长的调用（1.151 秒）的细节。我们可以通过点击事务并深入了解细节来查看更多详细信息。图 11-16 展示了我们调用组织服务的详细信息。

在图 11-16 中，我们可以看到，从网关角度来看，整个事务大约需要 1.151 秒。然而，网关发出的组织服务调用耗费了整个调用过程 1.151 秒中的 524.689 毫秒。让我们深入每个跨度以获得更多的细节。点击组织服务跨度，并注意这个调用中的其他细节（见图 11-17）。

一个事务被分解成多个单个的跨度。一个
跨度代表被度量的事务的一部分。这里显
示事务中每个跨度的总时间。

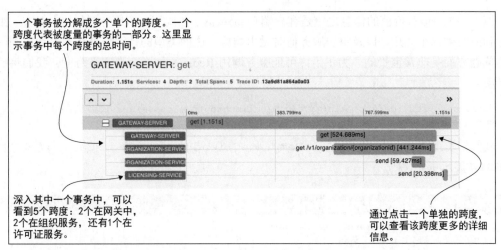

深入其中一个事务中，可以
看到5个跨度：2个在网关中，
2个在组织服务，还有1个在
许可证服务。

通过点击一个单独的跨度，
可以查看该跨度更多的详细
信息。

图 11-16　使用 Zipkin 我们可以深入查看事务中每个跨度所用的时间

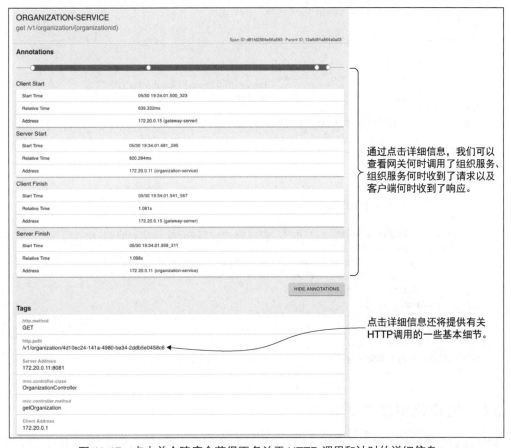

通过点击详细信息，我们可以
查看网关何时调用了组织服务、
组织服务何时收到了请求以及
客户端何时收到了响应。

点击详细信息还将提供有关
HTTP调用的一些基本细节。

图 11-17　点击单个跨度会获得更多关于 HTTP 调用和计时的详细信息

图 11-17 中最有价值的信息之一是客户端（Gateway）在调用组织服务时的细分信息，组织服务何时收到这个调用，以及组织服务何时做出响应。这种类型的计时信息在检测和识别网络延迟问题方面是非常宝贵的。为了给许可证服务调用 Redis 添加一个自定义跨度，我们将使用以下类：

```
/licensing-service/src/main/java/com/optimagrowth/license/service/client/
➥ OrganizationRestTemplateClient.java
```

我们将实现 OrganizationRestTemplateClient 的 checkRedisCache()方法。代码清单 11-7 展示了此代码。

代码清单 11-7　向 OrganizationRestTemplate 添加 checkRedisCache()

```
package com.optimagrowth.license.service.client;
//为了简洁，省略了 import 语句

@Component
public class OrganizationRestTemplateClient {
    @Autowired
    RestTemplate restTemplate;

    @Autowired
    Tracer tracer;                    ⟵—— Tracer 访问 Spring Cloud Sleuth 的
                                           跟踪信息
    @Autowired
    OrganizationRedisRepository redisRepository;

    private static final Logger logger =
        LoggerFactory.getLogger(OrganizationRestTemplateClient.class);

    private Organization checkRedisCache     ⟵—— 实现 CheckRedisCache 方法
            (String organizationId) {
      try {
        return redisRepository.findById(organizationId).orElse(null);
      } catch (Exception ex){
          logger.error("Error encountered while trying to retrieve
              organization {} check Redis Cache. Exception {}",
              organizationId, ex);
          return null;
      }
    }

    //为了简洁，省略了类的其他部分
}
```

11.3.6　可视化更复杂的事务

如果我们想要确切了解服务调用之间存在哪些服务依赖关系，该怎么办？我们可以穿过网关

调用许可证服务，然后通过使用以下端点对许可证服务发出 GET 调用，向 Zipkin 查询许可证服务的踪迹。图 11-18 展示了调用许可证服务的详细踪迹。

```
http://localhost:8072/license/v1/organization/4d10ec24-141a-4980-be34-
➥ 2ddb5e0458c8/license/4af05c3b-a0f3-411d-b5ff-892c62710e15
```

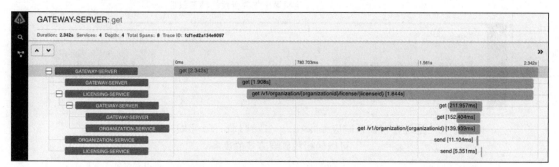

图 11-18　查看许可证服务调用如何从网关流向许可证服务然后流向组织服务的踪迹详情

在图 11-18 中，我们可以看到对许可证服务的调用涉及 8 个 HTTP 调用。首先是对网关的调用，然后从网关到许可证服务；接下来调用从许可证服务到网关，再从网关到组织服务；最后，调用从组织服务到许可证服务，使用 Apache Kafka 来更新 Redis 缓存。

11.3.7　捕获消息传递踪迹

消息传递可能会在应用程序内引发它自己的性能和延迟问题。服务可能无法足够快地处理队列中的消息，也可能存在网络延迟问题。在我们构建基于微服务的应用程序时，遇到了所有这些情况。

Spring Cloud Sleuth 向 Zipkin 发送在服务中注册的入站或出站消息通道上的跟踪数据。通过使用 Spring Cloud Sleuth 和 Zipkin，我们可以确定消息是何时从队列发布的以及何时被接收的。我们还可以查看在队列中接收到消息并进行处理时发生了什么行为。正如第 10 章中介绍过的，每次添加、更新或删除一条组织记录时，都会生成一条 Kafka 消息并通过 Spring Cloud Stream 发布。许可证服务接收消息，并更新用于缓存数据的 Redis 键值存储。

接下来，我们将删除组织记录，并观察 Spring Cloud Sleuth 和 Zipkin 跟踪事务。我们将通过 Postman 向组织服务的以下端点发出 DELETE 请求。

```
http://localhost:8072/organization/v1/organization/4d10ec24-141a-4980-be34-
➥ 2ddb5e0458c7
```

在本章前面，我们看到了如何将跟踪 ID 添加为 HTTP 响应首部——添加一个名为 `tmx-correlation-id` 的新 HTTP 响应首部。在我们这次调用中，这个 `tmx-correlation-id` 返回的值是 `054accff01c9ba6b`。我们可以通过在 Zipkin 查询界面右上角的搜索框中输入我们的调用所返回的跟踪 ID，来向 Zipkin 搜索这个特定的跟踪。图 11-19 展示了可以在哪里输入跟踪 ID。

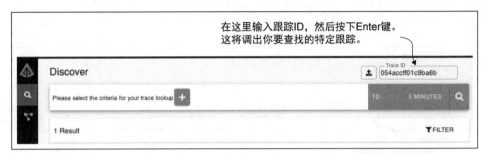

图 11-19   通过在 HTTP 响应 `tmx-correlation-id` 字段中返回的跟踪 ID，
可以轻松找到要查找的事务

有了特定跟踪，我们就可以向 Zipkin 查询事务，并查看 DELETE 消息的发布了。图 11-20 中的第二个跨度展示来自消息通道输出的输出消息，它用于发布消息到名为 `orgChangeTopic` 的 Kafka 主题。图 11-20 展示了输出消息通道及其在 Zipkin 跟踪中的表现。

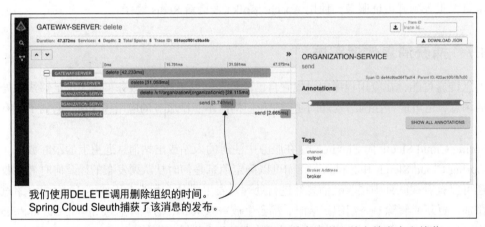

图 11-20   Spring Cloud Sleuth 将自动跟踪 Spring 消息通道上消息的发布和接收。
我们可以使用 Zipkin 查看跟踪的详细信息

通过点击许可证服务跨度，可以看到许可证服务收到消息。图 11-21 展示了这个跨度的数据。

到目前为止，我们使用 Zipkin 跟踪了服务中的 HTTP 和消息传递调用。但是，如果要对未由 Zipkin 监控的第三方服务执行跟踪，那该怎么办呢？如果想要获取对特定 Redis 或 PostgresSQL 调用的跟踪和计时信息，该怎么办呢？幸运的是，Spring Cloud Sleuth 和 Zipkin 允许我们为事务添加自定义跨度，以便我们可以跟踪与这些第三方调用相关的执行时间。

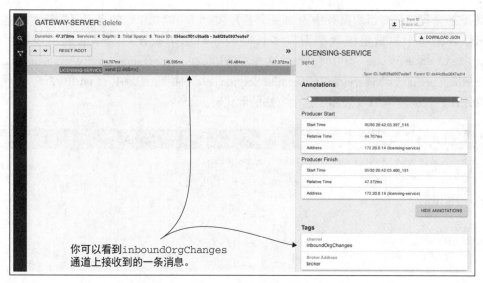

你可以看到 inboundOrgChanges 通道上接收到的一条消息。

图 11-21 使用 Zipkin 我们可以看到组织服务发布的 Kafka 消息

11.3.8 添加自定义跨度

使用 Zipkin 添加自定义跨度是非常容易的。我们将从向许可证服务添加一个自定义跨度开始，这样就可以跟踪从 Redis 中提取数据需要多长时间。然后，我们将向组织服务添加自定义跨度，以查看从组织数据库中检索数据需要多长时间。代码清单 11-8 为许可证服务创建了一个名为 readLicensingDataFromRedis 的自定义跨度。

代码清单 11-8　对从 Redis 读取许可证数据的调用添加监测代码

```
package com.optimagrowth.license.service.client;
//为了简洁，省略了其余代码

  private Organization checkRedisCache(String organizationId) {
    ScopedSpan newSpan =
        tracer.startScopedSpan
        ("readLicensingDataFromRedis");      创建一个新的名为 read-Licensing-
    try {                                     DataFromRedis 的自定义跨度
      return redisRepository.findById(organizationId).orElse(null);
    } catch (Exception ex){
        logger.error("Error encountered while trying to retrieve
          organization {} check Redis Cache. Exception {}",
          organizationId, ex);
        return null;
    } finally {                               将标签信息添加到跨度中并
      newSpan.tag("peer.service", "redis");   提供了将要被 Zipkin 捕获的
      newSpan.annotate("Client received");    服务的名称
      newSpan.finish();          关闭并结束跟踪。如果没这么做，我们将会在
    }                            日志中得到一条错误消息，指示跨度还未关闭
}
```

接下来，我们将向组织服务中添加一个名为 getOrgDbCall 的自定义跨度，以监控从 Postgres 数据库中检索组织数据需要多长时间。对组织服务数据库的调用跟踪可以在 OrganizationService 类中看到，这个类可以在 /organization-service/src/main/java/com/optimagrowth/organization/service/OrganizationService.java 中找到。其中，findById()方法包含自定义跟踪。代码清单 11-9 展示了这个方法的源代码。

代码清单 11-9   实现 findById()方法

```
package com.optimagrowth.organization.service;
//为了简洁，省略了一些 import 语句
import brave.ScopedSpan;
import brave.Tracer;

@Service
public class OrganizationService {
    //为了简洁，省略了一些代码
    @Autowired
    Tracer tracer;

    public Organization findById(String organizationId) {
        Optional<Organization> opt = null;
        ScopedSpan newSpan = tracer.startScopedSpan("getOrgDBCall");
        try {
          opt = repository.findById(organizationId);
          simpleSourceBean.publishOrganizationChange("GET", organizationId);
          if (!opt.isPresent()) {
            String message = String.format("Unable to find an
              organization with theOrganization id %s",
              organizationId);
            logger.error(message);
            throw new IllegalArgumentException(message);
          }
          logger.debug("Retrieving Organization Info: " +
          opt.get().toString());

        } finally {
            newSpan.tag("peer.service", "postgres");
            newSpan.annotate("Client received");
            newSpan.finish();
        }

        return opt.get();
    }
    //为了简洁，省略了其余的类
}
```

在适当的地方使用这两个自定义跨度，重启服务。然后选择以下 GET 端点：

http://localhost:8072/license/v1/organization/4d10ec24-141a-4980-be34-
➥ 2ddb5e0458c9/license/4af05c3b-a0f3-411d-b5ff-892c62710e16

如果我们在 Zipkin 中查看事务，在我们调用许可证服务端点来检索许可证信息时，应该会看到增加了两个新的跨度。图 11-22 展示了自定义跨度。

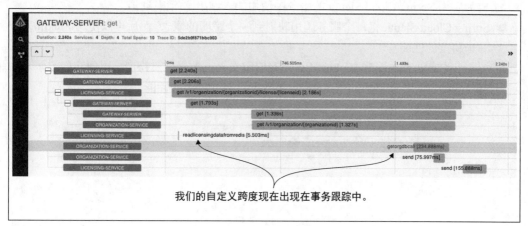

图 11-22　自定义跨度

图 11-22 中同样展示了与我们的 Redis 和数据库查询相关的附加跟踪和计时信息。深入研究可知，对 Redis 的读取调用用了 5.503 毫秒。由于调用在 Redis 缓存中没有找到记录，因此对 Postgres 数据库的 SQL 调用用了 234.888 毫秒。

现在我们已经知道了如何设置分布式跟踪、API 网关、发现服务和自定义跨度，让我们继续第 12 章。在第 12 章中，我们将解释如何部署我们在本书中构建的所有内容。

11.4　小结

- Spring Cloud Sleuth 允许我们无缝地将跟踪信息（关联 ID）添加到我们的微服务调用中。
- 关联 ID 可用于在多个服务之间链接日志条目。这使我们能够观察单个事务中涉及的所有服务的事务行为。
- 虽然关联 ID 功能强大，但是我们仍然需要将此概念与日志聚合平台结合使用，以便从多个来源获取日志，然后搜索和查询它们的内容。
- 我们可以将 Docker 容器与日志聚合平台集成，来捕获所有应用程序日志记录数据。
- 我们将 Docker 容器与 ELK 技术栈（Elasticsearch、Logstash 和 Kibana）集成在一起。这使我们能够转换、存储、可视化和查询来自我们的服务的日志数据。
- 虽然统一的日志记录平台很重要，但通过事务的微服务来可视化地跟踪事务的能力也是一个有价值的工具。
- Zipkin 让我们可以查看服务和事务流之间存在的依赖关系，并了解用户事务中涉及的每个微服务的性能特征。

- Spring Cloud Sleuth 很容易与 Zipkin 集成。Zipkin 自动从 HTTP 调用捕获跟踪数据，这将成为启用 Spring Cloud Sleuth 的服务中使用的入站/出站消息通道。

- Spring Cloud Sleuth 将每个服务调用映射到一个跨度的概念。然后可以使用 Zipkin 来查看一个跨度的性能。

- Spring Cloud Sleuth 和 Zipkin 还允许我们定义自己的自定义跨度，以便我们了解基于非 Spring 的资源（如 Postgres 或 Redis 等数据库服务器）的性能。

第12章 部署微服务

本章主要内容

- 理解为什么 DevOps 运动对微服务至关重要
- 配置 O-stock 服务使用的核心亚马逊基础设施
- 将 O-stock 服务手动部署到亚马逊
- 为服务设计构建/部署管道
- 将基础设施视为代码
- 将应用程序部署到云

本书已经接近结尾，但我们的微服务旅程还没有走到终点。尽管本书的大部分内容都集中在使用 Spring Cloud 技术设计、构建和实施基于 Spring 的微服务上，但我们还没有谈到如何构建和部署微服务。创建构建/部署管道似乎是一项普通的任务，但实际上它是我们微服务架构中最重要的部分之一。

为什么这么说呢？请记住，微服务架构的一个主要优点是，微服务是可以彼此独立地快速构建、修改和部署到生产环境中的小型代码单元。服务的规模小意味着新的特性（和关键的 bug 修复）可以以很高的速度交付。速度是这里的关键词，因为速度意味着新特性或修复 bug 与部署服务之间可以平滑过渡，致使部署的交付周期应该是几分钟而不是几天。为了实现这一点，用于构建和部署代码的机制应该具有下列特征。

- 自动的——在构建代码时，构建/部署过程不应该有人为干预。构建软件、供应机器镜像以及部署服务的过程应该是自动的，并且应该通过将代码提交到源代码存储库的行为来启动。
- 可重复的——用来构建和部署软件的过程应该是可重复的，以便每次构建和部署启动时都会发生同样的事情。过程中的可变性常常是难以跟踪和解决的微小 bug 的根源。
- 完整的——部署的软件制品的成果应该是一个完整的虚拟机或容器镜像（如 Docker），其中包含该服务的"完整的"运行时环境。这是我们思考基础设施方式的一个重要转变。我们的机器镜像的供应需要通过脚本实现完全自动化，并且这个脚本与服务源代码一起处于源代码控制之下。在微服务环境中，这种职责通常会从运维团队转移到拥有该服务的开发团队。请记住，微服务开发的核心原则之一是将服务的全部运维责任推给开发人员。

- 不可变的——包含服务的机器镜像一旦构建，在镜像部署完后，镜像的运行时配置就不应该被触碰或更改。如果需要进行更改，则需要在源代码控制下的脚本中进行配置，并且服务和基础设施必须再次经历构建过程。运行时配置（垃圾回收设置、使用的 Spring profile 等）的更改应该作为环境变量传递给镜像，而应用程序配置应该与容器隔离（Spring Cloud Config）。

构建一个健壮的、通用的构建部署管道是一项非常重要的工作，并且通常是针对服务将要运行的运行时环境专门设计的。这项工作通常涉及一个专门的 DevOps（开发/运维）工程师团队，他们的唯一工作就是使构建过程通用化，以便每个团队都可以构建自己的微服务，而不必为自己重复发明整个构建过程。遗憾的是，Spring 是一个开发框架，它并没有为实现构建/部署管道提供大量的功能。但这并不意味着这样的部署管道无法构建。

12.1　构建/部署管道的架构

本章的目标是为你提供构建/部署管道的工作组件，以便你可以将这些组件定制到自己的特定环境。让我们通过查看构建/部署管道的通用架构以及它代表的一些通用模式和主题来开始讨论。为了保持这些示例的流畅，我们做了一些我们通常不会在自己的环境中做的事情，我们会相应地介绍这些东西。

关于部署微服务的讨论将从第 1 章中的图开始。图 12-1 是在第 1 章中的图的副本，它展示了搭建微服务构建/部署管道所涉及的组件和步骤。

图 12-1 看起来有些熟悉，因为它是基于用于实现持续集成（Continuous Integration，CI）的通用构建/部署模式的。

（1）开发人员将他们的代码提交到源代码存储库。

（2）构建工具监控源代码控制存储库的更改，并在检测到更改时启动一个构建。

（3）在构建期间，将运行应用程序的单元测试和集成测试，如果一切都通过，就会创建一个可部署的软件制品（一个 JAR、WAR 或 EAR）。

（4）然后这个 JAR、WAR 或 EAR 可能被部署到另一台服务器上运行的应用程序服务器（通常是一个开发服务器）。

构建/部署管道也遵循类似的过程，直到代码为部署做好准备。我们将通过以下步骤，将持续交付添加到图 12-1 所示的构建/部署过程。

（1）开发人员将他们的服务代码提交到源代码存储库。

（2）构建/部署引擎监控源代码存储库的更改。如果代码被提交，构建/部署引擎将检查代码并运行构建脚本。

（3）在构建脚本编译代码并运行它的单元测试和集成测试后，将服务编译成可执行软件制品。因为我们的微服务是使用 Spring Boot 构建的，所以我们的构建过程将创建一个可执行的 JAR 文件，该文件包含服务代码和自包含的 Tomcat 服务器。

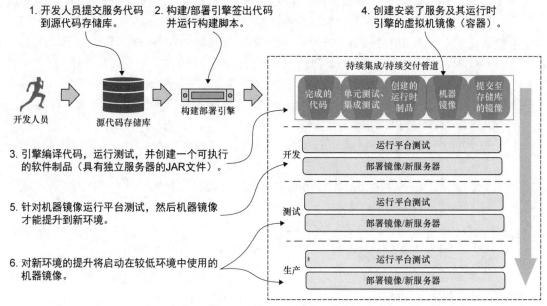

图 12-1　构建/部署管道中的每个组件都会自动执行原本手动完成的任务

请注意，从下一步开始，我们的构建/部署管道开始与传统 Java CI 构建过程有所不同。

（4）在构建了可执行的 JAR 之后，我们将使用部署到机器镜像中的微服务来"烘焙"机器镜像。这个烘焙过程创建了一个虚拟机镜像或容器（Docker），并将我们的服务安装到它上面。

虚拟机镜像启动后，服务将启动并准备开始接受请求。与传统的 CI 构建过程不同，在传统的 CI 构建过程中，你可能会将编译后的 JAR 或 WAR 部署到应用程序服务器，这个应用程序服务器与应用程序是分开（通常由一个不同的团队管理）独立管理的；而采取 CI/CD 过程，我们将微服务、服务的运行时引擎以及机器镜像部署为一个相互依赖的单元，这个单元由编写该软件的开发团队进行管理。

（5）在正式部署到新环境之前，启动机器镜像，并针对正在运行的镜像运行一系列平台测试，以确定一切是否正常进行。如果平台测试通过，机器镜像将被提升到新环境中，并可使用。

（6）将服务提升到新环境，需要把在较低环境下使用的确切的机器镜像启动到下一个环境。这就是整个过程的秘诀——部署整个机器镜像。

通过持续部署，在创建服务器之后，不会对任何已安装的软件（包括操作系统）进行任何更改。通过提升并使用相同的机器镜像，可以保证服务器从一个环境提升到另一个环境时保持不变。

单元测试、集成测试和平台测试的对比

图 12-1 中展示了构建和部署服务过程中的几种类型的测试（单元、集成和平台）。在这种类型

的管道中有 3 种类型的典型测试。

- 单元测试——单元测试在服务代码编译之后，在部署到环境之前立即运行。测试被设计成完全隔离运行，每个单元测试都是很小的，聚焦于某一点。单元测试不应该依赖于第三方基础设施数据库、服务等。通常，单元测试的范围包含单个方法或函数的测试。
- 集成测试——集成测试在打包服务代码后立即运行。这些测试旨在测试整个工作流、代码路径，并对需要由第三方服务调用的主要服务或组件进行 stub 或 mock。在集成测试过程中，你可能会运行一个内存数据库来保存数据、对第三方服务调用进行 mock 等。对于集成测试，需要对第三方依赖项进行 stub 或 mock，以便任何调用远程服务的请求都会被 stub 或 mock。调用永远不会离开构建服务器。
- 平台测试——平台测试在服务部署到环境之前运行。这些测试通常测试整个业务流程，还会调用通常在生产系统中调用的所有第三方依赖项。平台测试在特定的环境中运行，不涉及任何mock 服务。运行这种类型的测试用于确定与第三方服务的集成问题，这些问题在集成测试期间第三方服务被 stub 时，通常不会被检测到。

如果你有兴趣深入了解如何创建单元、集成和平台测试，我们强烈推荐 Alex Soto Bueno、Andy Gumbrecht 和 Jason Porter 编写的 *Testing Java Microservices*（Manning，2018）。

这个构建/部署过程是基于 4 个核心模式构建的。这些模式来自构建微服务和基于云的应用程序的开发团队的集体经验。

- 持续集成/持续交付（CI/CD）——使用 CI/CD，应用程序代码不只是在代码提交和部署时进行构建和测试的。代码的部署应该是这样的：如果代码通过了它的单元测试、集成测试和平台测试，它应该立即被提升到下一个环境中。在大多数组织中，唯一的停止点是在提升到生产环境这一环节。
- 基础设施即代码——最终被推向开发以及更高的环境中的软件制品是机器镜像。在编译和测试完微服务的源代码之后，将立即提供机器镜像和安装在它上面的微服务。机器镜像的供应是通过一系列脚本执行的，这些脚本与每个构建一起运行。在构建完成后，没有人能触碰到服务器。镜像供应脚本应该保存在源代码控制之下，并像其他代码一样管理。
- 不可变服务器——一旦建立了服务器镜像，服务器的配置和微服务就不会在供应过程之后被触碰。这可以保证你的环境不会因开发人员或系统管理员进行"一个小小的更改"而受到"配置漂移"的影响，并最终导致中断。如果需要进行更改，则更改服务器的供应脚本，并启动一个新构建。
- 凤凰服务器——服务器运行的时间越长，就越容易发生配置漂移。通过杀死运行微服务的服务器，并使其从服务器机器镜像中重新启动，这样可以减少配置漂移的发生，还可以尽早暴露其他问题。

关于凤凰服务器的不变性与重生

有了不可变服务器的概念，我们应该始终保证服务器的配置与服务器机器镜像的完全一致。服务器应该可以选择在不改变服务或微服务行为的情况下被杀死，并从机器镜像中重新启动。这种死亡和复活的新服务器被 Martin Fowler 称为"凤凰服务器"，因为当旧服务器被杀死时，新服务器会从毁灭中再生。更多详细信息请参阅 Martin Fowler 个人网站。

凤凰服务器模式有两个基本的优点。首先，它暴露配置漂移并将配置漂移驱逐出你的环境。如果你不断地拆除并建立新服务器，那么你很有可能会提前暴露配置漂移。这对确保一致性有很大的帮助。

其次，通过允许你发现服务器或服务在被杀死并重新启动后不能完全恢复的状况，凤凰服务器模式有助于提高弹性。请记住，在微服务架构中，服务应该是无状态的，服务器的死亡应该是一个微不足道的小插曲。随机地杀死和重新启动服务器可以很快暴露你在服务或基础设施中具有状态的情况。最好是在部署管道中尽早发现这些情况和依赖关系，而不是在收到客户或公司的紧急电话时再发现。

在本章中，我们将看到如何使用一些非 Spring 工具来实现构建/部署管道。我们将利用为本书所构建的一套微服务，完成以下几件事。

（1）将我们的 Maven 构建脚本集成到一个名为 Jenkins 的持续集成/开发的云工具中。

（2）为每个服务构建不可变的 Docker 镜像，并将这些镜像推送到一个集中式存储库中。

（3）使用亚马逊的 Elastic Kubernetes Service（EKS）容器服务将整套微服务部署到亚马逊云上。

注意 本书不会详细解释 Kubernetes 是如何工作的。如果你是 Kubernetes 新手，或者想了解更多关于 Kubernetes 的工作原理，我们强烈推荐你阅读 Marko Lukša 的优秀著作 *Kubernetes in Action*（Manning，2017），它详细介绍了该主题。

在开始构建我们的管道之前，让我们先在云中设置核心基础设施。

12.2　在云中设置 O-stock 的核心基础设施

在本书的所有代码示例中，我们将所有应用程序运行在一个虚拟机镜像中，其中每个单独的服务都是作为 Docker 容器运行的。我们现在要做一些改变——将我们的数据库服务器（PostgreSQL）和缓存服务器（Redis）从 Docker 分离到亚马逊云中。所有其他服务将作为单节点亚马逊 EKS 集群中的 Docker 容器继续运行。图 12-2 展示了如何将 O-stock 服务部署到亚马逊云。

让我们浏览一遍图 12-2 并深入了解更多细节。注意，以下数字序号对应图 12-2 中的数字序号。

（1）所有的 O-stock 服务（除了数据库和 Redis 集群）都将部署为 Docker 容器，这些 Docker 容器在单节点 EKS 集群内部运行。EKS 配置并建立运行 Docker 集群所需的所有服务器。EKS 还可以监控在 Docker 中运行的容器的健康状况，并在我们的服务崩溃时重新启动服务。

（2）在部署到亚马逊云之后，我们将不再使用自己的 PostgreSQL 数据库和 Redis 服务器，而是使用亚马逊的关系数据库服务（Relational Database Service，RDS）和亚马逊的 ElastiCache 服务。我们可以继续在 Docker 中运行 Postgres 和 Redis 数据存储，但这里想强调的是，从一套基础设施转移到由云供应商完全管理的另一套基础设施非常容易。

（3）与桌面部署不同，我们希望服务器的所有流量都通过 API 网关。我们将使用亚马逊安全组，仅允许已部署的 EKS 集群上的 8072 端口可供外界访问。

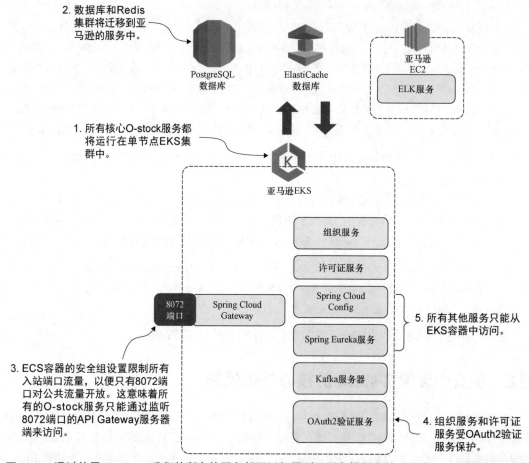

图 12-2　通过使用 Docker，我们的所有的服务都可以部署到云服务提供商的环境中，如亚马逊的 EKS

（4）我们仍将使用 Spring 的 OAuth2 服务器来保护我们的服务。在可以访问组织服务和许可证服务之前，用户需要使用我们的验证服务进行验证（详细信息参见第 9 章），并在每个服务调用中提供一个有效的 OAuth2 令牌。

（5）我们的所有服务器，包括我们的 Kafka 服务器，外界都无法通过它们公开的 Docker 端口进行访问。它们只在 EKS 容器中可访问。

使用 AWS 前的必要准备

要建立亚马逊基础设施，需要做以下准备。

- 自己的 AWS（Amazon Web Services）账户——你应该对 AWS 控制台和在该环境中工作的概念有一个基本的了解。

- 一个 Web 浏览器。
- AWS CLI（命令行界面）——这个统一工具管理 AWS 服务。
- Kubectl——这个工具让我们可以与我们的 Kubernetes 集群进行通信和交互。
- IAM Authenticator——这个工具为我们的 Kubernetes 集群提供身份验证。
- EksctlCLI——一个简单的命令行实用程序，用于在我们的 AWS 账户中管理和创建 AWS EKS 集群。

如果你对 AWS 完全陌生，强烈建议你读读 Michael 和 Andreas Wittig 撰写的书《AWS 云计算实战》（*Amazon Web Services in Action*）（Manning，2018）。这本书的第 1 章的最后包含一个精心编写的教程，介绍如何注册和配置 AWS 账户。这一章可以在 Manning 官网的《AWS 云计算实战（第 2 版）》（*Amazon Web Services in Action, Second Edition*）一书的页面中免费下载。

在本章中，我们尽可能尝试使用亚马逊提供的免费服务，唯一一个例外是创建 EKS 集群。我使用了一台 m4.large 服务器，每小时的运行成本大约是 0.1 美元。如果你不想承担运行此服务器的巨额费用，要确保在用完后关闭你的服务。如果你想了解更多关于 AWS EC2 实例定价的信息，请访问亚马逊官方文档。

最后，如果你想自己运行本章的代码，我们无法保证本章中使用的亚马逊资源（Postgres、Redis 和 EKS）可用。如果你要运行本章的代码，需要建立自己的 GitHub 存储库（用于你的应用程序配置）、Jenkins 环境、Docker Hub（用于 Docker 镜像）和 AWS 账户。然后需要修改应用程序配置以指向你自己的账号和凭据。

12.2.1 使用亚马逊的 RDS 创建 PostgreSQL 数据库

在开始本节之前，我们需要创建和配置我们的亚马逊 AWS 账户。完成之后，我们将创建要用于 O-stock 服务的 PostgreSQL 数据库。要做到这一点，我们首先需要登录到亚马逊 AWS 管理控制台。在你第一次登录到控制台时，将看到一个亚马逊 Web 服务列表。

（1）找到 RDS 的链接，点击这个链接可进入 RDS 仪表板。

（2）在 RDS 仪表板上点击那个大的 "Create Database" 按钮。

（3）你应该能看到一个数据库列表。虽然亚马逊 RDS 支持不同的数据库引擎，但你要选择 PostgreSQL 并点击选项。

现在你应该看到一个带有 3 个模板选项的界面：Production（生产数据库）、Dev/Test（开发/测试数据库）以及 Free tier（免费套餐）。在这里，选择 Free tier 选项。接下来，在 Settings 下面，添加有关我们的 PostgreSQL 数据库的必要信息，设置我们将用于登录数据库的主用户 ID 和密码。图 12-3 展示了这个界面。

接下来，我们将保留这些部分的默认配置：DB Instance Size（数据库实例大小）、Storage（存储）、Availability & Durability（可用性和持久性）以及 Database Authentication（数据库身份验证）。最后一步是设置以下选项。在任何时候，你都可以点击 "Info" 按钮来获取相关选项的帮助信息。图 12-4 展示了这个界面。

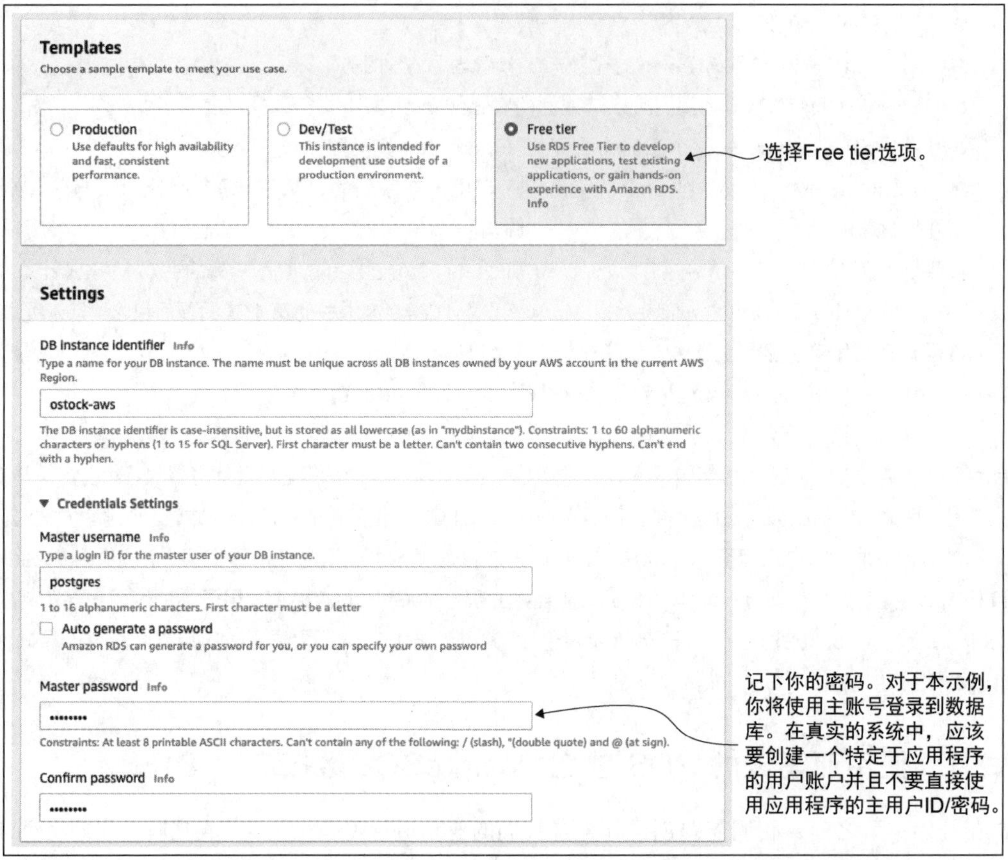

图 12-3 选择我们的数据库将使用生产模板、测试模板还是免费套餐模板，并在亚马逊的 AWS 管理控制台中设置基础数据库配置

- Virtual private cloud（VPC，虚拟私有云）——选择"Default VPC"。
- Publicly accessible（可公开访问）——选择"Yes"。
- VPC security group（VPC 安全组）——选择"Create new"，并为安全组添加一个名称。在本例中，我们将安全组命名为 ostock-sg。
- Database port（数据库端口）——输入 5432 作为 TCP/IP 端口。

此时，我们的数据库创建过程开始（可能需要几分钟）。完成之后，我们需要配置 O-stock 服务属性，以使用位于 Spring Cloud Config 服务器端的服务的配置文件中的数据库。为此，我们将返回到 RDS 仪表板以查看我们数据库的信息。图 12-5 展示了这个界面。

对于本章，你可以为每个需要访问基于亚马逊的 PostgreSQL 数据库的微服务创建了一个名为 aws-dev 的新应用程序 profile。该应用程序 profile 包含亚马逊数据库连接信息。

此时，我们的数据库已经准备好了（还不赖，只需要大约 5 次点击就能创建完成）。让我们转向下一个应用程序基础设施，看看如何创建 O-stock 许可证服务将要使用的 Redis 集群。

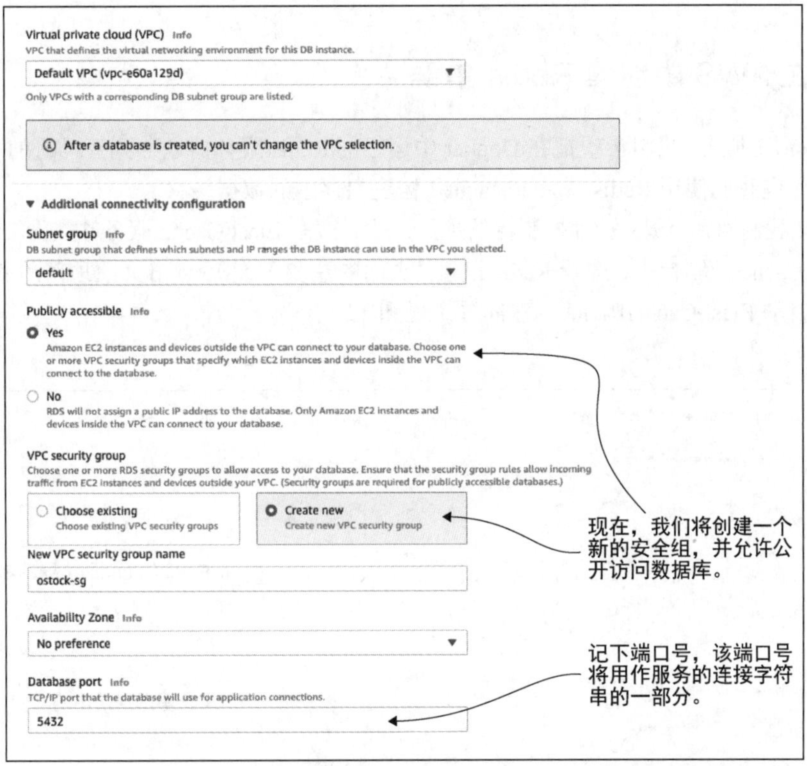

图 12-4 为 RDS 数据库设置网络环境、安全组和端口

图 12-5 查看新创建的亚马逊 RDS/PostgreSQL 数据库及其属性

12.2.2　在 AWS 中创建 Redis 集群

对于 O-stock 服务，我们希望把在 Docker 中运行的 Redis 服务器迁移到亚马逊的 ElastiCache。ElastiCache 允许我们使用 Redis 或 memcached 构建内存中的数据缓存。

首先，让我们回到 AWS 管理控制台的主页，然后搜索 ElastiCache 服务并点击 ElastiCache 链接。在 ElastiCache 控制台中，选择 Redis 链接（页面的左侧），然后点击页面顶部的蓝色"Create"按钮。这将启动 ElastiCache/Redis 创建向导（见图 12-6）。

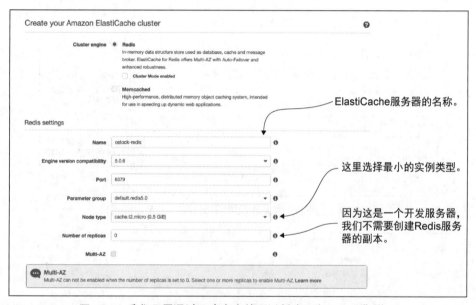

图 12-6　我们只需通过几次点击就可以创建一个 Redis 集群，
该集群的基础设施是由亚马逊管理的

对于这个页面上的"Advance Redis"设置，让我们选择与创建的 PostgreSQL 数据库相同的安全组，然后取消勾选"Enable Automatic Backups"选项。根据你的喜好填完表单后，点击"Create"按钮。ElastiCache 将开始 Redis 集群创建过程（这将需要几分钟的时间）。亚马逊将构建一个单节点的 Redis 服务器，运行在最小的亚马逊服务器实例上。

创建完 Redis 集群之后，我们可以点击集群的名称进入详情页面，该页面显示集群中使用的端点（见图 12-7）。

许可证服务是唯一一个使用 Redis 的服务。如果你将本章中的代码示例部署到自己的亚马逊实例中，一定要适当地修改许可证服务的 Spring Cloud Config 文件。

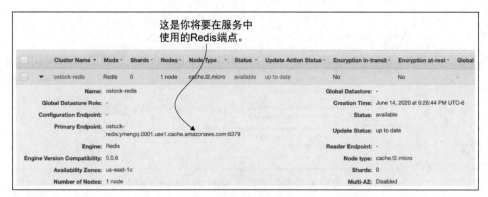

图 12-7　"Primary Endpoint"是服务连接到 Redis 所需的关键信息

12.3　超越基础设施：部署 O-stock 和 ELK

在本章的第二部分，你将把 Elasticsearch、Logstash 和 Kibana（ELK）服务部署到 EC2 实例，并把 O-stock 服务部署到亚马逊 EKS 容器。请记住，EC2 实例是亚马逊弹性计算云（Elastic Compute Cloud，EC2）中的虚拟服务器，可用于运行应用程序。同样，我们将 O-stock 部署分为两个部分。

第一部分工作是为缺乏耐心的人（如我们）做的，展示如何将 O-stock 手动部署到亚马逊 EKS 集群中。这将有助于你了解部署服务的机制，并查看在容器中运行的已部署服务。虽然自己动手手动部署服务很有趣，但这是不可持续的也是不推荐的。

在第二部分工作中，你将自动化整个构建/部署过程，将人类排除在构建和部署过程之外。这是你的目标结束状态。通过演示如何设计、构建和部署微服务到云，我们将会体验到这种目标状态要优于我们在本书中所介绍的手工方式。

12.3.1　创建运行 EKL 的 EC2 实例

为了设置 ELK 服务，我们将使用一个亚马逊 EC2 实例。将这个服务与我们将部署到 ELK 实例中的服务分离，表明我们可以拥有不同的实例，但仍然使用服务。为了创建 EC2 实例，我们将执行以下步骤。

（1）选择一个亚马逊机器镜像（Amazon Machine Image，AMI）。

（2）选择一个实例类型。

（3）为配置详细信息、存储和标签设置默认配置。

（4）创建一个新的安全组。

（5）启动 EC2 实例。

首先，回到 AWS 管理控制台的主页，搜索 EC2 服务，并点击相关链接。然后，点击蓝色的"Launch Instance"按钮打开 EC2 启动向导。该向导包含 7 个不同的步骤，我们将指导你完成每一个步骤。图 12-8 展示了 EC2 创建过程的第 1 步。

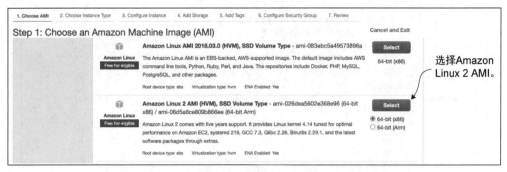

图 12-8　为 ELK 服务实例选择 Amazon Linux 2 AMI 选项

接下来，我们将选择实例类型。对于本例，我们选择低成本（每小时 0.1 美元）的 8 GB 内存的 m4.large 服务器。图 12-9 展示了 EC2 创建过程的第 2 步。

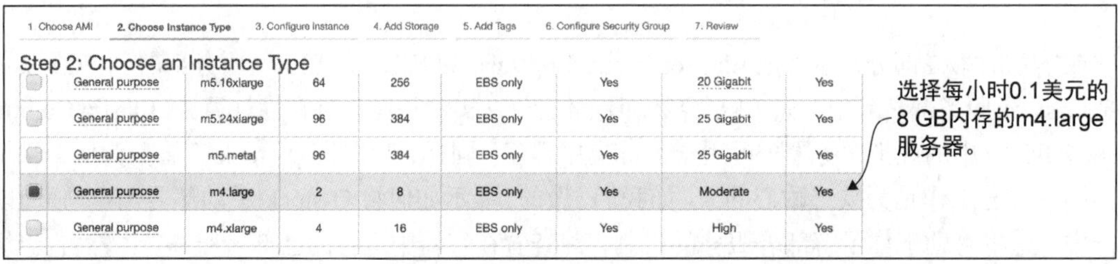

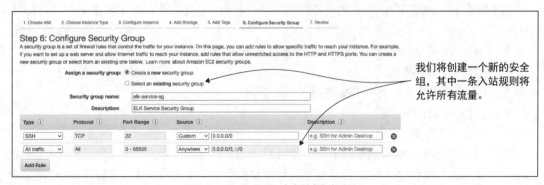

图 12-9　为 ELK 服务选择实例类型

选择实例后，点击"Next"按钮进入"Configure Instance"。在第 3 步、第 4 步和第 5 步中，你不需要更改任何内容，因此只需点击"Next"按钮，接受所有默认配置。

到了第 6 步，我们需要选择创建一个新的安全组（或者选择一个你已创建的现有亚马逊安全组），以应用于新的 EC2 实例。对于本例，我们将允许所有的入站流量（0.0.0.0/0 是整个万维网的网络掩码）。在实际场景中，你需要小心使用此设置，因此我们建议你花一些时间来分析最适合你需求的入站规则。图 12-10 展示了 EC2 创建过程的第 6 步。

图 12-10　为 EC2 实例创建安全组

安全组设置完成之后，点击"Review and Launch"按钮来检查 EC2 实例配置。确认配置正确后，点击"Launch Instances"按钮执行最后一步。最后一步涉及创建密钥对以连接到 EC2 实例。图 12-11 展示了这个过程。

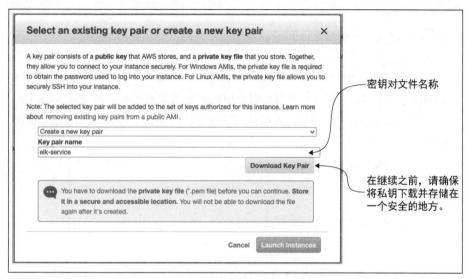

图 12-11　为 EC2 实例安全组创建密钥对

现在我们已经拥有了运行 ELK 技术栈所需的所有基础设施。图 12-12 显示了我们的 EC2 实例的状态。

图 12-12　亚马逊 EC2 仪表板页面展示了新创建的 EC2 实例的状态

在继续下一步之前，请注意 IPv4 实例状态。我们需要该信息来连接到我们的 EC2 实例。

注意　在继续下一部分之前，我们强烈建议你查看第 12 章的源代码的 AWS 文件夹。在第 12 章的源代码中，我们已经在.yaml 和 docker-compose 文件中创建了服务脚本，我们将使用它们来部署 EC2 和 EKS 容器。

要继续，在下载密钥对文件的路径上打开终端控制台，并执行以下命令：

```
chmod 400 <pemKey>.pem
scp -r -i <pemKey>.pem ~/project/folder/from/root ec2-user@<IPv4>:~/
```

需要强调的是，我们将使用一个包含部署我们的服务所需的所有配置文件的项目文件夹。如果你从 GitHub 下载了 AWS 文件夹，你可以使用它作为你的项目文件夹。执行前面的命令后，应该会看到如图 12-13 所示的输出。

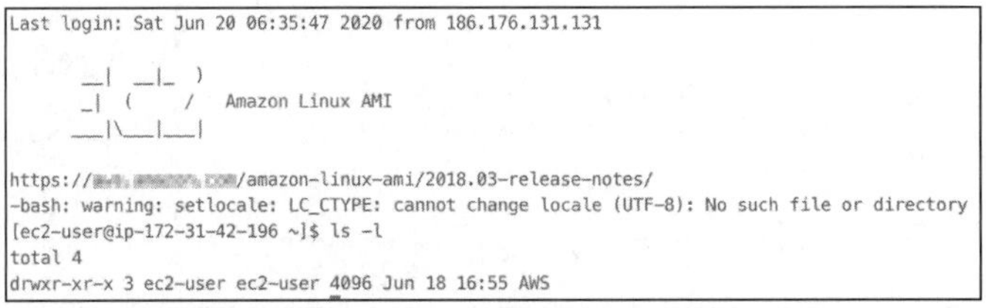

```
Last login: Sat Jun 20 06:35:47 2020 from 186.176.131.131

      __|  __|_  )
      _|  (     /   Amazon Linux AMI
     ___|\___|___|

https://         /amazon-linux-ami/2018.03-release-notes/
-bash: warning: setlocale: LC_CTYPE: cannot change locale (UTF-8): No such file or directory
[ec2-user@ip-172-31-42-196 ~]$ ls -l
total 4
drwxr-xr-x 3 ec2-user ec2-user 4096 Jun 18 16:55 AWS
```

图 12-13　我们现在可以使用 SSH 和前面创建的密钥对登录到 EC2 实例

如果列出我们的 EC2 实例的文件和根目录，我们将看到整个项目文件夹已被推送到 EC2 实例中。现在一切都设置好了，让我们继续 ELK 部署。

12.3.2　在 EC2 实例中部署 ELK 技术栈

现在我们已经创建并登录到实例，接下来让我们继续部署 ELK 服务。为此，我们必须完成以下步骤。

（1）更新 EC2 实例。

（2）安装 Docker。

（3）安装 Docker Compose。

（4）运行 Docker。

（5）运行包含 ELK 服务的 docker-compose 文件。

要执行前面的所有步骤，请运行代码清单 12-1 中所示的命令。

代码清单 12-1　EC2 实例中的 ELK 部署

安装 Docker　　　　　　　　　更新安装在系统上的应用程序
　　　　　　　　　　　　　　（在这里是 EC2 实例）
```
  sudo yum update          ◄
└─►sudo yum install docker
  sudo curl -L https://github.com/docker/compose/releases/
```

```
        download/1.21.0/docker-compose-`uname
        -s`-`uname -m` | sudo tee /usr/local/bin/          安装 Docker Compose
        docker-compose > /dev/null
sudo chmod +x /usr/local/bin/docker-compose
sudo ln -s /usr/local/bin/docker-compose /usr/bin/docker-compose
sudo service docker start
sudo docker-compose -f AWS/EC2/                             在 EC2 实例中
        docker-compose.yml up -d                           运行 Docker
```

运行 docker-compose 文件。-d 选项表示在后台运行进程

现在我们已经运行了所有的 ELK 服务，要验证一切都已启动，可以输入 http://<IPv4>:5601/ 这个 URL。你将会看到 Kibana 的仪表板。现在我们已经运行了 ELK 服务，让我们创建一个亚马逊 EKS 集群来部署我们的微服务。

12.3.3 创建一个 EKS 集群

部署 O-stock 服务前的最后一步是设置亚马逊 EKS 集群。EKS 是亚马逊的一项服务，允许我们在 AWS 上运行 Kubernetes。Kubernetes 是一个开源系统，它可以自动化部署、调度、创建和删除容器。如前所述，管理大量容器和微服务会变成一项具有挑战性的任务。有了 Kubernetes 这样的工具，我们可以更快、更高效地处理我们的所有容器。例如，让我们设想以下场景。

我们需要更新一个微服务及其镜像，而基于此镜像，已经创建了几十或上百个容器。你能想象自己手动删除并重新创建这些容器吗？使用 Kubernetes 的话，你只需执行一个简短的命令，就可以销毁和重新创建这些容器。这只是 Kubernetes 带来的诸多优势之一。现在我们已经对 Kubernetes 是什么以及它能做什么有了一个简要的认知，让我们继续。

创建 EKS 集群的过程可以通过 AWS 管理控制台或 AWS CLI 来完成。本例将展示如何使用 AWS CLI。

注意 要继续本部分，请确保你拥有前面标题为"使用 AWS 前的必要准备"的边注栏中提到的所有工具，并确保你已经配置了 AWS CLI。如果你还没有，我们强烈建议你查看亚马逊的官方文档。

在配置和安装了所有必要的工具之后，就可以开始创建和配置 Kubernetes 集群了。为此，我们需要完成以下工作。

（1）供应 Kubernetes 集群。

（2）将微服务镜像推送至存储库。

（3）将我们的微服务部署到 Kubernetes 集群。

1. 供应 Kubernetes 集群

要使用 AWS CLI 创建集群，我们需要使用 eksctl。这可以通过使用以下命令来完成：

```
eksctl create cluster --name=ostock-dev-cluster
    --nodes=1 --node-type=m4.large
```

前面的 eksctl 命令行让我们可以创建一个 Kubernetes 集群（名为 ostock-dev-cluster），它使用单个 m4.large 的 EC2 实例作为工作节点。在这个场景中，我们使用之前在 EC2 ELK 服务创建向导中选择的相同实例类型。执行该命令需要几分钟。在处理过程中，你会看到不同的行输出，但你会知道它什么时候完成，因为你会看到以下输出：

```
[✓] EKS cluster "ostock-dev-cluster" in "region-code" region is ready
```

执行之后，现在可以运行 kubectl get svc 命令来验证 Kubectl 配置是否正确。运行这个命令应该显示以下输出：

```
NAME            TYPE         CLUSTER-IP      EXTERNAL-IP     PORT(S)     AGE
kubernetes      ClusterIP    10.100.0.1      <none>          443/TCP     1m
```

2. 将微服务镜像推送至存储库

到目前为止，我们的服务都是在本地机器上构建的。要在我们的 EKS 集群中使用这些镜像，需要将 Docker 容器镜像推送至容器镜像存储库。容器镜像存储库（container repository）就像 Maven 存储库，用于存储你创建的 Docker 镜像。Docker 镜像可以被打上标签并上传到容器镜像存储库，然后其他项目可以下载和使用这些镜像。

像 Docker Hub 这样的存储库有几种，但对于本例，我们将继续使用 AWS 基础设施——亚马逊弹性容器注册表（Elastic Container Registry，ECR）。要了解更多关于 ECR 的信息，请参阅亚马逊官方文档。

要将镜像推送至容器注册表，我们必须确保 Docker 镜像位于我们本地的 Docker 目录中。如果它们不存在，请在父 pom.xml 文件上执行以下命令：

```
mvn clean package dockerfile:build
```

一旦命令执行，我们现在应该在 Docker 镜像列表中看到相关镜像。要验证这一点，可以执行 docker images 命令。你应该会看到以下输出：

```
REPOSITORY                      TAG          IMAGE ID        SIZE
ostock/organization-service     chapter12    b1c7b262926e    485MB
ostock/gatewayserver            chapter12    61c6fc020dcf    450MB
ostock/configserver             chapter12    877c9d855d91    432MB
ostock/licensing-service        chapter12    6a76bee3e40c    490MB
ostock/authentication-service   chapter12    5e5e74f29c2    452MB
ostock/eurekaserver             chapter12    e6bc59ae1d87    451MB
```

下一步是用我们的 ECR 对 Docker 客户端进行身份验证。为此，我们需要通过执行以下命令来获取密码和我们的 AWS 账户 ID：

```
aws ecr get-login-password
aws sts get-caller-identity --output text --query "Account"
```

第一条命令检索密码，而第二条命令返回我们的 AWS 账户。我们将使用这两个值来验证我们的 Docker 客户端。现在我们有了凭据，让我们执行以下命令进行身份验证。

```
docker login -u AWS -p [password]
➥ https://[aws_account_id].dkr.ecr.[region].amazonaws.com
```

完成身份验证之后，下一步就是创建存储我们的镜像的存储库。要创建这些存储库，让我们执行以下命令：

```
aws ecr create-repository --repository-name ostock/configserver
aws ecr create-repository --repository-name ostock/gatewayserver
aws ecr create-repository --repository-name ostock/eurekaserver
aws ecr create-repository --repository-name ostock/authentication-service
aws ecr create-repository --repository-name ostock/licensing-service
aws ecr create-repository --repository-name ostock/organization-service
```

当每条命令执行时，你应该会看到类似于以下内容的输出：

```
{
    "repository": {
        "repositoryArn": "arn:aws:ecr:us-east-2:
    8193XXXXXXX43:repository/ostock/configserver",
        "registryId": "8193XXXXXXX43",
        "repositoryName": "ostock/configserver",
        "repositoryUri": "8193XXXXXXX43.dkr.ecr.
    us-east-2.amazonaws.com/ostock/configserver",
        "createdAt": "2020-06-18T11:53:06-06:00",
        "imageTagMutability": "MUTABLE",
        "imageScanningConfiguration": {
            "scanOnPush": false
        }
    }
}
```

请确保记下所有存储库 URI，因为我们将需要它们来创建标签和推送镜像。为了给我们的镜像创建标签，让我们执行以下命令：

```
docker tag ostock/configserver:chapter12 [configserver-repository-uri]:
chapter12
docker tag ostock/gatewayserver:chapter12 [gatewayserver-repository-uri]:
chapter12
docker tag ostock/eurekaserver:chapter12 [eurekaserver-repository-uri]:
chapter12
docker tag ostock/authentication-service:chapter12 [authentication-service-repository-
uri]:chapter12
docker tag ostock/licensing-service:chapter12 [licensing-service-repository-
uri]:chapter12
docker tag ostock/organization-service:chapter12 [organization-service-repository-
uri]:chapter12
```

`docker tag` 命令为镜像创建一个新标签。如果你执行此命令，应该会看到类似于图 12-14 所示的输出。

```
REPOSITORY                                                           TAG       IMAGE ID      CREATED       SIZE
819322222443.dkr.ecr.us-east-2.██████████.███/ostock/organization-service  chapter12  b1c7b262926e  45 hours ago  485MB
ostock/organization-service                                         chapter12  b1c7b262926e  45 hours ago  485MB
819322222443.dkr.ecr.us-east-2.██████████.███/ostock/gatewayserver chapter12  61c6fc020dcf  45 hours ago  450MB
ostock/gatewayserver                                                chapter12  61c6fc020dcf  45 hours ago  450MB
819322222443.dkr.ecr.us-east-2.██████████.███/ostock/configserver  chapter12  877c9d855d91  45 hours ago  432MB
ostock/configserver                                                 chapter12  877c9d855d91  45 hours ago  432MB
819322222443.dkr.ecr.us-east-2.██████████.███/ostock/licensing-service     chapter12  6a76bee3e40c  46 hours ago  490MB
ostock/licensing-service                                            chapter12  6a76bee3e40c  46 hours ago  490MB
819322222443.dkr.ecr.us-east-2.██████████.███/ostock/authentication-service chapter12 f5e5e74f29c2  5 days ago    452MB
ostock/authentication-service                                       chapter12  f5e5e74f29c2  5 days ago    452MB
819322222443.dkr.ecr.us-east-2.██████████.███/ostock/eurekaserver  chapter12  e6bc59ae1d87  5 days ago    451MB
ostock/eurekaserver                                                 chapter12  e6bc59ae1d87  5 days ago    451MB
```

图 12-14 带有亚马逊弹性容器注册表（ECR）存储库 URI 标签的 Docker 镜像

最后，我们可以将微服务镜像推送到 ECR 注册表存储库。为此，我们将执行以下命令。

```
docker push [configserver-repository-uri]:chapter12
docker push [gatewayserver-repository-uri]:chapter12
docker push [eurekaserver-repository-uri]:chapter12
docker push [authentication-service-repository-uri]:chapter12
docker push [licensing-service-repository-uri]:chapter12
docker push [organization-service-repository-uri]:chapter12
```

执行完所有这些命令，你就可以在 AWS 管理控制台中访问 ECR 服务。你应该会看到一个类似于图 12-15 所示的列表。

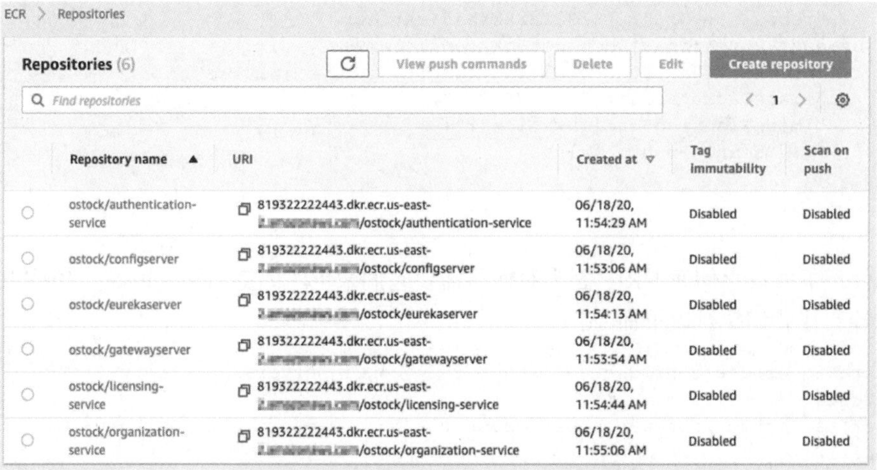

图 12-15 本章示例的 ECR 存储库

3. 将我们的微服务部署到 Kubernetes 集群

为了部署我们的微服务，我们首先需要确保许可证服务、组织服务和网关服务的 Spring Cloud Config 的配置文件已经配置妥当。请记住，PostgreSQL、Redis 和 ELK 技术栈服务发生了变化。

注意 在第 12 章的源代码中，你可以找到我们对配置服务器端所做的所有更改，其中还包含 Logstash 服务器的配置。请记住，我们在创建 Logstash 配置时使用了一个硬编码值。

在部署我们的微服务之前，让我们先创建 Kafka 和 ZooKeeper 服务。有几种方法可以创建这些服务。在这里，我们选择使用 Helm chart。Helm 是 Kubernetes 集群的包管理器。Helm chart 是一个 Helm 包，它包含在 Kubernetes 集群中运行特定服务、应用程序或工具所需的所有资源定义。

注意 如果你没有安装 Helm，请参阅 Helm 官方文档，查看所有可能的在计算机上安装 Helm 的方式。

一旦安装了 Helm，让我们执行以下命令来创建 Kafka 和 ZooKeeper 服务：

```
helm install zookeeper bitnami/zookeeper \
  --set replicaCount=1 \
  --set auth.enabled=false \
  --set allowAnonymousLogin=true

helm install kafka bitnami/kafka \
  --set zookeeper.enabled=false \
  --set replicaCount=1 \
  --set externalZookeeper.servers=zookeeper
```

执行这些命令后，你应该会看到带有服务细节的输出。要确保所有服务都成功运行，请执行 `kubectl get pods` 命令查看正在运行的服务。

```
NAME            READY    STATUS     RESTARTS    AGE
kafka-0         1/1      Running    0           77s
zookeeper-0     1/1      Running    0           101s
```

部署服务的下一步是将我们的 docker-compose 文件转换为兼容的 Kubernetes 格式。为什么呢？原因是 Kubernetes 不支持 Docker Compose 文件，因此，为了执行这些文件，我们需要使用一个名为 Kompose 的工具。

Kompose 将 Docker Compose 文件转换为容器实现，如 Kubernetes。通过这个工具，我们可以使用 `kompose convert <file>` 命令转换所有的 docker-compose.yaml 文件，可以使用 `kompose up` 命令运行 docker-compose 文件，等等。如果你想了解更多关于 Kompose 的信息，我们强烈建议你查阅 Kompose 官方文档。

本例的这些文件在第 12 章的源代码的 AWS/EKS 文件夹中。在继续之前，让我们回顾一下 Kubernetes 服务的类型，它允许我们将服务公开给外部 IP 地址。Kubernetes 有以下 4 种类型的服务。

- ClusterIP——在集群内部 IP 地址上公开服务。如果我们选择这个选项，则服务将只在我们的集群中可见。
- NodePort——在静态端口（`NodePort` 值）公开服务。Kubernetes 分配的默认端口范围为 3000 至 32767。可以通过使用 service.yaml 文件的 `spec.containers.commands` 部分中的 `--service-node-port-range` 标志来更改该范围。
- Load Balancer——使用云负载均衡器对外公开服务。
- ExternalName——将服务映射到外部名称的内容。

如果查看这些文件，你将看到一些<*service*>.yaml 文件具有 type=NodePort 和 NodePort 属性。在 Kubernetes 中，如果我们不定义服务类型，Kubernetes 将使用默认的 ClusterIP 服务类型。

现在我们对 Kubernetes 服务类型有了更多的了解，让我们继续。要使用这些转换后的文件创建服务，请在 AWS/ELK 文件夹的根目录下执行以下命令：

```
kubectl apply -f <service>.yaml,<deployment>.yaml
```

我们倾向于单独执行此命令，以查看是否成功创建了所有服务，但你也可以同时创建所有服务。要做到这一点，你需要像前面的命令一样，使用-f 参数连接所有 YAML 文件。例如，要创建配置服务器端并查看 pod 状态和日志，我们需要执行以下命令：

```
kubectl apply -f configserver-service.yaml,configserver-deployment.yaml
kubectl get pods
kubect logs <POD_NAME> --follow
```

为了测试我们的服务是否启动并运行，我们需要向安全组添加一些规则，以允许所有来自节点端口的传入流量。为此，让我们执行以下命令来检索安全组 ID：

```
aws ec2 describe-security-groups --filters Name=group-name,
Values="*eksctl-ostock-dev-cluster-nodegroup*" --query
    "SecurityGroups[*].{Name:GroupName,ID:GroupId}"
```

让我们通过使用安全组 ID 执行以下命令来创建入站规则。你也可以在 AWS 管理控制台中通过进入安全组并创建一个新的入站流量规则来做到这一点。

```
aws ec2 authorize-security-group-ingress --protocol tcp --port 31000
--group-id [security-group-id] --cidr 0.0.0.0/0
```

要获取外部 IP 地址，可以执行 kubectl get nodes -o wide 命令。该命令展示的输出与图 12-16 所示的类似。

图 12-16　获取节点外部 IP 地址

现在你可以在浏览器中打开以下 URL：http:<node-external-ip>:<nodeport>/actuator。如果需要删除 pod、服务或部署，你可以执行下面列出的命令：

```
kubectl delete -f <service>.yaml
kubectl delete -f <deployment>.yaml
kubectl delete <POD_NAME>
```

我们快完成了。如果你查看过 YAML 文件，可能已经注意到 postgres.yaml 文件有点不同。在这个文件中，我们将指定数据库服务将与外部地址一起使用。为了使连接正常工作，你应该为 RDS Postgres 服务指定端点。代码清单 12-2 展示了如何做。

代码清单 12-2 向数据库服务添加外部引用

```
apiVersion: v1
kind: Service
metadata:
  labels:
    app: postgres-service
  name: postgres-service
spec:
  externalName: ostock-aws.cjuqpwnyahhy.us-east-2
                .rds.amazonaws.com          ←———— 设置 RDS PostgreSQL 端点
  selector:
    app: postgres-service
  type: ExternalName
status:
  loadBalancer: {}
```

请确保添加了 RDS PostgreSQL 实例的 `externalName` 端点。完成此更改后，可以执行以下命令。创建并运行服务之后，现在就可以继续运行所有其他服务了。

```
kubectl apply -f postgres.yaml
```

在按照本章内容进行开发时，我们注意到，我们需要创建一个 VPC 对等连接，并更新 RDS 和 EKS 集群的路由表，以允许它们之间通信。我们不会描述如何做到这一点，但我们强烈建议你阅读文章 "Accessing Amazon RDS From AWS EKS"，它包含所有步骤，或者阅读 AWS 官方文档以了解更多关于 VPC 对等连接的信息。

至此，你已经成功地将第一组服务部署到亚马逊 EKS 集群。现在，让我们看看如何设计一个构建/部署管道，它可以将服务编译、打包和部署到亚马逊的过程自动化。

12.4 构建/部署管道实战

从 12.1 节中介绍的通用架构中，你可以看到，在构建/部署管道背后有许多活动部件。由于本书的目的是"在实战中"向读者介绍知识，因此我们将详细介绍为 O-stock 服务实现构建/部署管道的细节。图 12-17 列出了我们要用来实现这一管道的不同技术。

让我们来看看构建/部署管道所需的技术。

- GitHub——GitHub 是我们的源代码控制存储库。本书的所有应用程序代码都在 GitHub 中。我们选择 GitHub 作为源代码控制存储库是因为 GitHub 提供了各种各样的 Web 钩子（webhook）和健壮的基于 REST 的 API，可用于将 GitHub 集成到构建过程中。
- Jenkins——Jenkins 是我们用于构建和部署 O-stock 微服务，并供应 Docker 镜像的持续集成引擎。Jenkins 易于通过它的 Web 界面进行配置，此外，Jenkins 还包含一些内置的插件，这将使我们的工作更容易。
- Maven/Spotify Docker 插件或 Spring Boot 集成 Docker 插件——虽然我们使用 vanilla Maven 编译、测试和打包 Java 代码，但这些关键 Maven 插件让我们可以从 Maven 内部

启动 Docker 构建的创建。

- Docker——我们选择 Docker 作为容器平台出于两个原因。首先，Docker 在多个云服务提供商之间是可移植的。我们可以采用相同的 Docker 容器，并以最少的工作将其部署到 AWS、Azure 或 Cloud Foundry。其次，Docker 是轻量级的。

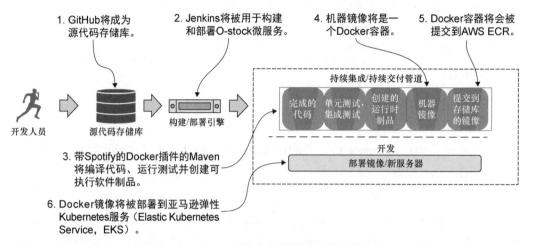

图 12-17　O-stock 构建/部署管道中使用的技术

在本书结束时，你会构建并部署大约 10 个 Docker 容器（包括数据库服务器、消息传递平台和搜索引擎）。在本地桌面上部署相同数量的虚拟机将是很困难的，因为每个镜像的规模大，并且需要的运行速度高。

- 亚马逊弹性容器注册表（ECR）——构建完服务并创建了 Docker 镜像之后，需要使用唯一的标识符对 Docker 镜像进行打标签，并将它推送到中央存储库。对于这个 Docker 镜像存储库，我们选择使用 ECR。
- 亚马逊 EKS 弹性容器服务——我们的微服务的最终目标是将 Docker 实例部署到亚马逊的 Docker 平台。我们选择亚马逊作为云平台，是因为它是迄今为止最成熟的云供应商，它能让 Docker 服务的部署变得十分简单。

12.5　创建构建/部署管道

有数十种源代码控制引擎和构建/部署引擎（包括内部部署和基于云的）可以实现构建/部署管道。对于本书中的示例，我们特意选择了 GitHub 作为源代码控制存储库，并使用 Jenkins 作为构建引擎。Git 源代码控制存储库是非常流行的代码库，GitHub 是当今可用的最大的基于云的源代码控制存储库之一。Jenkins 是一个与 GitHub 紧密集成的构建引擎。它使用起来也很简单，这使得构建和部署管道的建造和实施变得很容易。

到目前为止，本书中的所有代码示例都可以从桌面单独运行（除连接到 GitHub 之外）。对于本章，如果你想完全遵循代码示例，就需要建立自己的 GitHub、Jenkins 和 AWS 账户。我们不会讲解如何设置 Jenkins。如果你不熟悉 Jenkins，可以查看我们制作的文件，该文件会一步一步引导你在 EC2 实例中从头开始设置 Jenkins 环境。该文件名为 jenkins_Setup.md，在第 12 章的源代码中。

12.5.1 设置 GitHub

为了构建管道，我们必须创建一个 GitHub Web 钩子。什么是 Web 钩子？Web 钩子也被称为 Web HTTP 回调。这些 HTTP 回调为其他应用程序提供实时信息。通常，当包含 Web 钩子的应用程序执行一个进程或动作时，会触发回调函数。

如果你还没听说过 Web 钩子，你可能想弄明白我们为什么需要它们。出于我们的目的，我们将在 GitHub 中创建一个 Web 钩子，这样它就可以让 Jenkins 知道何时进行了代码推送，从而 Jenkins 就可以启动一个特定的构建过程。要在 GitHub 中创建 Web 钩子，我们需要执行以下步骤。图 12-18 展示了这个过程。

（1）进入包含你的管道项目的源代码存储库。

（2）点击"Settings"选项。

（3）选择"Webhooks"。

（4）点击"Add Webhook"按钮。

（5）提供一个特定的 Paylaod URL。

（6）点击"Just the push event"选项。

（7）点击"Update webhook"按钮。

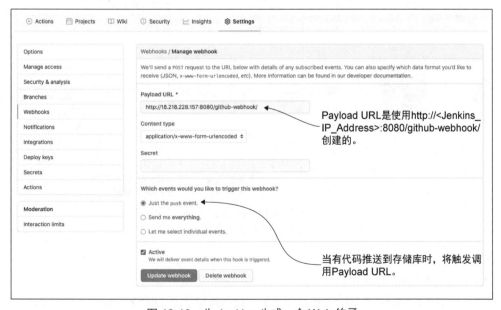

图 12-18　为 Jenkins 生成一个 Web 钩子

需要注意的是，Payload URL 是使用 Jenkins 的 IP 地址创建的。这样一来，GitHub 就可以在代码推送到仓库时调用 Jenkins。现在我们有了 Web 钩子，让我们使用 Jenkins 配置管道。

12.5.2　使服务能够在 Jenkins 中构建

在本书中构建的每个服务的核心都是一个 Maven pom.xml 文件，它用于构建 Spring Boot 服务，将服务打包到可执行 JAR 中，然后构建可用于启动服务的 Docker 镜像。本章到目前为止，服务的编译和启动都是通过以下步骤来完成。

（1）在本地机器上打开一个命令行窗口。

（2）运行对应章的 Maven 脚本。这将构建这一章的所有服务，然后将它们打包成一个 Docker 镜像，并将该镜像推送到本地运行的 Docker 存储库。

（3）从本地 Docker 存储库启动新创建的 Docker 镜像，方法是使用 `docker-compose` 和 `docker-machine` 命令启动对应章的所有服务。

问题是，如何在 Jenkins 中重复这个过程？这一切都是从一个名为 Jenkinsfile 的文件开始。Jenkinsfile 是一个脚本文件，它描述了当 Jenkins 执行我们的构建时我们想要采取的行动。这个文件存储在我们微服务的 GitHub 存储库的根目录下。

当一个提交发生在 GitHub 存储库上时，Web 钩子使用 Payload URL 对 Jenkins 进行调用，然后 Jenkins 任务搜寻 Jenkinsfile 以启动构建过程。图 12-19 展示了这一过程的步骤。

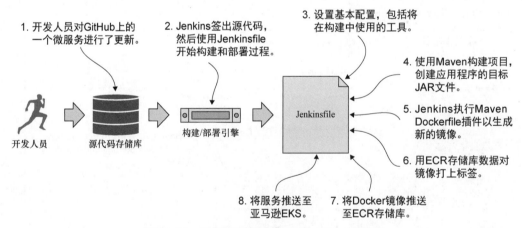

图 12-19　从开发人员再到 Jenkinsfile，构建和
部署软件的具体步骤

如图 12-19 所示，这一过程的步骤如下。

（1）开发人员对 GitHub 存储库上的一个微服务进行了更改。

（2）GitHub 通知 Jenkins 有一个推送发生了。这个通知是由 GitHub Web 钩子发出的。Jenkins

启动一个用于执行构建的进程。然后，Jenkins 从 GitHub 中签出源代码，并使用 Jenkinsfile 开始整个构建和部署过程。

（3）Jenkins 在构建中设置基本配置并安装依赖项。

（4）Jenkins 构建项目、执行单元测试和集成测试，并为应用程序生成目标 JAR 文件。

（5）Jenkins 执行 Maven Dockerfile 插件以生成新的 Docker 镜像。

（6）Jenkins 用 ECR 存储库数据对新镜像打上标签。

（7）构建过程使用与步骤（6）中使用的相同的标签名将镜像推送至 ECR。

（8）构建过程连接到 EKS 集群，并使用 service. yaml 文件和 deployment.yaml 文件部署服务。

一个简单提示

对于这本书，我们在同一个 GitHub 存储库内为每一章建立了一个单独的文件夹。各章的所有源代码都可以作为一个单独的单元来进行构建和部署。然而，对于你的项目，我们强烈建议你使用自己的存储库和独立构建过程在自己的环境中去建立每个微服务。这样，每个服务都可以相互独立地部署。

在构建过程示例中，我们将配置服务器端部署为单个单元，只是因为我们希望将项目分别推送到亚马逊云，并管理每个服务的构建脚本。在本例中，我们仅部署配置服务器端，但稍后，你可以使用相同的步骤创建其他部署。

现在，我们已经了解了使用 Jenkins 构建/部署过程中涉及的一般步骤，让我们看看如何创建 Jenkins 管道。

注意　要让管道工作，你需要安装几个 Jenkins 插件，如 GitHub Integration、GitHub、Maven Invoker,、Maven Integration、Docker pipeline、ECR、Kubernetes Continuous Deploy 和 Kubernetes CLI。要了解更多关于这些插件的信息，我们建议你阅读各个插件的官方 Jenkins 文档。

一旦我们安装了所有的插件，我们需要创建 Kubernetes 和 ECR 凭据。让我们首先从 Kubernetes 的凭据开始。要创建这些，我们需要点击 Manage Jenkins、Manage Credentials、Jenkins、Global Credentials，然后点击 "Add Credentials"。选择 "Kubernetes Configuration (kubeconfig)" 选项，用 Kubernetes 集群信息填写表单。

要从 Kubernetes 集群检索信息，请连接到 Kubernetes 集群，正如我们之前手动部署服务时所述，然后执行以下命令：

```
kubectl config view
```

复制返回的内容并将其粘贴到 Jenkins 的 Content 文本框中。图 12-20 展示了这个步骤。

现在，让我们创建 ECR 凭据。为此，我们首先需要进入 AWS 控制台的 IAM 页面，然后进入 "Users" 页面并点击 "Add User" 选项。在 "Add User" 页面中，需要指定用户名、访问类型和策略。接下来，下载带有用户凭据的.csv 文件，最后，保存用户。我们将在创建凭据时一步一步指导你。首先，在 IAM 页面中添加以下数据：

```
User name: ecr-user
Access type: Programmatic access
```

在第二个页面——权限页面中，选择"Attach Existing Policies Directly"选项，搜索"AmazonEC2ContainerRegistryFullAccess"，然后选择它。最后，在最后一个页面上，点击"Download .csv"。下载这一步非常重要，因为我们稍后将需要这些凭据。最后，点击"Save"按钮。

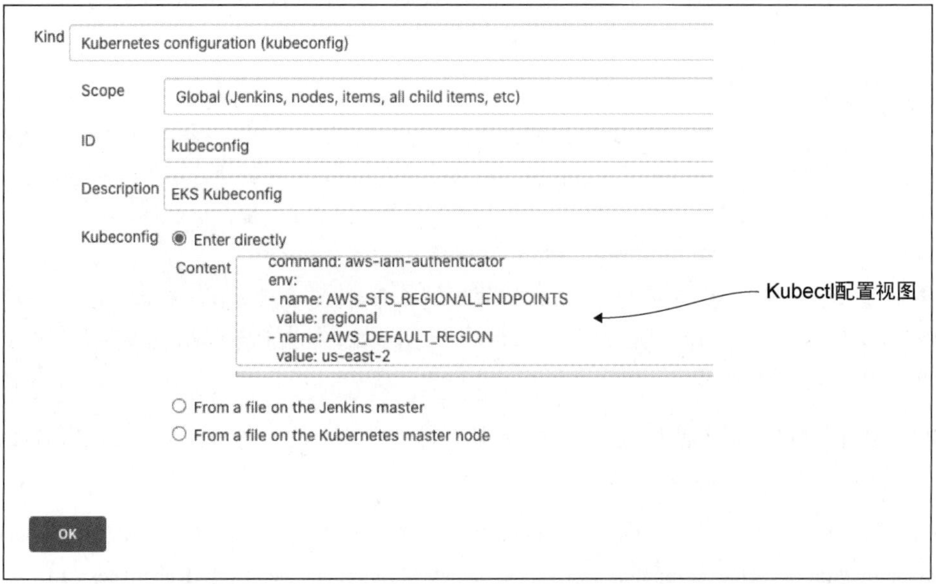

图 12-20　配置 kubeconfig 凭据以连接到 EKS 集群

下一步是将凭据添加到 Jenkins。但在此之前，请确保在 Jenkins 中安装了 ECR 插件。安装完成后，进入 Manage Jenkins、Manage Credentials、Jenkins、Global Configuration 页面，点击"Add Credentials"选项。在此页面中，添加以下数据：

```
ID: ecr-user
Description: ECR User
Access Key ID: <Access_key_id_from_csv>
Secret Access Key: <Secret_access_key_from_csv>
```

一旦创建了凭据，就可以继续创建管道了。图 12-21 展示了管道设置过程。要访问图 12-21 所示的页面，请转到 Jenkins 仪表板并点击屏幕左上角的"New Item"选项。

下一步是添加 GitHub 存储库 URL，并选择"GitHub hook trigger for GITScm polling"选项（见图 12-22）。这个选项启用我们在 12.5.1 节中配置的 Web 钩子的 Payload Url。

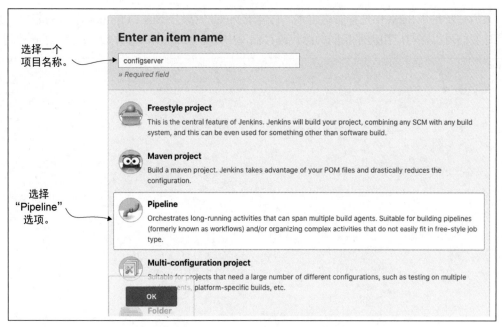

图 12-21 创建一个 Jenkins 管道以构建配置服务器端

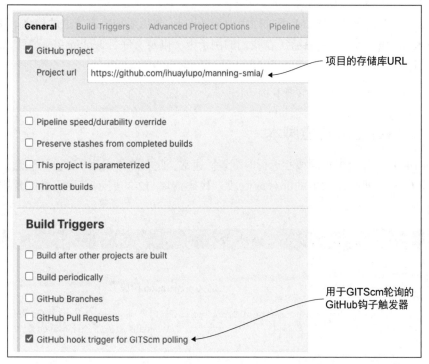

图 12-22 第一步，在 Jenkins 管道中配置 GitHub Web 钩子和存储库 URL

最后一步是从 SCM 中选择管道脚本，它位于 Pipeline 部分下的 Definition 下拉列表中。最后一步让我们可以在与应用程序相同的源代码存储库中搜索 Jenkinsfile。图 12-23 展示了这个过程。

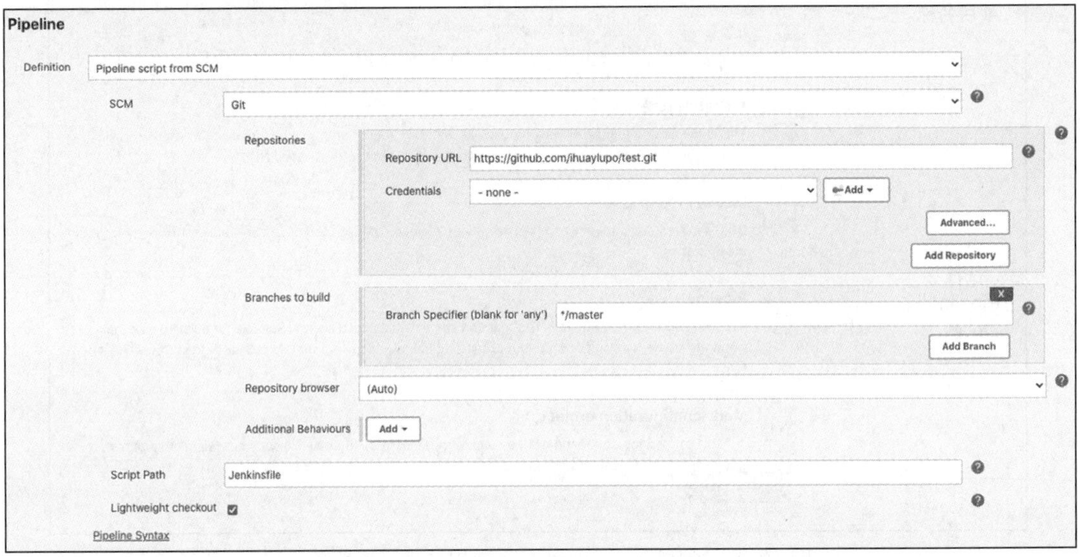

图 12-23　第二步，在 Jenkins 管道中配置 GitHub Web 钩子和存储库 URL

在图 12-23 中，我们从 SCM 下拉列表中选择 Git，然后添加特定管道的信息，比如存储库 URL、分支和作为根目录的脚本路径(在我们的例子中)，以及文件名 Jenkinsfile。最后，点击"Save"按钮转到管道主页。

注意　*如果存储库需要凭据，你将看到一个错误。*

12.5.3　理解并生成管道脚本

Jenkinsfile 用于配置构建的核心运行时配置。通常，此文件分成几个部分。注意，Jenkinsfile 可以根据你的需要拥有任意多的部分或阶段。代码清单 12-3 展示了我们的配置服务器端的 Jenkinsfile。

代码清单 12-3　配置 Jenkinsfile

```
node {
    def mvnHome
    stage('Preparation') {          ◄───────── 定义 preparation 阶段

        git 'https://github.com/ihuaylupo/spmia.git'  ◄───────── 设置 Git 存储库
        mvnHome = tool 'M2_HOME'    ◄───────── 从 Jenkins 服务器公开 Maven 配置
    }
    stage('Build') {          ◄───────── 定义 build 阶段
        // 运行 maven 构建
```

```
withEnv(["MVN_HOME=$mvnHome"]) {
    if (isUnix()) {
        sh "'${mvnHome}/bin/mvn' -Dmaven.test.failure.ignore
        clean package"
    } else {
        bat(/"%MVN_HOME%\bin\mvn" -Dmaven.test.failure.ignore
        clean package/)
    }
}
}
```

执行 Maven clean package 目标

```
stage('Results') {
    junit '**/target/surefire-reports/TEST-*.xml'
    archiveArtifacts 'configserver/target/*.jar'
}
```

获取 JUnit 结果并归档 Docker 镜像所需的应用程序 JAR 文件

```
stage('Build image') {
    sh "'${mvnHome}/bin/mvn'
-Ddocker.image.prefix=8193XXXXXXX43.dkr.ecr.us-east-2.amazonaws.com/
ostock -Dproject.artifactId=configserver
-Ddocker.image.version=latest dockerfile:build"
}
```

定义 Build image 阶段

执行 Maven dockerfile:build 指令，该指令创建新的 Docker 镜像并使用 ECR 存储库信息对其打标签

```
stage('Push image') {
    docker.withRegistry('https://8193XXXXXX43.dkr.ecr.us-east-
      2.amazonaws.com', 'ecr:us-east-2:ecr-user') {
        sh "docker push 8193XXXXXX43.dkr.ecr.us-east-
        2.amazonaws.com/ostock/
        configserver:latest"
    }
}
```

将镜像推送至 ECR 存储库

```
stage('Kubernetes deploy') {
    kubernetesDeploy configs: 'configserver-deployment.yaml', kubeConfig:
    [path: ''], kubeconfigId: 'kubeconfig', secretName: '', ssh:
    [sshCredentialsId: '*', sshServer: ''], textCredentials:
    [certificateAuthorityData: '', clientCertificateData: '', clientKeyData:
    '', serverUrl: 'https://']
}
}
```

定义 Kubernetes deploy 阶段

定义 Push image 阶段

这个 Jenkinsfile 描述了我们的管道中涉及的所有步骤。如你所见，该文件包含每个阶段的执行命令。在第一阶段，我们添加了 Git 配置。这样，我们就可以删除在构建部分中定义 GitHub 存储库 URL 的步骤。第二个命令行公开 Maven 安装路径，以便我们可以在整个 Jenkinsfile 中使用 Maven 命令。在第二阶段，我们定义将用于打包我们的应用程序的命令。在这里，我们使用 clean package 目标。为了打包我们的应用程序，我们将使用定义了 Maven 根目录的 Maven 环境变量。

第四阶段允许我们执行 Maven 目标 dockerfile:build，它负责创建新的 Docker 镜像。记得吧，我们在微服务的 pom.xml 文件中定义了 Maven spotify-dockerfile 插件。如果你仔细查看带有 dockerfile:build 的这一行，会注意到我们向 Maven 发送了一些参数。让我们来看看：

```
sh "'${mvnHome}/bin/mvn' -Ddocker.image.prefix=8193XXXXXXX43.dkr.ecr.useast-
2.amazonaws.com/ostock -Dproject.artifactId=configserver
-Ddocker.image.version=latest dockerfile:build"
```

在这个命令中，我们传入了 Docker 镜像前缀、镜像版本和 artifact ID。但是这里你可以根据需要传入任意多的参数。而且，这里还是设置你将在部署中使用的 profile（如 dev、stage 或 production）的好地方。此外，在这个阶段，你还可以使用 ECR 存储库数据创建特定的标签并将其分配给新镜像。在这个特定的场景中，我们使用的版本为 latest，但你可以指定不同的变量来创建不同的 Docker 镜像。

第五阶段将镜像推送到 ECR 存储库。在本例中，我们将刚刚创建的配置服务器端添加到 8193×××××××43.dkr.ecr.us-east-2.amazonaws.com/ostock 存储库中的 Docker 镜像中。最后一个阶段是 Kubernetes deploy 阶段，它负责将容器部署到我们的 EKS 集群。该命令根据你的配置可能有所不同，因此我们将介绍如何自动创建此阶段的管道脚本。

12.5.4 创建 Kubernetes 管道脚本

Jenkins 提供了一个“Pipeline Syntax”选项，可以让我们自动生成不同的可以在我们的 Jenkinsfile 中使用的管道片段。图 12-24 显示了这个过程。

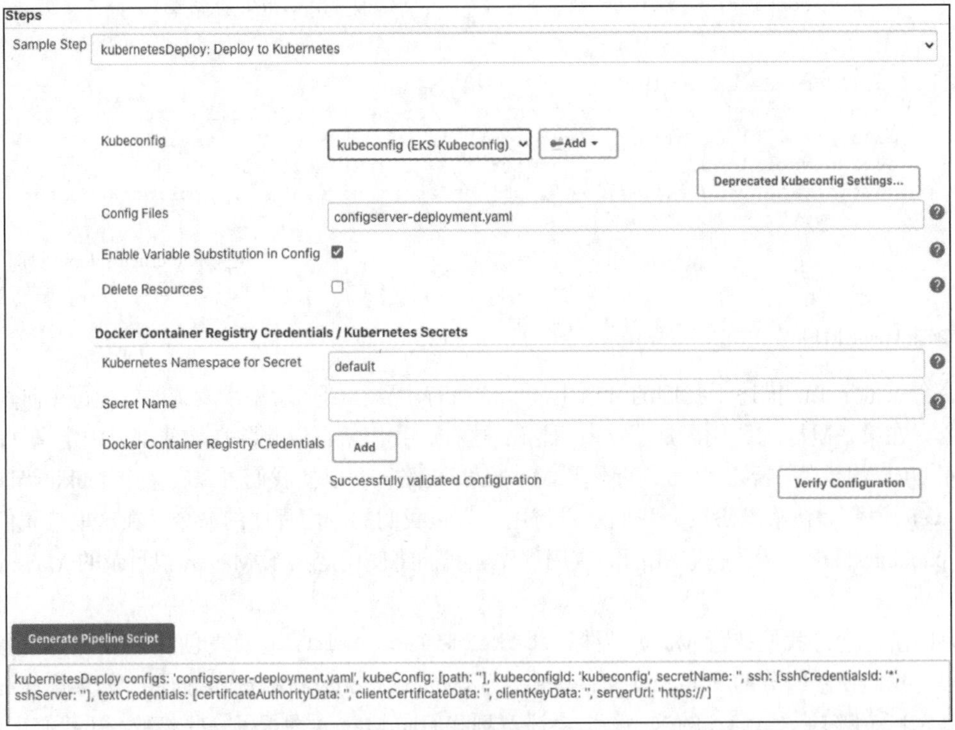

图 12-24 使用“Pipeline Syntax”选项以生成 kubernetesDeploy 命令

要使用这个选项，我们需要执行以下步骤。

（1）进入 Jenkins 仪表板页面并选择管道。

（2）点击仪表板页面左侧列中显示的"Pipeline Syntax"选项。

（3）在"Snippet Generator"页面上，点击"Sample Step"下拉列表，并选择"kubernetesDeploy: Deploy to Kubernetes"选项。

（4）在"Kubeconfig"下拉列表中，选择我们在上一节中创建的 Kubernetes 凭据。

（5）在 Config Files 选项中，选择 deployment.yaml 文件。这个文件位于 GitHub 项目的根目录下。

（6）将其他值保留为默认值。

（7）点击"Generate Pipeline Script"按钮。

注意 请记住，对于这本书，我们在同一个 GitHub 存储库中为每章建立了一个单独的文件夹。本章的所有源代码都可以作为一个单元构建和部署。我们强烈建议你使用自己的存储库和独立构建过程在自己的环境中去建立每个微服务。

一旦一切准备就绪，你就可以更改你的代码了。你的 Jenkins 管道会自动触发。

12.6 关于构建/部署管道的总结

当本章（和本书）结束时，我们希望你对构建一个构建/部署管道的工作量有所了解。一个功能良好的构建/部署管道对于部署服务至关重要。微服务架构的成功不仅取决于服务中涉及的代码，还要了解以下几点。

- 这个构建和部署管道中的代码是为了本书的目的而简化的。一个好的构建/部署管道将更为通用化。DevOps 团队负责编写构建/部署管道的代码，并将它分解成一系列独立的步骤（编译→打包→部署→测试），开发团队可以使用这些步骤来"挂钩"他们的微服务构建脚本。

- 本章中使用的虚拟机制作镜像过程过分简单化。每个微服务都使用一个 Docker 文件来定义将要安装在 Docker 容器上的软件。许多商家使用诸如 Ansible、Puppet 或 Chef 等供应工具，将操作系统安装和配置到虚拟机或正在构建的容器上。

- 本书的应用程序的云部署拓扑已被整合到一个服务器上。在实际的构建/部署管道中，每个微服务都有自己的构建脚本，并且可以独立地部署到集群的 EKS 容器中。

编写微服务是一项具有挑战性的任务。创建应用程序的复杂性不会因为微服务的出现而消失——复杂性只是换了一种面目出现。构建单个微服务的概念很容易理解，但是运行和支持一个健壮的微服务架构涉及的不仅仅是编写代码。请记住，对于如何创建应用程序，微服务架构为我们提供了许多选择和决策。在做这些决策时，我们需要考虑微服务是松耦合的、抽象的、独立的和受约束的。

希望到目前为止，我们已经为你提供了足够的信息（和经验）来创建自己的微服务架构。在这本书中，你了解了什么是微服务，以及实施它们所需的关键设计决策。你还学习了如何按照十二要素最佳实践（配置管理、服务发现、消息传递、日志记录、跟踪、安全性）创建一个完整的微服务架构，并使用各种可以与 Spring 完美结合的工具和技术，以交付一个健壮的微服务环境。最后，你学习了如何实现构建和部署管道。

前面提到的所有因素都是开发成功的微服务的完美配方。最后，正如 Martin Fowler 所说："如果我们不能创造出好的架构，那么，最终我们就是在欺骗我们的客户，因为我们正在降低他们的竞争力。"

12.7　小结

- 构建/部署管道是交付微服务的关键部分。一个功能良好的构建/部署管道应该允许在几分钟内部署新功能和修复 bug。
- 构建/部署管道应该是自动的，没有直接的人工交互来交付服务。这个过程的任何手动部分都代表了潜在的可变性和故障。
- 构建/部署管道的自动化需要大量的脚本和配置才能正确进行。构建所需的工作量不容小觑。
- 构建/部署管道应该交付一个不可变的虚拟机或容器镜像。服务器镜像一旦创建了，就不应该被修改。
- 环境特定的服务器配置应该在服务器建立时作为参数传入。

附录 A　微服务架构最佳实践

在第 2 章中，我们解释了一些在创建微服务时应该考虑使用的一些最佳实践。在本附录中，我们希望更加深入地了解这些最佳实践。在 A.1 节中，我们将介绍一些指导方针（或最佳实践）以创建一个成功的微服务架构。

创建一个成功的微服务架构并没有一套明确的规则，了解到这一点是很重要的。话虽如此，Hüseyin Babal 在他的演讲"微服务架构终极指南"（Ultimate Guide to Microservice Architecture）中提出了一组最佳实践，以实现灵活、高效且可伸缩的设计。我们认为这个演讲在开发人员社区很重要，因为它不仅提供了开发微服务架构的指导方针，而且也强调了微服务的基本组件。在本附录中，我们摘取了一些我们认为最重要的实践（那些我们在整本书中用来创建灵活且成功的架构的实践）。

注意　如果你对"微服务架构终极指南"演讲中的所有最佳实践都感兴趣，可以观看该演讲视频。

下面列出了该演讲中包含的部分最佳实践。在接下来的几节中，我们将介绍：

- Richardson 成熟度模型；
- Spring HATEOAS；
- 外部化配置；
- 持续集成和持续交付；
- 监控；
- 日志记录；
- API 网关。

A.1　Richardson 成熟度模型

这个最佳实践是由 Martin Fowler 描述的，是理解 REST 架构的主要原则和评估 REST 架构的指南。需要注意的是，我们可以将这些成熟度级别更多地视为一种工具，帮助我们理解 REST 的组件和 RESTful 思想背后的思想，而不是一种公司的评估机制。图 A-1 展示了用于评估服务的不同成熟度级别。

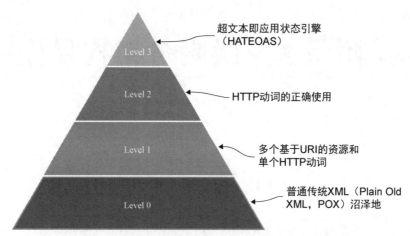

图 A-1　Richardson 的成熟度模型展示了成熟度的级别

在 Richardson 成熟度模型中，第 0 级表示 API 预期的基本功能。基本上，这一级别的 API 交互是对单个 URI 的简单远程过程调用（RPC）。它主要是在每个请求和响应中发送 XML，指定运行服务的操作、目标和参数。

假设我们想从网上商店购买特定的商品。首先，商店的软件需要验证该商品是否有库存。在这个级别上，网上商店将公开具有单个 URI 的服务端点。图 A-2 展示了第 0 级的服务请求和响应。

图 A-2　第 0 级：使用在消费者和服务之间来回发送的普通 XML（POX）的简单 RPC

第 1 级的主要思想是在各个资源上执行操作，而不是向单个服务端点发出请求。图 A-3 展示了各个资源及其请求和响应。

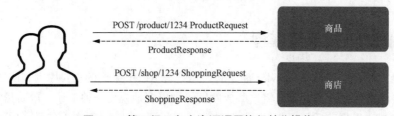

图 A-3　第 1 级：各个资源调用执行某些操作

在第 2 级，服务使用 HTTP 动词来执行特定的操作。HTTP 动词 GET 用于检索，POST 用于创建，PUT 用于更新，DELETE 用于删除。如前所述，这些级别更多地是作为帮助我们理解 REST 组件的工具，REST 拥护者提出使用所有 HTTP 动词。图 A-4 展示了如何在商店示例中使用 HTTP 动词。

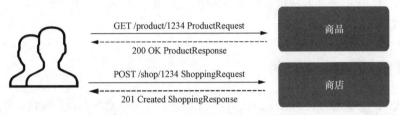

图 A-4　HTTP 动词。在我们的场景中，GET 用于检索商品信息，POST 用于创建购物订单

第 3 级是最后一级，它介绍了超媒体即应用状态引擎（HATEOAS）。通过实现 HATEOAS，我们可以让 API 响应额外的信息，比如链接资源，以实现更丰富的交互（见图 A-5）。

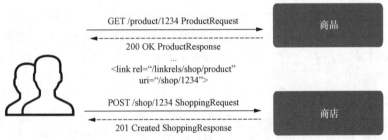

图 A-5　HATEOAS 位于检索商品响应中。在我们的场景里，链接展示了关于如何购买特定商品的附加信息

使用 Richardson 成熟度模型，很容易解释没有明确的方法来实现基于 REST 的应用程序。但是，我们可以选择最适合我们项目需求的级别。

A.2　Spring HATEOAS

Spring HATEOAS 是一个小型 Spring 项目，它允许我们创建遵循 Richardson 成熟度模型第 3 级中解释的 HATEOAS 原则的 API。使用 Spring HATEOAS，可以快速地为链接和资源表示创建模型类。它还提供了一个链接构建器 API 来创建指向 Spring MVC 控制器方法的特定链接。

A.3　外部化配置

这个最佳实践与第 2 章（2.3 节）中提到的十二要素应用程序中列出的配置最佳实践是相辅相成的。微服务的配置不应该与其源代码位于同一个存储库中。为什么这一点如此重要？

微服务架构由运行在独立进程中的一组服务（微服务）组成。每个服务都可以独立部署和扩展，从而创建更多的相同微服务的实例。假设你是一名开发人员，想要更改某个特定的被扩展了几次的微服务的配置文件。如果你没有遵循这一最佳实践，将配置打包到已部署的微服务中，那么你将被迫重新部署每个实例。这不仅耗费时间，还可能导致微服务之间的配置问题。

在微服务架构中有许多方法可以实现外部化配置。但在本书中，我们使用了第 2 章中描述的 Spring Cloud Config。

A.4　持续集成和持续交付

持续集成（continuous integration，CI）是一系列软件开发实践，在这一系列软件开发实践中，团队成员在短时间内将他们的更改集成到存储库中，以检测可能的错误并分析他们创建的软件质量。这是通过使用包含执行测试代码的自动持续代码检查（构建）来实现的。另一方面，持续交付（continuous delivery，CD）是一种软件开发实践，在这种实践中，交付软件的流程是自动化的，允许在生产环境中进行短期交付。

当我们将这些流程应用到我们的微服务架构时，一定要记住，永远不应该有一个集成和发布到生产环境的"等待列表"。例如，负责服务 X 的团队必须能够在任何时候将更改发布到生产环境中，而不必等待其他服务的发布。图 A-6 展示了与多个团队合作时，我们的 CI/CD 流程应该是什么样子的高层图。

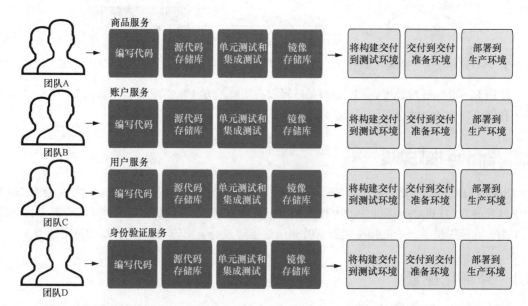

图 A-6　测试环境和交付准备环境的微服务 CI/CD 流程。在该图中，每个团队都有自己的源代码存储库、单元测试和集成测试、镜像存储库以及部署流程。这使得各个团队在部署和发布新的版本时无须等待其他发布

对于供应实施，我们需要寻求其他技术的帮助。Spring 框架是面向应用程序开发的，没有用于创建构建/部署管道的工具。

A.5　监控

当我们谈论微服务时，监控过程是至关重要的。微服务是大型且复杂的分布式系统的一部分，记住，一个系统越是分布式的，发现和解决问题就越复杂。假设我们有一个包含数百个微服务的架构，其中一个微服务正在影响其他服务的性能。如果我们没有实现一个合适的监控过程，那么我们如何得知哪个服务是不稳定的呢？为了解决这个问题，在附录 C 中，我们将解释如何在架构中使用以下工具实现良好的监控系统。图 A-7 展示了 Micrometer、Prometheus 和 Grafana 之间的交互。

- Micrometer 是 Spring Boot 2 中的默认度量库，它允许我们获取应用程序度量数据以及 JVM 度量数据，如垃圾收集、内存池等。
- Prometheus 是一个开源的监控和警报系统，它将所有数据存储为时间序列。
- Grafana 是一个度量数据的分析平台，可用于查询、可视化和理解数据，而不用管数据存储在何处。

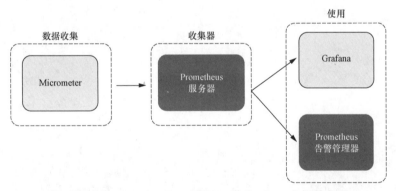

图 A-7　Micrometer、Prometheus 和 Grafana 之间的交互

A.6　日志记录

每次考虑日志时，你都要考虑分布式跟踪。分布式跟踪通过明确指出微服务架构中故障发生的位置，帮助我们理解和调试我们的微服务。

在第 11 章中，我们解释了如何用 Spring Cloud 实现分布式跟踪。在谈到微服务时，为了让架构中发出的请求可跟踪，需要另一种"新"技术（Spring Cloud Sleuth）。在单体架构中，到达应用程序的大多数请求都是在同一个应用程序中解决的。与数据库或其他服务交互的请求则是例外。然而，在微服务架构（例如 Spring Cloud）中，我们发现了一个由多个应用程序组成的环境，在这种环境中，单个客户端请求可以经过多个应用程序，直到得到响应。

在微服务架构中，我们如何跟随请求的路径？我们可以关联一个唯一的请求标识符，然后将其传播到所有调用中，并添加一个中央日志收集器，以查看该客户端请求的所有日志条目。

A.7　API 网关

API 网关是一个 API REST 接口，它为一组微服务和/或定义的第三方 API 提供中心访问点。换句话说，Spring Cloud API Gateway 从本质上将客户端看到的接口与微服务实现解耦。当我们希望避免将内部服务暴露给外部客户端时，这尤其有用。请记住，这个系统不仅充当了网关，而且还能添加额外的功能，例如：

- 身份验证和授权（OAuth2）；
- 威胁防范（DoS、代码注入等）；
- 分析和监督（谁在何时、如何使用了 API）；
- 监控传入和传出的流量。

附录 B　OAuth2 授权类型

在阅读第 9 章后，你可能会认为 OAuth2 看起来不太复杂。毕竟，有一个验证服务，用于检查用户的凭据并将令牌颁发给用户。反过来，每次用户想要调用由 OAuth2 服务器保护的服务时，都可以出示令牌。

由于 Web 应用程序和基于云的应用程序具有相互关联的性质，用户期望他们可以安全地共享自己的数据，并在不同服务所拥有的不同应用程序之间整合功能。这从安全角度来看，是一个独特的挑战，因为开发人员希望跨不同的应用程序进行整合，而不是强迫用户与他们想要集成的每个应用程序共享他们的凭据。

幸运的是，OAuth2 是一个灵活的授权框架，它为应用程序提供了多种机制来对用户进行验证和授权，而不用强制他们共享凭据。遗憾的是，这也是 OAuth2 被认为复杂的原因之一。这些验证机制被称为验证授权（authentication grant）。OAuth2 有 4 种模式的验证授权，客户端应用程序可以使用它们来验证用户、接收访问令牌，然后确认该令牌。这些授权类型分别是：

- 密码授权类型；
- 客户端凭据授权类型；
- 授权码授权类型；
- 隐式授权类型。

在下面几节中，我们将介绍在执行每个 OAuth2 授权流程期间发生的活动，同时我们还会谈到何时使用一种授权类型优于另一种。

B.1　密码授权类型

OAuth2 密码授权可能是最容易理解的授权类型。这种授权类型适用于应用程序和服务都明确相互信任的时候。例如，O-stock Web 应用程序、许可证服务和组织服务都由同一家公司（Optima Growth）拥有，那么它们之间就存在一种天然的信任关系。

注意　明确地说，当我们提到"天然的信任关系"时，我们的意思是应用程序和服务完全由同一个组织拥有，并且它们是按照相同的策略和程序来管理的。

当存在一种天然的信任关系时，几乎不用担心将 OAuth2 访问令牌暴露给调用应用程序。例如，O-stock Web 应用程序可以使用授权的 OAuth2 密码来捕获用户凭据，并直接针对 OAuth2 服务进行验证。图 B-1 展示了 O-stock 和下游服务之间的密码授权类型。

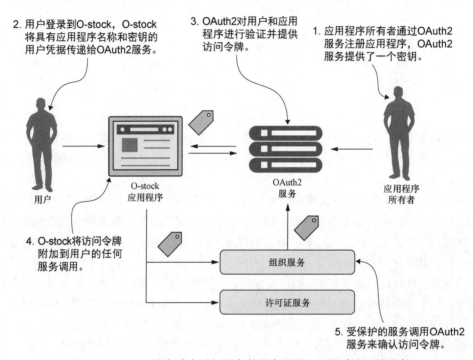

图 B-1　OAuth2 服务确定访问服务的用户是否为已通过验证的用户

在图 B-1 中，正在发生以下活动。以下编号对应图 B-1 中的编号。

（1）在 O-stock 应用程序可以使用受保护资源之前，它需要在 OAuth2 服务中被唯一标识。通常，应用程序的所有者通过 OAuth2 服务进行注册，并为其应用程序提供唯一的名称。OAuth2 服务随后提供一个密钥给正在注册的应用程序。应用程序的名称和由 OAuth2 服务提供的密钥唯一地标识了试图访问任何受保护资源的应用程序。

（2）用户登录到 O-stock，并将其登录凭据提供给 O-stock 应用程序。O-stock 将用户凭据以及应用程序名称/应用程序密钥直接传给 OAuth2 服务。

（3）O-stock OAuth2 服务对应用程序和用户进行验证，然后向用户提供 OAuth2 访问令牌。

（4）每次 O-stock 应用程序代表用户调用服务时，它都会连带传递 OAuth2 服务器提供的访问令牌。

（5）当一个受保护的服务（在本例中是许可证服务或组织服务中的一个）被调用时，该服务将回调到 O-stock OAuth2 服务来确认令牌。如果令牌是有效的，则被调用的服务允许用户继续进行操作。如果令牌无效，OAuth2 服务将返回 HTTP 状态码 403，指示该令牌无效。

B.2 客户端凭据授权类型

当应用程序需要访问受 OAuth2 保护的资源时，可以使用客户端凭据授权类型，但在这个事务中不涉及任何人员。使用客户端凭据授权类型，OAuth2 服务器仅根据应用程序名称和资源所有者提供的密钥进行验证。客户端凭据授权类型经常用于两个应用程序都归同一个公司所有时。密码授权类型和客户端凭据授权类型的区别在于，客户端凭据授权类型仅使用注册的应用程序名称和密钥进行验证。

假设 O-stock 应用程序每隔一小时就会运行一个数据分析作业。作为其工作的一部分，它向 O-stock 服务发出调用。但是，O-stock 开发人员仍然希望应用程序在访问这些服务中的数据之前，对自身进行验证和鉴权。这是可以使用客户端凭据授权类型的场景。图 B-2 展示了这个流程。

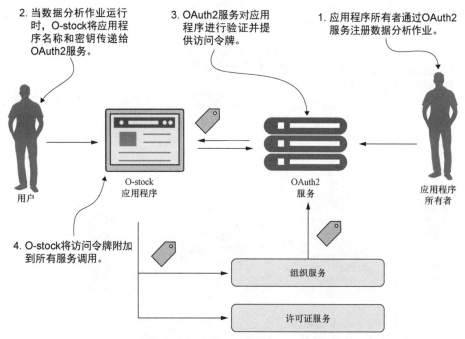

图 B-2 客户端凭据授权适用于"无用户参与"的应用程序验证和授权

在图 B-2 中，正在发生以下活动。以下编号对应图 B-2 中的编号。

（1）资源所有者通过 OAuth2 服务注册了 O-stock 数据分析应用程序。资源所有者将提供应用程序的名称并接收一个密钥。

（2）当 O-stock 数据分析作业运行时，它将出示应用程序名称和资源所有者提供的密钥。

（3）O-stock OAuth2 服务将使用提供的应用程序名称和密钥对应用程序进行验证，然后返回一个 OAuth2 访问令牌。

（4）每当应用程序调用其中一个 O-stock 服务时，它就会出示它在 OAuth2 服务调用中接收到的 OAuth2 访问令牌。

B.3 授权码授权类型

授权码授权是迄今为止最复杂的 OAuth2 授权类型，但它也是最常见的，因为它允许来自不同供应商的不同应用程序共享数据和服务，而无须在多个应用程序间暴露用户凭据。授权码授权不会让调用应用程序立即获得 OAuth2 访问令牌，而是使用一个"预检"授权码来执行额外的检查。

理解授权码授权类型的最简单的方法就是看一个例子。假设有一个 O-stock 用户，它也使用 Salesforce。O-stock 客户的 IT 部门已经构建了一个 Salesforce 应用程序，它需要 O-stock 服务（组织服务）的数据。让我们来看一下图 B-3，看看授权码授权类型是如何使 Salesforce 从 O-stock 的组织服务中访问数据而无须 O-stock 客户向 Salesforce 公开他们的 O-stock 凭据的。

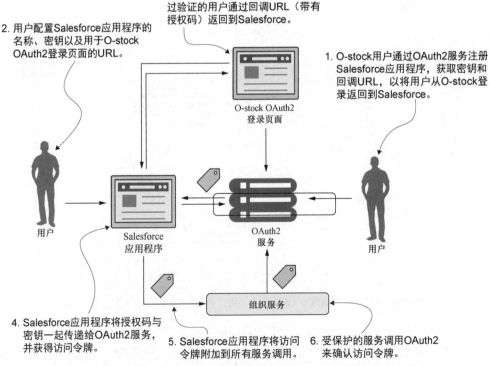

图 B-3 授权码授权类型允许应用程序在不暴露用户凭据的情况下共享数据

在图 B-3 中，正在发生以下活动。以下编号对应图 B-3 中的编号。

（1）用户登录到 O-stock 应用程序，并为其 Salesforce 应用程序生成应用程序名称和应用程序密钥。作为注册过程的一部分，它们还将为 Salesforce 应用程序提供一个回调 URL。此 Salesforce 回调 URL 将在 OAuth2 服务器验证了用户的 O-stock 凭据后被调用。

（2）用户使用以下信息配置其 Salesforce 应用程序：

- 为 Salesforce 创建的应用程序名称；
- 为 Salesforce 生成的密钥；
- 指向 O-stock OAuth2 登录页面的 URL。

现在，当用户尝试使用 Salesforce 应用程序并通过组织服务访问 O-stock 数据时，用户将被根据步骤 1 中描述的 URL 重定向到 O-stock 登录页面。用户将提供他们的 O-stock 凭据。如果提供的 O-stock 凭据有效，则 O-stock OAuth2 服务器将生成一个授权码，并通过步骤 1 中提供的 URL 将用户重定向到 Salesforce。OAuth2 服务器将授权码作为回调 URL 的一个查询参数发送。

（3）自定义的 Salesforce 应用程序将对授权码进行持久化。注意，此授权码不是 OAuth2 访问令牌。

（4）一旦存储了授权码，Salesforce 应用程序就出示在注册过程中生成的密钥，并将授权码返回给 O-stock OAuth2 服务器。O-stock OAuth2 服务器将确认授权码是否有效，然后将 OAuth2 令牌返回给自定义的 Salesforce 应用程序。每次自定义的 Salesforce 应用程序需要对用户进行验证并获取 OAuth2 访问令牌时，都会使用此授权码。

（5）Salesforce 应用程序将在 HTTP 首部中传递 OAuth2 令牌以调用 O-stock 组织服务。

（6）组织服务确认传入 O-stock 服务调用的 OAuth2 访问令牌。如果令牌有效，组织服务将处理用户的请求。

我们需要透透气！应用程序到应用程序的集成是错综复杂的。这整个流程中要注意的是，即使用户登录到 Salesforce 并且正在访问 O-stock 数据，用户的 O-stock 凭据也不会直接暴露给 Salesforce。在 OAuth2 服务生成初始授权码之后，用户就再也不用向 O-stock 服务提供他们的凭据了。

B.4 隐式授权类型

授权码模式类型可以在通过传统的服务器端 Web 编程环境（如 Java 或.NET）运行 Web 应用程序时使用。如果客户端应用程序是纯 JavaScript 应用程序或完全在 Web 浏览器中运行的移动应用程序，并且不依靠服务器端调用来调用第三方服务，那么会发生什么呢？这就是最后一种授权类型，即隐式授权类型，能够发挥作用的地方。图 B-4 展示了在隐式授权类型中发生的一般流程。

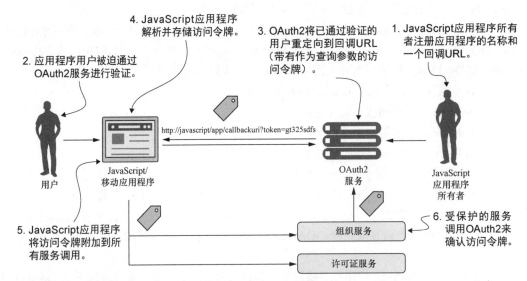

图 B-4　隐式授权类型用于基于浏览器的单页应用程序（Single Page Application，SPA）
JavaScript 应用程序

隐式授权通常用于处理完全在浏览器内运行的纯 JavaScript 应用程序，其他授权类型用于客户端与执行用户请求的应用程序服务器进行通信，然后应用程序服务器与下游服务进行交互。使用隐式授权类型，所有的服务交互都直接从用户的客户端（通常是 Web 浏览器）发生。在图 B-4中，正在发生以下活动。以下编号对应图 B-4 中的编号。

（1）JavaScript 应用程序的所有者通过 O-stock OAuth2 服务器注册了应用程序。所有者提供了一个应用程序名称以及一个回调 URL，该 URL 将被重定向并带有用户的 OAuth2 访问令牌。

（2）JavaScript 应用程序将调用 OAuth2 服务。JavaScript 应用程序必须出示预注册的应用程序名称。OAuth2 服务器将强制用户进行验证。

（3）如果用户成功进行了验证，那么 O-stock OAuth2 服务将不会返回一个令牌，而是将用户重定向回一个页面，该页面是 JavaScript 应用程序所有者在步骤（1）中注册的页面。在重定向回的 URL 中，OAuth2 访问令牌将被 OAuth2 验证服务作为查询参数传递。

（4）应用程序将接收传入的请求并运行 JavaScript 脚本，该脚本将解析 OAuth2 访问令牌并将其存储（通常作为 Cookie）。

（5）每次调用受保护资源时，就会将 OAuth2 访问令牌出示给调用服务。

（6）调用服务将确认 OAuth2 令牌，并检查用户是否被授权执行他们正在尝试的活动。

关于 OAuth2 隐式授权类型，需要记住几点。首先，隐式授权是唯一一种 OAuth2 访问令牌直接暴露给公共客户端（Web 浏览器）的授权类型。

使用授权码授权类型，客户端应用程序会收到托管应用程序的应用程序服务器返回的授权码，用户可以通过出示授权码来获得 OAuth2 访问权限。返回的 OAuth2 令牌不会直接暴露给用户的浏览器。使用客户端凭据授权类型，授权发生在两个基于服务器的应用程序之间。使用密码授权类型，请求服务的应用程序和服务都是可信的，并且属于同一个组织。

由隐式授权类型生成的 OAuth2 令牌更容易受到攻击和滥用，因为令牌可供浏览器使用。在浏览器中运行的任何恶意 JavaScript 都可以访问 OAuth2 访问令牌，并以他人的名义调用他人为了调用服务而检索到的 OAuth2 令牌，实质上是在模拟他人。因而隐式授权类型的 OAuth2 令牌应该是短暂的（1 ~ 2 小时）。因为 OAuth2 访问令牌存储在浏览器中，所以 OAuth2 规范（和 Spring CloudSecurity）不支持可以自动更新令牌的刷新令牌的概念。

B.5 如何刷新令牌

当 OAuth2 访问令牌被颁发时，其有效时间是有限的，最终会过期。当令牌到期时，调用应用程序（和用户）将需要使用 OAuth2 服务重新进行验证。但是，在大多数 OAuth2 授权流程中，OAuth2 服务器将同时颁发访问令牌和刷新令牌。客户端可以将刷新令牌出示给 OAuth2 验证服务，该服务将确认刷新令牌，然后发出新的 OAuth2 访问令牌。来看看图 B-5，查看一下刷新令牌流程。

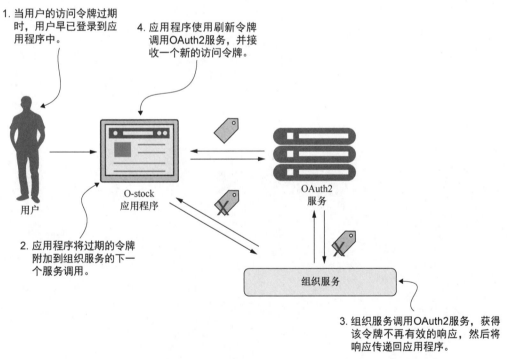

图 B-5　刷新流程可以让应用程序获取新的访问令牌而不强制用户重新进行验证

在图 B-5 中，正在发生以下活动。以下编号对应图 B-5 中的编号。

（1）用户登录 O-stock，但已通过 OAuth2 服务进行了验证。用户正在愉快地工作，但是，他们的令牌已经过期了。

（2）用户下一次尝试调用服务（如组织服务）时，O-stock 应用程序将把过期的令牌传递给组织服务。

（3）组织服务将尝试使用 OAuth2 服务确认令牌，OAuth2 服务返回 HTTP 状态码 401（未经授权）和一个 JSON 净荷，指示该令牌不再有效。组织服务将把 HTTP 状态码 401 返回给调用服务。

（4）O-stock 应用程序收到从组织服务返回的 HTTP 状态码 401 和 JSON 净荷。然后 O-stock 应用程序使用刷新令牌调用 OAuth2 验证服务。OAuth2 验证服务确认刷新令牌，然后发回一个新的访问令牌。

附录 C　监控微服务

因为微服务是分布式且细粒度的（小的），它们给我们的应用程序带来了单体应用程中不存在的复杂性。微服务架构需要高度的运维成熟度，监控成为其管理的关键部分。如果我们研究服务监控，会发现大多数人都同意这是一个基本的过程，但监控到底是什么呢？我们将监控定义为分析、收集和数据存储的过程，如应用程序、平台和系统事件度量等。这有助于我们可视化 IT 环境中的故障模式。

只监控故障模式？有必要澄清一下，故障是监控至关重要的最明显原因之一，但它不是唯一的原因。微服务性能被认为是另一个原因，并且实际上在我们的应用程序中扮演着关键的角色。我们不能将性能描述为"正常运行"或"性能下降"的二元概念。服务架构可以在特定的降级状态下运行，这可能会影响一个或多个服务的性能。在下面几节中，我们将展示如何使用 Spring Boot Actuator、Micrometer、Prometheus 和 Grafana 等技术监控我们的 Spring Boot 微服务。让我们开始吧。

C.1　引入 Spring Boot Actuator 进行监控

Spring Boot Actuator 是一个库，它以一种相当简单的方式为我们的 REST API 提供监控和管理工具。Spring Boot Actuator 通过组织和公开一系列 REST 端点来实现这一点，这些端点允许我们访问不同的监控信息以检查我们的服务的状态。换句话说，Spring Boot Actuator 提供了开箱即用的运维端点，可以帮助我们理解和管理服务的健康状况。

要使用 Spring Actuator，我们需要遵循两个简单的步骤。第一步是在我们的 pom.xml 文件中包含 Maven 依赖项，第二步是启用我们将在应用程序中使用的端点。让我们看一下每一步。

C.1.1　添加 Spring Boot Actuator

为了在我们的微服务中包含 Spring Boot Actuator，我们需要在正在处理的微服务的 pom.xml 中添加以下依赖项：

```
<dependency>
    <groupId>org.springframework.boot</groupId>
    <artifactId>spring-boot-starter-actuator</artifactId>
</dependency>
```

C.1.2　启用 Actuator 端点

设置 Spring Boot Actuator 很简单。只需将依赖项添加到微服务中，我们现在就有了一系列可供使用的端点。每个端点都可以通过 HTTP 或 JMX 进行公开，并且可以启用或禁用。图 C-1 展示了默认情况下启用的所有 Actuator 端点。要启用特定的端点，我们只需使用以下形式的属性：

```
management.endpoint.<id>.enabled= true or false
```

例如，要禁用 bean 端点，我们需要添加以下属性：

```
management.endpoint.beans.enabled = false
```

对于本书，我们为所有微服务启用了所有默认的 Actuator 端点，但你可以根据自己的需要随意进行最适合自己的修改。请记住，你总是可以通过使用 Spring Security 向 HTTP 端点添加安全性。以下代码展示了我们的许可证服务和组织服务的 Spring Boot Actuator 配置：

```
management.endpoints.web.exposure.include=*
management.endpoints.enabled-by-default=true
```

有了这个配置，如果我们在 Postman 中输入 http://localhost:8080/actuator 端点，我们将看到如图 C-1 所示的列表，它包含 Spring Boot Actuator 公开的所有端点。

```
{
    "_links": {
        "self": {●●},
        "archaius": {●●},
        "beans": {●●},
        "caches-cache": {●●},
        "caches": {●●},
        "health": {
            "href": "http://localhost:8080/actuator/health",
            "templated": false
        },
        "health-path": {●●},
        "info": {●●},
        "conditions": {●●},
        "shutdown": {●●},
        "configprops": {●●},
        "env": {●●},
        "env-toMatch": {●●},
        "integrationgraph": {●●},
        "loggers": {●●},
        "loggers-name": {●●},
        "heapdump": {●●},
        "threaddump": {●●},
        "metrics-requiredMetricName": {●●},
        "metrics": {●●},
        "scheduledtasks": {●●},
        "mappings": {●●},
        "refresh": {●●},
        "restart": {●●},
        "pause": {●●},
        "resume": {●●},
        "features": {●●},
        "service-registry": {●●},
        "bindings-name": {●●},
        "bindings": {●●},
        "channels": {●●},
        "hystrix.stream": {●●}
    }
}
```

图 C-1　Spring Boot Actuator 默认端点

C.2　设置 Micrometer 和 Prometheus

Spring Boot Actuator 提供允许我们监控应用程序的度量数据。然而，如果想为应用程序获得更精确的度量数据，我们需要使用 Micrometer 和 Prometheus 等额外工具。

C.2.1　了解 Micrometer 和 Prometheus

Micrometer 是一个提供应用程序度量数据的库，其设计目的是在少量开销或不增加开销的情况下，为应用程序进行度量数据收集。Micrometer 还允许将度量数据导出到任何最流行的监控系统。

使用 Micrometer，应用程序抽象了所使用的度量系统，并可以在未来根据需要进行更改。另外，Prometheus 是最流行的监控系统之一，它负责收集和存储应用程序公开的度量数据。Prometheus 提供了一种数据查询语言，其他应用程序可以使用它在图形和控制面板中可视化度量数据。Grafana 是一个工具，可用于查看 Prometheus 提供的数据，但 Micrometer 也可以和其他监控系统（如 Datadog、SignalFx、Influx、New Relic，谷歌 Stackdriver、Wavefront 等）一起使用。

将 Spring Boot 用于微服务的优点之一是，它允许我们选择一个或多个包含不同视图的监控系统来分析和展示结果。有了 Micrometer，我们就能够透过单个应用程序的多个组件或集群实例，度量能让我们从整体上理解系统性能的度量指标。下面列出了我们可以用 Micrometer 获取的一些指标：

- 与垃圾收集相关的统计信息；
- CPU 利用率；
- 内存利用率；
- 线程利用状态；
- 数据源利用状态；
- Spring MVC 请求延迟；
- Kafka 连接工厂；
- 缓存；
- Logback 中记录的事件数；
- 正常运行时间。

在这本书中，我们选择 Prometheus 作为监控系统，因为它集成 Micrometer 和 Spring Boot 2 很简单。Prometheus 是一个内存维度时间序列数据库，也是一个监控和警报系统。当我们谈到存储时间序列数据时，我们指的是按时间顺序存储数据，并随时间度量变量。以时间序列为中心的数据库在存储和查询这些数据方面非常高效。Prometheus 的主要目标是以"拉"的模式工作，它定期从应用程序实例中抓取度量数据。Prometheus 具有以下几个主要特征。

- 灵活的查询语言——它包含一个自定义查询语言，可用于直接查询数据。
- 高效存储——它有效地将时间序列存储在内存和本地磁盘上。
- 多维度数据模型——所有时间序列都由一个度量数据名称和一组键值对标识。
- 多集成——它允许与 Docker、JMX 等第三方集成。

C.2.2　实现 Micrometer 和 Prometheus

要使用 Spring Boot 2 将数据导出到 Micrometer 和 Prometheus，需要添加以下依赖项。（注意，Prometheus 附带 Micrometer 包。）

```
<dependency>
    <groupId>io.micrometer</groupId>
    <artifactId>micrometer-registry-prometheus</artifactId>
</dependency>
<dependency>
    <groupId>io.micrometer</groupId>
    <artifactId>micrometer-core</artifactId>
</dependency>
```

在本书中，我们为所有微服务启用了所有默认的 Actuator 端点。如果你只想公开 Prometheus 端点，应该在许可证服务和组织服务应用程序属性中包含以下属性：

```
management.endpoints.web.exposure.include=prometheus
```

通过执行这些步骤并在 Postman 中输入 URL http://localhost:8080/actuator，你现在应该能够看到图 C-2 所示的 Actuator 端点列表。

```
{
  "_links": {
    "self": {↔},
    "archaius": {↔},
    "beans": {↔},
    "caches": {↔},
    "caches-cache": {↔},
    "health": {
      "href": "http://localhost:8080/actuator/health",
      "templated": false
    },
    "health-path": {↔},
    "info": {↔},
    "conditions": {↔},
    "shutdown": {↔},
    "configprops": {↔},
    "env-toMatch": {↔},
    "env": {↔},
    "loggers": {↔},
    "loggers-name": {↔},
    "heapdump": {↔},
    "threaddump": {↔},
    "prometheus": {
      "href": "http://localhost:8080/actuator/prometheus",
      "templated": false
    },
```

图 C-2　Spring Boot Actuator 端点包含 `actuator/prometheus` 端点

有几种方法可以设置 Prometheus。在本书中，我们使用 Docker 容器来运行 Prometheus 服务，使用的是已经准备好的官方镜像。你可以根据需求挑选最适合自己的方法。如果你想使用 Docker，请确保你在 Docker Compose 文件中定义了服务，如代码清单 C-1 所示。

代码清单 C-1　在 docker-compose 文件中设置 Prometheus

```
prometheus:
    image: prom/prometheus:latest
    ports:
      - "9090:9090"
    volumes:
    - ./prometheus.yml:/etc/prometheus/prometheus.yml
    container_name: prometheus
    networks:
      backend:
        aliases:
          - "prometheus"
```

对于 Prometheus 容器，我们已经为 Prometheus 配置文件创建了一个卷，名为 prometheus.yml。该文件包含 Prometheus 用于提取数据的端点。代码清单 C-2 展示了这个文件的内容。

代码清单 C-2　设置 prometheus.yml 文件

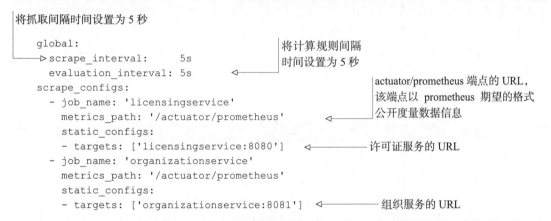

promethus.yml 文件定义了 Prometheus 服务的配置。例如，对于代码清单 C-2 的值，服务每 5 秒抓取所有/prometheus 端点，并将数据添加到它的时间序列数据库中。

现在已经设置好了配置，让我们运行服务并验证抓取是否成功。要确认这一点，请访问 URL http://localhost:9090/targets 以查看类似于图 C-3 所示的页面。

图 C-3 在 prometheus.yml 文件中配置的 Prometheus 目标

C.3 配置 Grafana

Grafana 是一个展示时间序列数据的开源工具。它提供了一组仪表板，让我们可以可视化、探索、理解应用程序数据并添加警报。Grafana 还能够让我们创建、探索和共享仪表板。我们在本书中选择 Grafana 的主要原因是，它是展示仪表板的最佳选择之一。Grafana 使用方式灵活，包含极佳的图表和多种功能，最重要的是，它易于使用。

设置 Grafana 同样也有几种的方法。在本书中，我们使用官方的 Grafana Docker 镜像来运行服务。你可以根据需求挑选最适合自己的方法。如果你想使用 Docker，请确保你在 docker-compose 文件中定义了该服务，如代码清单 C-3 所示。

代码清单 C-3 在 docker-compose 文件中配置 Grafana

```
grafana:
    image: "grafana/grafana:latest"
    ports:
      - "3000:3000"
    container_name: grafana
    networks:
      backend:
        aliases:
          - "grafana"
```

一旦将该配置添加到 docker-compose 文件中，就可以执行以下命令来运行服务：

```
docker-compose -f docker/docker-compose.yml up
```

容器启动完成时，Grafana 应该在端口 3000 上启动并运行，如代码清单 C-3 所示。访问 http://localhost:3000/login，能看到如图 C-4 所示的页面。

图 C-4　Grafana 登录页面显示默认的用户名和
密码（admin、admin）

图 C-4 展示了 Grafana 的默认用户名和密码。我们可以在登录后更改这个默认值，或者可以在 docker-compose 文件中定义用户名和密码，如代码清单 C-4 所示。

代码清单 C-4　为 Grafana 配置管理员的用户名和密码

```
grafana:
    image: "grafana/grafana:latest"
    ports:
      - "3000:3000"
    environment:                                    设置管理员用户名
      - GF_SECURITY_ADMIN_USER=admin        ◁—————
      - GF_SECURITY_ADMIN_PASSWORD=password  ◁—————  设置管理员密码
    container_name: grafana
//为了简洁，移除了剩余的代码
```

要完成 Grafana 配置，我们需要创建一个数据源和一个仪表板配置。让我们从数据源开始。要创建数据源，请点击 Grafana 主页上的 "Data Sources" 部分，然后点击左侧的 "explore" 图标，并选择 "Add your first data source"，如图 C-5 所示。

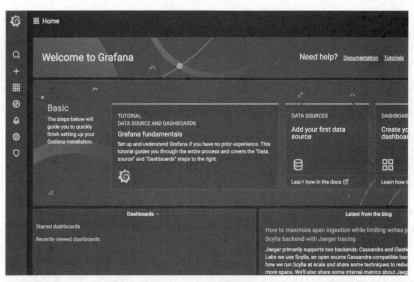

图 C-5 Grafana 欢迎页面。此页面展示了用于设置初始配置的链接

在"Add Data Source"页面时，选择 Prometheus 作为时间序列数据库，如图 C-6 所示。

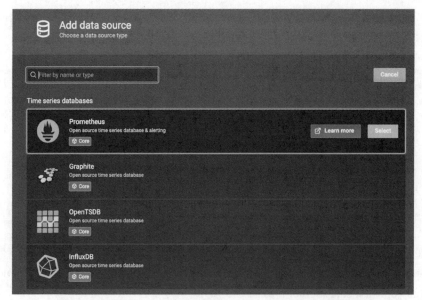

图 C-6 在 Grafana 中选择 Prometheus 作为时间序列数据库

最后一步是为我们的数据源配置 Prometheus URL（http://localhost:9090 或 http://prometheus:9090），如图 C-7 所示。

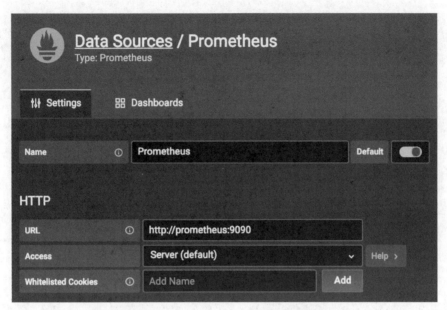

图 C-7 使用本地或 Docker Prometheus URL 配置 Prometheus 数据源

注意 我们在本地运行服务时使用的是 localhost，但如果我们使用 Docker 运行服务，则需要使用在 docker-compose 文件中定义的 Prometheus 服务的后端别名。对于 Prometheus 服务，我们把别名定义为 prometheus，如代码清单 C-1 所示。

填写完成后，点击页面底部的"Save and Test"按钮。现在我们有了数据源，让我们导入 Grafana 应用程序的仪表板。为了导入仪表板，请在 Grafana 中点击左侧菜单上的"Dashboard"图标，选择"Manage"选项，然后点击"Import"按钮。

在 Import 页面上可以看到以下选项：

- Upload a JSON File（上传一个 JSON 文件）；
- Import Via grafana.com（通过 grafana.com 导入）；
- Import Via Panel JSON（通过仪表板 JSON 导入）。

对于本例，我们将选择"Import Via grafana.com"来导入下面的仪表板：https://grafana.com/grafana/dashboards/11378/。这个仪表板包含 Micrometer-Prometheus 提供的 Spring Boot 2.1 统计数据。要导入这个仪表板，请将 URL 或 ID 复制到剪贴板，将其粘贴到"Import Via grafana.com"域中，然后点击"Load"按钮。点击之后将重定向到"Dashboard Configuration"页面，在这里可以重命名、移动到文件夹或选择 Prometheus 数据源。若要继续，请选择 Prometheus 数据源并点击"Import"按钮。

如果配置成功，你现在应该看到包含所有 Micrometer 度量数据的仪表板页面。图 C-8 展示了 Spring Boot 2.1 系统监控仪表板。

图 C-8　Grafana 的 Spring Boot 2.1 系统监控仪表板

如果你想要了解更多关于 Grafana 和 Prometheus 的信息，我们建议你阅读其官方文档。

C.4　小结

微服务架构需要被监控的原因与任何其他类型的分布式系统相同。架构越复杂，了解性能和排除故障就越具有挑战性。

在讨论监控应用程序时，我们经常会想到故障。没错，故障是充分监控至关重要的最常见理由之一，但它不是唯一理由。性能是另一个很好的理由。正如我们在第 1 章中提到的，服务状态不仅仅是正常运行或故障，它们也可以是启动并运行着，但处于降级状态，可能会破坏我们的最佳意图。

使用本附录中介绍的可靠监控系统，你可以防止性能故障，甚至可以可视化架构中可能出现的错误。需要注意的是，在任何应用程序开发阶段你都可以添加监控代码。执行本书中的代码只需要 Docker 和一个 Spring Boot 应用程序。